佐藤 仁
Jin Sato［著］

反転する環境国家

「持続可能性」の罠をこえて

名古屋大学出版会

まえがき

二〇一七年夏、私はベトナム南部にあるアンザン省でエビ養殖に関する調査をしていた。現場はホーチミンから車で七時間かかる奥地にある。現金収入源として輸出用のエビ養殖が大流行しているベトナムでは、所得向上のために半ば投機的にエビ養殖に手を出す農民が相次いでいる。そんな農民の一人と話をしていたときに、病気で死んだ大量のエビをどう処理しているのかという話になった。照りつける日差しの中、農民はためらいもなく「川に流すだけだ」と言う。「川が汚れるのではないか」という私の問いかけに「それは私の責任ではなく国の責任である」ときっぱり言い放った。その話しぶりに悪びれた様子が一切なかったことが、私には大きなショックであった。

国のレベルで見ると、ベトナムは環境政策の優等生である。特に森林減少が著しいアジアで、ベトナムは中国と並んで植林によって森林面積の増大に成功した数少ない国であり、政府をあげて国連の定める「持続可能な開発目標（SDGs）」の達成に取り組んでいる環境保全に熱心な国でもある。こうした取り組みをもっと広く浸透させれば、エビによる汚染問題もやがて解決に向かうのかもしれない。しかし、冒頭の体験はこの想定があまりに楽観的であることを私に教えてくれた。国連や先進国で行われている「上流」での議論と、日々の暮らしの向上にまい進する後発国の現場との間のギャップはあまりに大きく、小手先の対応では解決できそうもない。

これまでの環境政策には大きく二つの考え方があった。一つは人々の経済的なインセンティブに訴える方法である。市場メカニズムを用いて新たな技術開発を促し、環境を汚す行動は課税をもって抑え込み、環境にやさしい社会への誘導をはかるアプローチである。問題は、このアプローチの成果が出るまで自然環境が負荷に耐えられるかどうかである。廉価で環境にやさしい肥料ができたとしても農民はすぐに乗り換えてくれるだろうか。利潤追求の志向性をそのままにして、環境負荷の総量を減らすことはできるのだろうか。自由主義的なアプローチには、こうした疑問がついてまわる。

二つ目は、国家による強権的な力をもって規制する方法で、後発国の環境政策ではよく見られるアプローチである。水質汚染の問題に立ち返れば、化学物質の規制を強化し、警察権力を用いて垂れ流しを厳格に監視し、違反者には罰則を科すという方法がこれである。だが、「お上の命令」に頼るこの方法に人々がついてくるとは限らないし、ついてきたとしても、それが長続きする保証はない。なによりも公権力に対する民衆の信頼がなくては成り立たないアプローチだ。

もともと開発主義をとって国家に強い役割を与えてきたアジアの後発国が、同じく国家に大きな役割を与える環境政策で成果を上げたとしても不思議なことではない。だが、ここで確認しておきたいのは、いずれのタイプの「環境政策」も技術や制度などを手段に、人間社会を介して初めて実施できるという点である。水や大気をきれいにするにせよ、二酸化炭素排出量を減らすにせよ、自然環境の質を変える手段となる政策は、その通り道に立つ人間社会に何らかの影響を及ぼさないわけにはいかない。ところが私たちは、自然環境の変化ばかりに気をとられて環境政策の過程が人間社会に何をしてきたのかを問うてこなかった。水や森林、大気や気候など個別の環境課題を解決するための手段は、社会全体をどのような方向に誘導してきたのだろうか。本書が注目するのは自然環境が人間社会に与える影響ではない。「自然の脅威」を理由に国家が行う環境政策が人間生活に対して与えている影響である。

気候変動や災害の深刻化にあわせて、今後も「上からの」権威主義的な環境政策は増えるであろう。災害や気候変動について、地域のレベルで判断するのは難しい。そうなれば地域社会は国家への依存を深める方向に向かわざるをえない。環境政策にかかわる専門的な知見は中央政府に集中しているし、そこでの決定に不満があっても、地域住民には異議申し立ての機会を与えられていないことが多いからだ。このように考えると、次のような仮説が浮かんでくる。環境政策がなかなか効果を発揮しないのは、国家と人々をとりもつ地域社会が自律性を失い、地域の環境や資源を保全する動機づけを失っているからではないか。

たしかにアジア諸国の環境政策は、課題の深刻度に比例するかのように予算、人員、法制度の側面で充実してきた。そこには国際機関による支援もあった。だが、こうした制度の充実は、環境そのものの管理から、知らず知らず人間社会の管理へと深く侵蝕してきたのではないか。そして、私たちはその意味について十分に考えてこなかったのではないだろうか。

「環境保護」の大義の下に、地域の人々の生活が国家の枠組みに翻弄されて、人々と自然環境との関係がかえって悪化していくことを、本書では「反転」と呼ぶ。それは環境政策が人間社会を経由する際に、国家と社会の依存関係を改変してしまうことで、やがて自然環境の持続性を損なってしまう現象である。ここで「社会」とは一人の人間が同時に帰属しうる民族、宗教、生業集団、会社、学校など国家以外の共同体《コミュニティ》の全体を指すものとしよう。

そもそも私が「反転」を意識するきっかけになったのは、一九九〇年代半ばに「生物多様性保全」という名目で、タイ奥地の森林地帯から少数民族が強制移住させられた現場を見たときであった。その当時、都市に暮らす中産階級の大部分は消失の危機にあるとされた森林を守るために、そこに住まう少数民族を森から追い出すことに疑いをもっていなかった。都市の論理で動く国家の森林政策にすっかり信頼を失った農村の人々は、生活を守るために巧みに法律をかいくぐり、場合によっては地方の役人と癒着することで、かえって森林破壊を促進する側に回ってしまった。

日本では「環境にやさしい」＝「人間にやさしい」という暗黙の前提が浸透している。化学肥料を使わない農作物は健康にもよい、というのが典型的な語りだ。だが、世界の各地には、地域に暮らす人にとっては暴力的ともとれる厳しい環境政策というものがある。特に自然資源の管理では、その厳しさが顕著に表れる。自然を対象にする環境政策は人間社会を直接の対象にしてこなかった。だからこそ、環境政策の陰で蓄積した人間社会の経験は正面から考察されることが少なかったし、「環境保護」に強く反対する声が都市に少なかったことは人間を見ない傾向をさらに助長した。

資源・環境政策の中心的な主体は国家である。それは、民間企業も地域社会も、国家の枠組みと承認の中ではじめてその活動を正当化されるからである。特に、資源の開発や環境保護をめぐるルールづくりにおいて、国家の役割は決定的である。ここで「国家」とは、強制力の正統的な使用を国民に負託された組織体であるが、その強制力の使用目的は、かつてのような領土の拡張や保護よりも、経済的な利権を後ろ盾にした黒幕的な役割に移ってきている。そして今、経済から安全保障へと広がってきた国家の射程は、自然環境や気候を包み込むに至った。

急いで断っておくと、私は環境保護そのものに異を唱えているのではないし、すべての環境政策が反転すると主張するわけでもない。水や大気がきれいになり、気候が安定して災害頻度が減り、土壌や森林が健全に保たれることに反対する人は少ない。政府の補助金や課税、環境規制がなければ大気汚染の軽減もままならなかったに違いない。だが、いかなる政策にも、その負担を背負う人がいて、耳ざわりのよい介入ほど、そうした側面は顧みられることがないと言いたいのだ。

特に注意すべきは環境問題の解決が中央政府に委ねられる過程で、格差や不平等が拡大するときである。「反対する人が少ない」政策領域では、知らず知らず国家への権力集中が促進される。一度集中した権力はあとから分散させるのが難しいだけでなく、環境保護や資源の持続的利用といった本来の目的を超えて濫用され、環境問題をつくり出した開発をいっそう強化してしまう。いったん国家にあずけてしまった問題を再び地域の人々が引き取るのが難しいとすれば、はじめから問題が起きないようにするための工夫が必要だ。

環境問題に対しては、環境政策という手段を洗練させるのではなく、そもそも環境問題が起きないよう、経済成長と技術的克服に主眼をおく「開発主義」そのものを変質させるべき、というのが本書の結論である。環境問題の根源に横たわる資本主義とグローバリゼーションを真っ向から否定することは生産的ではない。むしろ、経済開発との連続の中で、環境政策の「反転」を抑える現実的な工夫を考えてみたい。

そのための手がかりを、本書では戦後復興と経済成長のただ中で公害と生活の豊かさの両立を目指して試行錯誤していた一九五〇年代の日本の経験に見出す。アジアの後発国を主な考察対象にする本書であえて日本の知を取り上げるのは、これからの後発国が反転を回避していくための「問題の立て方」に有益な参照軸がそこにあると考えたからだ。

「反転」のテーマには今の日本に暮らす私たちにも響くものがある。「安全」で有害物質の排出が少ないとして日本が誇ってきた原子力発電は、東日本大震災を境に一挙に批判の対象になったが、問題は原発の経済性や環境リスクよりも、補助金に頼らざるをえない地方自治体にその負担が押しつけられてきたという背景であろう。補助金というアメが可能にした町道や学校の整備、雇用拡大などの地域振興が人々の福祉に貢献したことは否定できない。だが、災害は原発にともなうリスクをあらわにし、福島原発周辺の地域に暮らしてきた人々の自律性は根こそぎ奪われた。人がいなくなった地域では、求めても再生エネルギーへの転換さえままならない。約束されたはずの「安全」と「環境配慮」が行き着いた先に待っていた汚染と強制退避という反転から、私たちは何を学べるだろうか。震災が起きるはるか前の一九七〇年代から活発化していた福島の原発反対運動に十分な注目が集まらなかったのはなぜなのか。

環境問題はまことに人間社会のあり方を映し出す鏡のような存在だ。ならば、この鏡を使って人間社会をよくのぞきこんでみよう。環境問題を解決し、持続可能な社会を手に入れようとしてきた人間社会は、自らの姿をどのように改変してきたのだろうか。この大問題を解きほぐすにあたっての本書の貢献は次の三点にある。第一は、理論的見通しを立てるという貢献である。開発という短期的な福祉向上策と環境保護という長期的な生態系維持のせめぎあいを読み解くための枠組みの提示を行う。複雑な自然環境の変化と、錯綜する人間社会の利害をあわせて考えるのは容易なことではない。本書では天然資源の管理をめぐる言説分析と比較歴史分析を通じて、環境政策を真に社会科学的な課題にしていくための土台を準備する。

第二は、反転の現場をつまびらかにするフィールドワークの実践による貢献である。国家による自然環境への働きかけが、東南アジアの現場でどのように反転し、人々がその反転にどう対峙しているのかをインドネシアの灌漑用水、タイの土地、カンボジアの漁業という具体例から明らかにする。特に注目するのは、社会の側に存在するさまざまな圧を感知して介入の仕方を変える行政の戦略と、それに立ち向かう人々の逞しさである。

第三は、問題解決の見通しを日本の経験から導き出す政策的貢献である。本書では、国家の反転に対処していく見通しを、日本がまだ後発国であった一九五〇年代から七〇年代前半にかけての時代に花開いた知的遺産から掘り起こす。政策論議や具体的な解決手法が地域の文脈に大きく依存するのに対して、問題認識の方法は、特定の国や地域をこえた普遍的な力をもっている。本書では、「解決」以前に、問題を起こさないようにするための方法を日本の経験に探る。

いま世界が注目する気候変動や、それに付随する災害の頻発は「現実的な対応は、これしかない」という切迫した空気をつくり、議論の主導権を国家に預けながら、その幅を狭めている。社会科学の仕事は、そうした息苦しい状況に新鮮な風を送り込み、地域に暮らす人々がその地域にふさわしい呼吸をできるよう手伝うことである。軍事や経済とは違って、自然環境に関する国家の影響力は潜在的で見えにくい。だからこそ現場に身を置いて、人々の側から問題を捉え議論を組み立てていくことに意味がある。

目次

序　章　環境国家の到来

1　二一世紀の「宣教師」

ラオスは経済発展の著しい東南アジア諸国の中でも最も素朴さの残る、筆者の好きな国だ。二〇一四年の春も終わりかけたころ、筆者はラオス北部の小都市ルアンプラバンからガタガタ道を三時間ほど登った山の上に広がるホアイキン村の高台で、心地よい風に吹かれていた。この村では、国際協力機構（ＪＩＣＡ）が気候変動緩和を目的とした森林保全事業を行っていた。森林を保全し、二酸化炭素の吸収量を増やすことで地球温暖化の抑制に貢献しようとする事業である。具体的には、地理情報システム（ＧＩＳ）[1]を駆使した精緻な土地利用図の作成、地元住民に対する二酸化炭素排出に関する知識の伝授、生計向上のための支援、植林や森林保護のグローバルな意義の啓発など、先端的な科学に基づく活動が熱心に行われていた。

筆者が驚いたのは、文字の読み書きさえ満足にできない村人たちに、地球規模の観点から森を守ることの大切さが教えられていたことであった。もちろん、基礎教育を受けていないからといって地球環境について知らなくてよいということはない。しかし、この場所にわざわざ外国から援助を投入するのであれば、もっと人々の生活ニーズに直結した医療支援や基礎教育をまずは充実させるべきではないか。あるいは、このような発想こそ近代化の病におかされた時代遅れの考え方なのだろうか。もやもやした思いを抱きながら、筆者は国際協力事業の現地スタッフが「カーボン（炭素）」について村人に語りかけている現場を眺めていた。

先進国が苦い経験を経てたどりついた地球の持続という理念が「プロジェクト」として現実化し、まったく異なる時間を経てきたラオスの奥地に降ってきた。自然を豊かに残してきた地域の人々が、自然を壊してきた先進国の専門家にその守り方を教わらなくてはならないという矛盾は、地球の資源と環境を守る活動が誰のためのものなのかを考える恰好の教材である。

いったいどのような力がラオスの山奥に暮らす人々と先進国の主導する環境保全事業を引き合わせたのだろうか。援助事業の現地スタッフによる奥地での環境教育の現場を見て、筆者はアニミズム信仰が一般的であった東南アジアの山地民にキリスト教がもたらされた一九世紀に思いをはせた。長旅の末にヨーロッパからやってきた当時の宣教師たちは、布教活動に加えて辺境の人々に文字を教え、医療を含めた生活支援に情熱を傾けた。時代は下り、現在、環境事業を外から持ち込むスタッフらの姿は、かつての宣教師と重なる。彼らは強い信念をもって、地球人としてのまっとうな振る舞いを後発国の奥地に広めようとしているのだ。

当然のことながら、一九世紀と今とでは時代背景が大きく異なるし、環境保全事業は宗教ではない。だが、当時と今のもっと重要な違いは奥地に乗り込む人々の動機ではない。気候政策に代表される地球規模の課題への取り組みを先導する先進国が、自分たちのつくり出した問題を解決するために後発国の奥地の人々の手を借りなくてはいけなくなったという関係性の変化である。植林をするにしても森を守るにしても、事業を実効あるものにするには後発国の現場にいる人々に頼らざるをえない。「持続可能性《サステイナビリティ》」という包括的な目標を打ち出した先進国は、社会基盤の整備すらままならない後発国を巻き込みながら、新しいタイプの「依存関係」を構築しつつある。それは互いを必要とする理由と関係のとり方が変わってきたということである。

たしかに植民地時代も宗主国は植民地の提供する原料に頼っていた。だが現代の依存構造は、先進国が「与える側」に位置する国際協力という善意の衣に包まれているのでわかりにくい。表に見えている「与える」「受け取る」という関係性の水面下で、実は援助する側も援助される側に依存しているという点が見えてこないのである。この依存関係をしっかりと意識化し、後発国の人々の側から力のバランスを回復することが、本書でいう「反転」のショックを和らげる一つの道であると思う。

政治的・経済的に優位にあるものが劣位にあるものに依存するという新しい関係性は、東南アジア諸国家の内部にも見て取れる。東南アジアにおいて山地の森林地帯は、長い間、平地の権力に対峙する反政府勢力の隠れ蓑になってきた。東南アジア地域で近代国家の装いが整いはじめたのは一九世紀のことであるが、都市から遠く離れた山地が本格的に統治者たちの視野に入ったのは、この地域で西洋資本による森林伐採や鉱物の採掘が拡大した一九世紀後半以降であった。植民地化される以前の東南アジアでは、中央集権的な体制の確立も不完全で、森林や鉱物の管理は地方の領主に任されていた。ところが近代化の過程で中央政府が力を強め、西欧諸国の企業が新しい技術や制度を持ち込むようになると、辺境の自然は国家にとって有用な「資源」へと変貌し、地域の人々は国家のために資源を取り出し提供する労働力に成り下がっていった。

かつては、こうした囲い込みから逃れるために国家との距離を保つことを良しとしてきたはずの山地の人々が、いまや政府の協力者となって援助機関による会合で行儀よく座っている。こうした状況は、国家権力がもはや地理的領域の隅々まで行き渡っていることを端的に表している。奥地に暮らす人々の多くは、これまで国家主導で行われてきた数々の大規模開発事業の犠牲になってきた人々であることを踏まえると、彼らの「協力」の真意を問いただしたくさえなる。

先進国が主導して後発国で環境保全事業を行う前提を明らかにするうえで役に立つのが次のポスター（図序-1）である。アジア各国で実施されている気候変動緩和事業では、草の根普及活動用として地域の個別事情に合致したポスターが作成されており、これは「ラオス用」ということになる。

しばしポスターの絵解きをしてみよう。中央を流れる一本の川が世界を二つに分断している。開発が進んでいる右の世界（先進国や後発国の都市部）では工場やビルが立ち並び、森林は残っておらず、自然環境の荒廃が進んでいる印象だ。盛んな経済活動は地域の大気を汚染しているだけでなく、多くの二酸化炭素を排出することで地球の温暖化を促している。

これに対して、対岸の「左の世界」には緑豊かなラオスの農村風景が広がっている。豊饒な森林は大気中の二酸化炭素を吸収し、産業廃棄物も少ないので空は青く澄みきっている。妙に開かれている空間には何も人工物がないのに、どこか人工的な印象を与える。人々はそこで大切そうに苗木を抱え、植林に精を出している。

図序-1　左の世界と右の世界

出典）啓発用ポスター「公平な利益の分配」（タイのバンコクに本部をおく国際機関 Regional Community Forestry Training Center がラオス用に制作したもの）。

このポスターの見どころは何と言っても、ネクタイを締めたスーツ姿の「右の世界」の代表者とおぼしき紳士団と「左の世界」のラオスの村人が出逢い、互いの協力関係を約束しているかに見える前景部の描写である。紳士団は拍手をして協力関係を喜び、村人たちは手を合わせて感謝しているようだ。そこでは事業の合意書のようなものが取り交わされている。このポスターは、気候変動事業にかかわる先進国側の人々の認識をある意味で忠実に描き出している。

経済発展の「段階」がまったく異なる左右の世界の住民を、ラオスの奥地で引き合わせた力は何であったか。国家による開発から取り残されてきた奥地の人々が、なぜここにきて政府開発援助（ODA）事業の表舞台に立っているのか。それを考えるときに役立つのは、この絵が何を描いていないか、を想像してみることである。

牧歌的な雰囲気さえ感じさせる左の世界（＝ラオス農村）でも、現実にはダム建設を含む大規模な開発が行われ、場所によっては先進国よりも急激な速度で環境リスクが生み出されている。たとえば二〇〇五年から工事が始まり、世界銀行などの支援によって二〇一〇年から本格稼働が始まったナムトゥン2ダムは、その建設にともなって六千人以上の農民を移住させた大事業で、非政府組織（NGO）や市民グループから強い批判も受けた。発電量の九割以上が隣国のタイに輸出されるこのダムは、これといった輸出品のないラオス政府に貴重な外貨収入をもたらす。だが、メコン河の通航量増大にともなう漁業資源への打撃、銅の生産で知られるセポン鉱山における大規模資源開発に由来する環境への影響、そして二〇一八年七月二三日に発生したセーピアン・セーナムノイ・ダムの決壊事故などを考えると、ラオスで行われているのは歓迎すべき「開発」ばかりではない。

次に描かれていないのは、ここで保護される森林、植林の対象になっている土地は誰の所有下にあるのか、という点である。ラオスに限らず、東南アジアでの植林の多くは、使い手のない国有地を政府が指定し、農民を動員して進めてきたものである。あるいはそうした国有地を企業が借り受けて商品性の高いゴムや油ヤシなどを大規模に植林するケースも多い。これらの植林は、地域の村人たちが求めたものではなく、むしろ村人たちを旧来の農地から追い出したり、焼畑の休耕地になっている場所を強引に占拠したりしてしまうことも多い。森林の保全と育成政策の影響は、森だけを見ていてはわからない。

このポスターは、こうした細かな詮索に堪えられるように作られたわけではもちろんない。しかし、次の第1章で詳しく見るように、状況が単純化されているからこそイメージは強い浸透力をもち、さりげなく人々の世界観を形成していく。世界観は政策となって、いつしか現実化していく。ポスターが見せようとしているもの、背景に置き去りにしているものは、いわば新しい南北関係である。かつての北の宗主国によって南の植民地諸国は原料供給地とみなされた。地球を共有する住人という新たな自覚が芽生えてきたなかで環境対策を考えなくてはいけなくなった今日、南の国々はもはや「取り替え」の利く存在ではない。どの国も、先進諸国にとって欠くことのできない依存先である。

「持続可能性」という大目的のために、政治や経済の面では接近する機会のなかった先進国と後発国とが協力体制をつくること自体は素晴らしい。だが、稀少な森林のそばに暮らしているがゆえに突如として地球規模の政策の表舞台に登場することになった人々に及ぶのは、協力によって生まれる便益だけではない(2)。ここで地域住民の目線から環境政策を読み解いていくと、手放しでは喜べない負担の側面が見えてくる。

2 「反転する環境国家」とは何か

「歴史を通して繰り返しみられたように、まさに国家による森林保護こそが、地元住民を森林の敵にしてしまった」(ラートカウ 2012：426)。これは、土壌、森林、水、気候などの自然環境を国家権力との関係で研究してきた環境史の大家、ヨアヒム・ラートカウの結論であった。

この主張には驚く人も多いだろう。というのも、気候変動に関する国際条約の批准にせよ、炭素税の導入や再生エネルギーへの補助金にせよ、環境保護に関心をもつ私たちの多くは、問題が国家による関与の過剰ではなく、むしろ不足にあると思ってきたからだ。資源利用や環境保全に国がもっと関与し、人員と予算を割くべきだと考える人は多いと思う。だが少し立ち止まってラートカウの洞察を噛みしめると、私たちは、国家が自然環境に投げ込む政策が現地社会にどのような波紋を引き起こしてきたのかをしっかりと見届けてこなかったことに気づく。差し迫った環境問題への対処も大事だが、「問題」を特定の方向で生み出す社会のあり方、そして「解決」が促す人間社会の変化の方が深刻なのかもしれない。なぜなら、その人間社会こそがまさに「何が解決すべき問題か」を決めているのであり、解釈の結果を引き受けるのもまた人間社会であるからだ。

問題解決のための政策には、自然保護区の設定や再生可能エネルギーへの移行、補助金や課税を通じた環境負荷の低い化学肥料の普及や汚染抑制のための各種の技術開発への補助金や課税、共有資源の国有化や私有化による保護などがある。そうした手段に訴えるときの私たちの関心は、自然環境の保全に対する効果の側面に偏っていて、自然への働きかけが人間社会の改変にどうつながっているのかという側面には及びにくい[3]。それは、環境政策がすべからく人間社会を介して実施されているという基本的な事実を私たちが忘れているからである。

本書でいう「反転」とは、まえがきで述べたように自然環境を保全するために実施されたはずの政策が、その政策を仲介する地域の人々を翻弄し、その結果として地域の自然環境が持続性を失ってしまう現象であった。ここで、反転の影響が当該国の人々に均等にふりかかるわけではない点は特に注意が必要だ。環境保護事業を引き受ける現場の地域住民、たとえば厳格な保護対象になる森林のそばに暮らす人々、汚染への規制がかかる工場で働く人々、気候変動への適応策が実施される災害リスク地域に暮らす人々などは、反転に最も巻き込まれやすい人々である。

ところで「反転」という言葉の使い方には、いささか注釈が必要かもしれない。環境政策が裏目に出てかえって環境悪化が引き起こされるなら文字通り「反転」といえるだろうが、この因果を観察するには時間がかかる。本書がまず問題にするのは、国家による環境政策が、自然環境の管理に先立って、そうとはわからないかたちで人間社会の管理に転化していく可能性にある。こうした転化は、格差や不平等を拡大し、地域の人々の環境保全意欲を低下させ、さらなる環境劣化の引き金になりうる。

たとえば知的所有権を整備して農村に広がる生物多様性を「守ろう」とする働きかけは、地域の人々の視点からすれば反転の典型的な契機である。製薬に有用な遺伝子、バイオ技術、農業生産を向上させる種子などが発見され、それらが所有権によって「保護」されることで、その資源にアクセスしていた人々の手を離れ、政府や大企業に資源の支配権が移っていくことがある（Shiva 2015）。地域住民の伝統的知識を活用すべく、森から採れる非木材産品のマーケティングの機会を提供したところ、ビジネスが成功し外部の企業に主導権を奪われてしまう事例も報告されてきた（Dove 1993）。主導権が外部に移転されれば、地域住民の資源を守るインセンティブが低下するのも当然である。国家による知的所有権の整備は、現場にある生物多様性の保全というよりは、そこで生まれる利権の持ち主を「守る」効果をもつという意味で、自然環境を介した権力の集中化を促す可能性がある。この手の介入では経済的な利益よりも基本的な権利への目配りが欠かせない。

「環境対人間」という対立構造は、気候変動や砂漠化などの文脈で、私たちになじみのある問題の立て方である。しかし、この問題設定に基づいて人間社会が環境に作用した結果が、その反作用として呼び込む新たな「人間対人間」の関係（＝意図せざる反転）について、私たちはあまりに無頓着ではなかったか。環境を汚染する企業の活動を規制によって一時的に制限するという単純な話であれば「反転」という新たな表現を持ち出すまでもない。公益のために一部の人々の自由が制限されるのは想定内であり、民主的な国家であれば規制に対する異議申し立ての機会もある。しかし、後発国の奥地で暮らす人々が環境保護の名の下に暮らしを大きく制限されるとき、それを問題にする人はほとんどおらず、当事者らに異議申し立ての機会が与えられることも少ない。

環境保護と経済開発は表裏一体である。資源の大量消費を前提として、工業化と富の生産に向けて国家主導で組織構造全体を組み替えていく体制を開発主義、そのような開発主義をとる国々を「開発国家」と呼ぶ（末廣 1998）。開発国家をめぐる議論は政府の介入の最小化および自由市場の最大利用を唱えるネオリベラリズムと一線を画しながら展開してきた（Wade 2018）。第3章で見るように、日本やタイでは一九世紀末の近代化の時代に開発国家の端緒があり、日本の場合は一九五〇年代に、タイの場合は一九六〇年代の国家開発計画が整備されるところで開発国家としての装いが一応の完成をみる[4]。

開発国家の登場から二〇年ほどが経過して現れたのが環境国家である。「環境国家」の概念は筆者のオリジナルではない。先進国を対象にした研究で用いられてきた「環境国家（Environmental State）」とは、環境分野を総括する省庁が設置され、各種の環境関連法を統合するような基盤的な法律が整備され、環境に関する国際条約の批准や専門家の育成などを行うようになった国家であると定義されてきた（Duit et al. 2015；Meadowcroft 2011）。

だが、この定義は制度的な装いを重視している点で、制度と実態の乖離が著しい後発国に当てはめるにはふさわしくない。そこで本書では「環境国家」を、「(特に地域の人々から見て) 環境保護や資源の持続可能性確保を目的に行われる介入の影響が、自然環境だけでなくその地域の人々の暮らし全体に及ぶようになった国家」と定義してみることにする。すなわち土地や森林、水や気候への介入を通じて人間社会に影響の範囲を拡張するような国家である。農村人口の割合が高く、自然環境との直接的な関連が強いアジアの後発国では、多くの地域がなんらかの側面で環境国家的介入を受けているといってよい。

ところで、政策のスローガンなどから国家の方向性を読み取ることのできる開発とは異なり、ある国家が「環境国家」かどうかを客観的に示す基準はない。環境国家の定義が一定しないのは、その影響を強く受けやすい地域住民の視点を中心に置く本書のスタンスからすると当然である。環境国家の影響は同じ国家の中でも住んでいる場所や生業に応じて多様であり、決して均一に及ぶわけではないからである。議論の対象になる個別の自然環境の特性や地域の文脈に配慮しないと、環境国家論を振りかざしても個々の現場には響かない。ただし大きな傾向としては、自然資源への依存度が高い後発国の後発地域ほど、上からの環境保護のインパクトは大きく、地域住民に降りかかる反転が生じる可能性も高いといえるだろう。

開発国家をめぐる議論においては、工業化や民族主義といったスローガンに表出する国家の意図的な力点 (=開発主義) が研究者たちのもっぱらの考察対象になってきた (Nem Singh and Ovadia, eds.

2019)。だが、本書の唱える環境国家論は、人間社会を生態系の一部とみなしてエコ運動を推奨するような政府主導の「環境主義」を追うものではない。そうではなく、そうした環境主義が結果として、どのように人間社会を再編成していくかに注目する。(5) 意図ではなく結果に着目するということの違いはとても大きい。

森林、水、土壌、大気や気候、エネルギーや生物多様性へと、国家が積極的に関与する範囲を一方向的に広げてきたにもかかわらず、「環境国家」が誕生することの政治的・社会的な意味を捉える視点がこれまでの研究に不足していた理由は二つ考えられる。

第一は、自然環境を扱う諸学の専門特化である。特に自然科学と社会科学の分断は、自然と人間の交流関係の全体像を曇らせ、自然環境の研究は自然科学の領分、という偏った観念を定着させてしまった。環境専門家と呼ばれる人の多くは環境そのものの変化を捉えることを得意とする。それゆえに、社会科学の専門家が主導する開発事業に環境の専門家が呼ばれて「環境影響評価」を実施することはあっても、環境の専門家が主導する環境保護が人間の生活に与える影響を評価する必要性はほとんど認識されてこなかった。

第二は、「行為の意図をこえた影響」まで見届ける余裕を与えない、近代社会に特有の合目的的な発想である。フランスの哲学者ミシェル・フーコー（一九二六―八四）は、人は特定の行為を行う理由のほうはよくわかっていても、行った行為が引き起こす帰結まではわかっていないと指摘した(Dreyfus and Rabinow 1982：187)。その通りである。国家の振る舞いも、人の行為と同じように、その本質は狙いや意図ではなく、意図をこえた帰結の方にあると筆者は考えている。

環境国家の影響は、制度から技術、インフラ整備、そして教育を含む価値観の領域にまで及び、私たちの生活を包み込んでいる。再生可能エネルギーの開発と普及、災害対応型のインフラ整備、環境税、土地の利用制度、排出規制、生態学や気候変動のモニタリングなどの科学的知識の導入や海外からの技術協力は、自然環境を介した国家による人間社会への侵入経路の例である。

資源を保全し、自然環境を守ることを名目にした諸事業は、先進国と後発国、都市と農村とを問わず世界各地で展開し、今や個々人の意識にまで入り込んできた。気候変動や災害という待ったなしの環境課題は、軍や自衛隊の出動を常態化させつつある。

私たちの取り組むべき「問題」の核心は、久しくいわれているような個別の原料資源の枯渇や環境汚染、あるいは廃棄物の不法投棄などだけではない。もっと短期的に文明の存続を危うくするのは自然環境の劣化そのものよりも、その問題をめぐる国家の為政を通じて形成される権力の再配置とその社会的余波の方ではないか。たとえば資源が枯渇するかもしれないという強迫観念は、人々を保守化させ、国を戦争へと向かわせるかもしれないし、極度の汚染は大量移住を招き、周辺地域の政情を不安定にするかもしれない。このように、資源や環境に関する問題は、そこに働きかける社会や文化と切り離して考えることができない。自然環境の変化が問題になるかならないかはその劣化の有無や度合いにかかわらず、社会の側が決めることだからだ。

3　連鎖する反転

反転は突如として現れるのではなく、予兆がある。歴史的に見ると「反転する環境国家」を呼び込む出発点となってきたのは、開発国家による経済成長優先の政策である。重化学工業に依存しながら急激な経済成長を遂げていた日本では、人口過密という条件も重なって、環境リスクの問題が劇的なかたちで顕在化し、「公害先進国」の汚名に甘んじるところまでいってしまった。メチル水銀を含む工業廃水が地域の第一次産業を破壊し人々を苦しめた水俣病がその例である。急速な経済開発が引き起こす環境劣化や資源の乱用は、人々の福祉と生活水準の向上を最終目標としていた開発国家の反転と読みなおすことができる。

こうした開発国家の反転は一九六〇年代に入ると世界各地で顕在化した。米国ではレイチェル・カーソン（一九〇七―六四）による『沈黙の春』が農業における化学物質の使用を強く戒める内容で一世を風靡したのを皮切りに、行き過ぎた開発のあり方を反省し、環境の保護を目指す草の根運動が巻き起こった（カーソン 2004）。環境保護のための各種法令や政策の整備が急速に進んだ米国は、一九七〇年代の段階で、世界で最も先進的な環境志向の国であると評価されるまでになった（シュラーズ 2007）。

米国における環境政策の萌芽には国家の利害が密接に絡んでいた。ベルリン自由大学の政治学者ミランダ・シュラーズによれば、米国の政治家にとって一九六〇年代のベトナム反戦運動、黒人差別撤廃に向けた市民権運動、そして女性の地位向上運動などの一連の反体制運動の矛先をそらす手段として環境問題は便利に映ったのだ。民族や政治的な派閥をこえる環境問題は、魅力的な政策課題であった。もっとも、環境分野におけるアメリカの先進性は一九七三年のエネルギー危機の際に失われ、石油確保が安全保障問題として優先度の高い課題となって以降、環境リスクに関する議論は置き去りにされていった。

日本は、草の根の市民運動が大きな役割を果たした点で米国と共通している。一九五〇年代までは問題の科学的因果関係すら確定できないなかで苦戦を強いられた市民による公害反対運動も、一九六三年には三島と沼津での新産業コンビナートを中止に追い込むなど、成果を見せはじめるようになる。水俣病やイタイイタイ病をめぐる裁判は、大衆に行政と闘争する方法を学ばせる効果をもち、やがて市民社会は社会党や共産党、労働組合などの支持も得ながら、地方自治体の重い腰を上げさせるほどに成長する。公害問題の全国化はいよいよ中央政府を動かし、一九七一年の環境庁の設置に至らしめた。

もっとも、日本の環境政策は決して順風満帆に進んできたわけではない。たとえば一九六〇年代から七〇年代にかけて「横浜方式」と呼ばれた横浜市と企業の個別契約に基づく公害防止協定は、大気汚染の大幅な抑制に成功したことで地方自治体の先進例として称賛されてきた。だがその後の検証では、横浜市の定める技術水準をクリアできなかった企業が他の地域に公害を移出していた事例が報告されている（小堀 2017a）。首都圏における環境政策の「成功」は、公害リスクの高い施設を受け入れた地域から見ると反転そのものであった。

一方、こうした先進国のような経験を経ずに圧縮されたかたちで成長と環境保護の両立を目指さなくてはいけない後発国は、まったく異なる文脈に置かれていた。近代国家の構造が植民地時代に形成された国々は、独立後も植民地時代の搾取の構造を維持した。政治的な硬直や腐敗の悪習は技術革新の風土を妨げ、各地でくすぶる環境問題を告発する市民運動や、その告発を取り上げるメディアの発達を阻害した。多くの後発国は、社会運動の蓄積、各種セクターの役割分担と調整の体制、思想的推進力を提供する知的エリートなどを欠いていたのである。後発国における環境政策は、産業化を推進するためのさまざまな政策を優先する前提で進められなくてはならなかった。

インドネシアのスハルト大統領（在職一九六七―九八）や、フィリピンのマルコス大統領（在職一九六五―八六）といった、一九八〇年代から九〇年代にかけて開発国家を主導したリーダーが退場したあとも、上からの計画と動員を求める開発国家のスタイルは、そのまま環境国家の時代へと引き継がれた。開発国家から環境国家への移行に時間的な間隔がほとんどない後発国では、むしろ当然の結果であったといえるだろう。開発国家から環境国家への軸足の移動が相対的にゆっくりと進行した先進国に比べて、司法制度や教育水準が不十分で、社会的格差の大きく残る後発国での急激な環境政策は、それを受容する地域の事情によって反転してしまう傾向が強いのである。

ここまで環境国家の反転を議論の中心に置いてきたが、視野をより大きくとれば、この反転はより

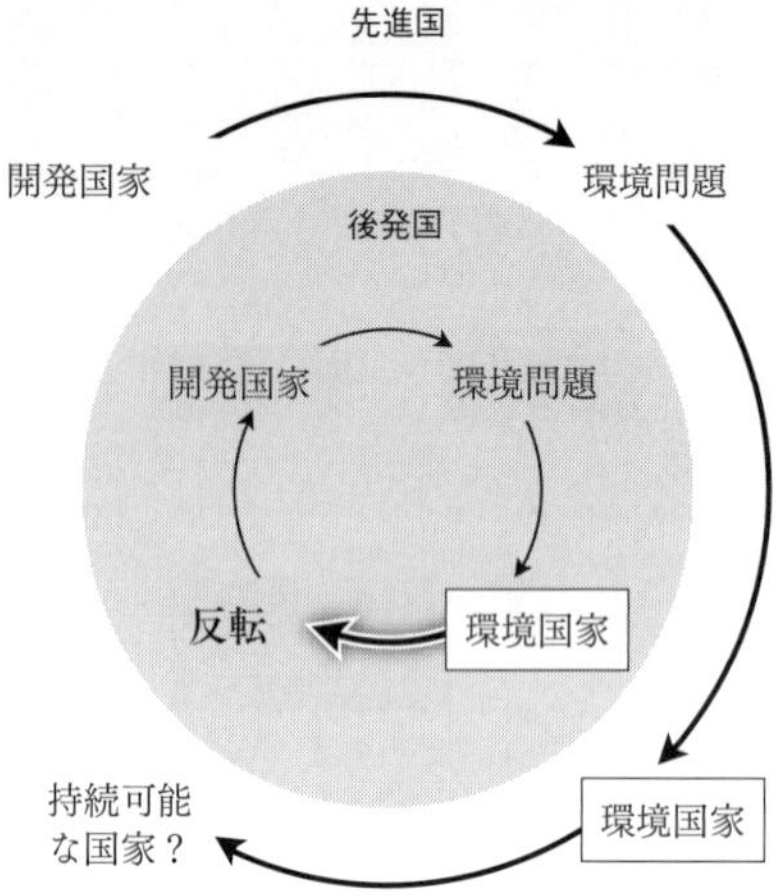

図序-2　加速する後発環境国家の反転

出典）筆者作成。

大きなサイクルの一部であることがわかってくる。一連のサイクルを概念図としてまとめたのが図序-2である。開発国家による経済開発はその副作用として公害をはじめとする環境劣化・資源乱用をもたらす。そうした副作用を抑え込む目的で立ち現れるのが環境国家である。ところがこの環境国家も資源・環境政策を実施する過程で人間社会に改変をもたらし（＝環境国家の反転）、新たな解決策を招来する。この「解決策」はそもそも環境問題を生み出した開発主義の思想からもたらされる。ここで一つのサイクルが完成するというわけだ。

　この図は従来の研究に欠けていた二つの点に光を当てる。一つ目は、開発と環境を互いに関連した連鎖反応とみなしていることである。開発の反転が環境政策を呼び込むところまではよく知られているが、環境政策の反転が、インフラ整備など技術的な対策を核とする「さらなる開発」を呼び込む回路はあまり議論されていない。

　二つ目は、最初にこのサイクルを経験する先進国の、開発・環境政策から反転に至るまでの時間が相対的に長いのに対して、後発の国々はその時間が短いという速度の違いである（図序‐2でいえば曲線が短い）。このサイクルが特に速いペースで展開している東南アジアの中進国・後発国では、かつての先進国のように反転を開発の副作用ととらえてじっくり取り組む余裕がない。開発政策と環境政策は同時に進行しなくてはならない。その結果、乱開発・過剰開発が生み出す環境問題が顕在化して、それへの対応として生まれる環境国家、そしてその環境国家が生み出す反転に対する開発国家的対応という一連のサイクルは加速していく傾向がある。

後発国のサイクルが速い理由は、開発と環境の統合的な運営に対して国際社会の援助と後押しがあること、そして、この動きの加速に抵抗する勢力がほとんど育っていないことである。開発も環境保護も、先進国に比べてより圧縮された時間の中で達成しなくてはならない後発国では、ただでさえ深刻な社会・経済的格差があるところに、環境政策を通じてその格差がさらに拡大する可能性が持ち込まれる。

表序‐1は、産業公害に帰因する環境問題に対し、本書で事例として取り上げるタイ、インドネシア、カンボジアが環境政策の軸となる諸制度（環境官庁の設立や環境基本法の制定など）を一通り揃えるまでに要した時間を代表的な先進国と比較して示したものである。日本やタイは、ストックホルムで国連人間環境会議（一九七二）が開催される前後に環境制度の体制づくりに着手し、ブラジルのリオ・デ・ジャネイロで開かれた「環境と開発に関する国連会議（リオ・サミット）」（一九九二）の前後にはグローバルな課題も意識した本格的な環境国家に成長する。これに対してカンボジアは、一九九

表序-1　環境政策の骨格が整う速度の国際比較

年代	先進国			中進国・後発国		
	英国	ドイツ	日本	タイ	インドネシア	カンボジア
1950〜	**水法制定（1951）** **大気浄化法制定**(1956)	**連邦水管理法制定(1957)**	**水質二法制定（1958）**			
1960〜	39年	34年	ばい煙規制法制定(1962) **公害対策基本法制定（1967）** 大気汚染防止法・騒音規制法制定(1968)	**工場法制定（1969）**		
1970〜	**環境省設置（1970）**	**大気汚染対策等を目的とした連邦イミシオーン法制定(1974)** **連邦環境庁設置（1974）** **連邦自然保護法制定（1976）**	水質汚濁防止法制定（1970） **環境庁設置（1971）** 自然環境保全法制定(1972) 39年	国家環境委員会設置・**国家環境質保全向上法（1975）** 13年 **環境アセスメント規定制定（1978）**	**開発監視・環境省設置（1978）**	
1980〜	**都市農村計画（環境アセス）規則（1988）**			**科学技術環境省設置（1982）**	**環境管理基本法制定（1982）** 人口環境省設置(1985) **環境影響評価制度導入（1986）** 13年	
1990〜	**環境保護法制定**，環境アセスメント規定（1990）	**環境影響評価法制定（1990）**	**環境基本法制定(1993)** **環境影響評価法制定（1997）**	環境法制定・アセスメント義務化(1992)	**水質汚染に関する政令制定**・環境管理庁設置（1990） **大気汚染プログラム開始（1991）** 環境管理法改正(1997)	**環境省設置・環境保全および自然資源管理法制定（1996）** 4年 **水質汚染管理に関する政令（1999）**
2000〜			環境省設置（2001）	天然資源環境省設置（2002）		**大気汚染と騒音公害の管理に関する政令（2000）**

出典）筆者作成。

注1）この表では中央政府のレベルにおける制度・組織を取り上げており，地方における制度・組織は除外している。

2）縦の矢印は，産業公害対策を中心に，包括的な環境法制定・水質汚濁防止関連法制定・大気汚染防止関連法制定・環境影響評価法の制定・環境関連の行政組織設置の5項目（各項目の最初のものを太字で表記）がすべて揃うまでの期間を示す。

〇年代後半に急速に制度を整え、表面的には網羅的な環境政策を備えた国になった。先進国や国際機関の専門家が多く入り込み、法制度の面で大きな支援を行ったからである。だが制度が整うことと、制度の実効性とは区別しなくてはならない。というのも、多くの後発国では完備された制度に比べて現実が明らかに追いついていないからである。

そうした留保をつけたうえで、大まかな傾向として先進国と後発国とを比較すると、日本をはじめとする先進国では問題発生から制度の構築までに三〇年以上の時間を要しているのに対して、後発国ではそれが大幅に圧縮されている様子がわかる。わざわざ速度の違いを強調するのは、環境リスクの大きさが発生する速度に応じて変わってくると考えられるからだ。「反転」の負担がどれだけ人々を苦しめるかも、速度が影響する部分が多い。本書がアジアの発展途上地域を主な対象として議論を進める理由は、それらの地域の開発が遅れているからではなく、まさに変化の速度が速いからである。

一連の反転が問題として自覚された後に出てくる「次なる政策」も、そこだけをとれば政策の進歩に見えるかもしれない。これまで環境に配慮してこなかった国家が、環境政策を重視するようになるのは、そこだけを切り出せばたしかに進歩に見える。だが、この思考枠組みに囚われると、そもそもの問題を生み出した構造的な要因に目をつぶり、目前の課題に技術的に対応するという対症療法的なアプローチが優先される。たとえばボイラーを備えた既存の工場に脱硫装置を設置すれば、工場から排出される有害物質を低減できることは間違いない。だが、なぜその場所に汚染対策を必要とするような工場が立地されているのかという、より根本的な問題に環境政策の担当者が口を出すことはまれである。環境対策が行われても、環境対策を必要とさせた開発優先の精神はそのまま維持されるのである。ここに反転を招き入れる本質的原因がある。

4 反転をくい止める力

先進国で見られた草の根の環境運動は、開発主義の暴力性を軽減させる抵抗力として機能した。日本では公害の経験を通じて、メディア、裁判所、研究者など、住民を側面支援する層が徐々に形成されていったのである。これから見ていくアジアの「環境国家の反転」が日本でそこまで顕著に生じなかったのは、国家の政策を受け止める社会の側の力が一九六〇年代から七〇年代以前の時代にじっくりと醸成されたからだと考えられる。

日本のように一九七〇年代には基本的な環境政策の体制を整えていた先進国とは異なり、後発国の環境対策は遅れて開始した。そもそも「開発国家」自体が遅れて出発したからである。東南アジアの場合は、国家開発計画が立案されて、先進国からの援助も活用しながら体系的な開発が始まったのは一九六〇年代のことであった。政治家にとっては、開発の速度を遅らせかねない環境対策を充実させるよりも、道路や橋、鉄道や学校を作るといった目に見える開発を進めた方が票集めに有効である。こうした前提条件に先進国からの「解決策」が上塗りされると、社会の側、とりわけ地域住民の側に政策を受け入れる能力が育たないので反転が生じやすくなる。

現在の後発国の環境政策の進捗を見て気づくのは、先進国が後発国への援助と引き換えに課すことの多い条件、たとえばジェンダー配慮、環境配慮、住民参加、透明性、持続可能性などを、経済開発にまい進していた時の先進国は、どれ一つ満たせていなかったという事実である。先進国では行政の発案でこれらの条件が整ってきたわけではなく、市民からの突き上げによる長く熾烈な交渉過程を経て、一つ一つ達成されてきたのである。[6]

表序-1に見られるように、日本が四〇年かけてつくり上げた環境保全の制度を後発国はその半分以下の時間で完備するに至っている。これを「後発性の利益」と呼んで後発国が効率的に追いついた証と見ることもできる。あるいは、開発と環境の垣根が消失して、「持続可能な開発」が政策として現実化していると評価することもできるかもしれない。[7] 環境アセスメントのような規制政策がいち早く導入されることで、開発の行き過ぎを抑制し、速度を落とすという効果が見られた後発国もあったに違いない。だが、開発志向の国家が、そのまま環境政策を内部化しようとすると、制度は充実しても開発主義的な実態は変わらず、そもそも環境政策を呼び込んだ根本的な問題は手つかずのままにされる。

先進諸国が環境国家になった過程から得られる教訓は、技術や制度の進歩的な側面よりも、急激な変化を受け止められる社会が醸成されたプロセスの方にあると筆者は考えている。多くの後発国は「政策を受け入れる社会を育む」という大事な経験をとばして性急に環境管理の体裁を整えた。開発事業の環境への影響を評価する制度は多くの国で存在する。しかし、環境政策の社会的影響を評価する制度は存在しない。だからこそ、そこに生じる「反転」には歯止めがきかないのである。

開発国家から環境国家へ移行するにあたって先進国と後発国の間に生じた時差は、双方においていびつな人間と自然の関係を形成した。グローバル化は、それぞれ異なる自然環境との間で固有の関係を築いてきた人々どうしを出会わせることで、価値観や行動原理のすり合わせを強要する。国土の七割近くが森林である日本で、なぜ輸入木材に頼って家を造らなくてはいけないのか。その一方で、森が豊かに残る東南アジア奥地の村人は、なぜ生物多様性保全のために、自らの居住地を追われなくてはならないのか。本章の冒頭に述べたラオスの村人と先進国の人間を引き合わせた論理も、同じ地球の住人の間に見られる「時差」が生み出した歪みの一部であると考えてよい。

現代の後発国ほどの速度ではないにせよ、高い人口密度と厳しい資源制約の中で、アジアで最も激烈な公害も経験した日本には、その経験を他の国々に伝えていく使命がある。もちろん、日本に特有の経験と知恵があるからといって、ただちにそれを諸外国の文脈に当てはめようとするのは危ない。本書で紹介する三つの系譜は、日本においてすら広く受け入れられ実践されたアイディアというわけではないからだ。何よりも、地域の文脈をふまえない介入こそ「反転」の元凶であるというのは本書の立場でもある。それでも日本の知にあえて着目するのは、反転を回避する参照軸としてこれらの三つの知が時空をこえた有用性をもっていると考えたからだ。政策は地域の文脈に依存するが、問題の立て方は地域の枠に制約されるものではない。

戦後から高度成長期の時代に編み出された日本の知は、現代の環境ガバナンス論以上に国家権力の問題を鋭敏に嗅ぎとっていた。本書で取り上げる三つの知は、当時の日本よりもさらに暴力的なかたちで「反転」が見られる東南アジアに、今こそ必要な「問題認識」のための座標軸を提供しているように思われる。

反転する環境国家の時代はアジアの各地でいま本格的な幕開けを迎えている。開発から環境へという国家の力点の移り変わりに、地域の人々の視点から一本の筋を通してみることで、私たちは環境保護が私たちの生活に何をもたらすのかを批判的に展望する地点に立つことができるのである。

第Ⅰ部　環境国家をどう見るか

第1章 「問題」のフレーミング

——環境国家の論理基盤

環境国家は自らの介入を正当化するためにさまざまに「問題」を切り取る。環境問題のある側面が選択的に強調され、問題の複雑性が単純化されていくフレーミングの過程には、どのような力が働いているのだろうか。資源の劣化や環境の汚染が促す問題の顕在化そのものは、関与の方法や解決の仕方を決定しない。環境国家の反転が生じるのは、国家の押しつけがましい介入ゆえではなく、受け入れる側の社会が同意せざるをえない巧妙なロジックが存在するからである。

1 マレーシアの森を壊したのは誰か?

それは一九八七年の夏の出来事である。当時一〇歳になる英国人の少年がマレーシアのマハティール首相に次のような手紙を書いた。

僕は一〇歳で、大きくなったら熱帯雨林の動物について勉強したいと思っています。しかし、あなたが木材業者を今のまま放っておけば、木は一本も無くなってしまいます。何百万という動物も死んでしまいます。一握りの金持ちが何百万ポンドを得るために、こんなことをしていいのでしょうか。僕は、とても醜いことだと思います。

マハティールの返事は次のようなものであった。

私たちの森から木材を切り出していることを辱めようとしている大人たちに、あなたが利用されていることの方が醜いことです。……問題は、一握りの金持ちが何百万ポンドを稼いでいるということではありません。木を一本切り出すことは、少なくとも一〇人の貧しい人々に仕事をもたらし、おそらく彼らの妻一〇人と、その子供たち三〇人を支えていることになります。加えて、金持ちは四〇％の所得税を払っています。この金持ちがいなければ、政府は税金を集められないだけでなく、伐採も行われなくなり多数の人々が職を失うことになるでしょう。……

マハティールはさらに続けた。

木材産業は、このように多くの貧しいマレーシア人を助けています。あなたに熱帯動物の勉強をさせるために、彼らを貧しいままにしておくべきでしょうか。あなたの研究の方が貧しい人々の空腹を満たすより重要なのでしょうか。あなたが動物の勉強をするからといって、私たちは百万ポンドもの富を水の泡にするべきなのでしょうか。

（以上 Institut Analisa Sosial 1989）

この議論には、「マレーシアの森林減少」という同一の事象について、それぞれの立場に応じた複数の「事実」が含まれている。よって、二者択一方式で「どちらが正しいか」を科学的に実証することはできない。少年とマハティールは、双方とも有効な論点をもっているが、それらは出会うことなくすれ違っていて対話が成立していない。少年の論点の一つは、マレーシア国内の富の不平等である。ところがマハティールは先進国と後発国の格差問題に焦点をあてて議論を展開し、国家による森林政策の正当性を強調している。

複雑な状況の下で何を中心的な問題として位置づけるかを「フレーミング」（枠の付け方）と呼ぶ。フレーミングの仕方は、それが意識的なものであれ、無意識的なものであれ、問題の定義と解決において何が重要な情報で、何が重要ではないかを仕分ける強力な力をもっている。

右の一例からもわかるように、「環境問題」にもさまざまな側面があり、どの側面を重視するか（逆に、どれを無視するか）、そして「どの事実」が注目に値する重要なものであるかはその時々の社会的文脈や国家のあり方が規定する。特に、さまざまな事実の組み合わさった「状況」には必ず解釈の余地が生まれる。問題とされる状況が視点の取り方によって多義的に解釈できるとき、どの解釈が科学的に正しいかを断定することはできない。このような状況では、論拠となる情報が増えても状況認識は「一つ」に収斂されない。というのも、そこで争われているのは必ずしも客観的な事実ではなく、事実認定の先に横たわる利害の分布や損得関係であるからだ。そこで、利害関係者はあいまいな状況を利用して自分に有利なかたちで解釈を一つの方向にもっていこうとする。この綱引きを自分に有利にしようとする行為が「フレーミング」である。介入の正当性が問われる政策論議は、さまざまなフレーミングの渦巻く言説空間であるといってよい。

なかでも環境問題は、さまざまなフレーミングを可能にする解釈の幅がとりわけ広い。その広さは、問題のあいまいさや不確実性に由来する。地理学者ピアース・ブレーキーは、不確実性の要因として次の三つを挙げている（Blaikie 1985）。第一は、環境の劣化を正確に、しかも長い期間にわたって測定したデータが入手困難であること。たとえば「森林減少」を論じる際、「森林」の定義が統一されていなくては「減少」の度合いを測ることはできない。第二は、自然と人間の相互作用によって生じる劣化現象を分析するときに、その中の人為的な要因を特定するのが難しいこと。第三に、当該の環境変化が何らかの対応を要する問題であるかどうか、専門家の間ですら著しい見解の相違が見られること。このように、不確実性の支配する多くの環境問題では「もっとデータを」集めるよりも、データの見方を変えなくては解決への動きが生じないことが多い。こうしたあいまいさの存在は、各種の専門家を擁する政府の権威を高め、環境国家を拡大する基盤を用意する。

第9章で見ていくように、科学的な不確実性は政府によって「何もしない」根拠に利用されることもある。ある人々にとっては、不確実性やあいまいさは、それ自体が政治的競争に役立つ材料なのだ。不確実性に、このような積極的な役割があるとなれば、かたくなにエビデンスを強調して「より多くの情報」と「確実な認識」を前提に政策を定めようとする従来型の研究姿勢は再考しなくてはならない。

2　ヒマラヤの森林にひそむ不確実性

不確実性の大きい問題に対処するときに、問題を取り巻く社会にはどのような動きが喚起されるか。ここではマイケル・トンプソンらのヒマラヤでの取り組みを紹介しよう。ネパールとブータンの国土の大部分を占めるヒマラヤ山脈での森林減少は、遅くとも一九世紀末ごろから国境をこえて問題視されてきた。ネパールにおける人口の爆発的増大が農民たちを山間の斜面に押しやり、森林の開墾を促し、その結果、山崩れや洪水が多発して、下流に位置するバングラデシュなどの近隣諸国で被害が拡大した、というのが従来の定説であった。

ヒマラヤの自然環境が劣化していることについては、大半の専門家が合意している。問題は、それがどのくらい深刻なのか、という点であった。森林劣化の基本的な原因は、その地域の人口増加と、それにともなう森林伐採に求められるのが一般的であった。具体的には、周辺住民の薪の採集ペースが森林の再生のペースを上回っているのかどうか、という点が着目され、論争の対象になってきた。この論争は、以下に述べるように、研究者やコンサルタントたちによる実にさまざまな推計値を生み出すことになった。

一九八〇年代の半ばにトンプソンらは国連環境計画（ＵＮＥＰ）の依頼で、ヒマラヤの森林生態系の問題についてのそれまでの知識を集成し、統一的な解決の方向性を示すという任務を課せられた。

ところが、調査を進めるうちにヒマラヤにかかわる研究者たちの間ですら「森林」や「森林減少」の定義が統一されていないことがわかった。周辺住民一人当たりの薪消費量の推計値では、推計者によって年間六〇kg〜四千kg、つまり最小値と最大値の間で六七倍もの差が見られ、持続可能な最高収穫量（保続収穫）の推計値ともなると一五〇倍の差が確認された。あくまで推測しかできない石油の埋蔵量などと比べて、目測できるはずの薪消費量推計値にこれほどの誤差があるのはどういうわけか。ここで新たに薪の消費量を調べなおしても、すでに山ほど存在する推計値の散らばりに埋もれてしまう。「一般的な応用科学の場合は、問題に不確実性が含まれているが、この場合は不確実性の中に問題が埋もれている」と彼らは考えた（Thompson and Warburton 1985：116）。

そこでトンプソンらは、より厳密な調査を適用して不確実な情報を「客観的な一つの解」に収束させようとする従来型のアプローチを改め、不確実性や誤差そのものをデータとして扱うことにした。つまり、異常なほどに「誤差」が広がっている理由を説明し、データの不確実性を支えている制度的な源をたどってみることにしたのである。トンプソンらは、ヒマラヤ生態系の植生の変化からあえて目を離し、ヒマラヤの環境問題を取り巻くさまざまな社会組織（政府、援助団体やＮＧＯ）の「生態」を研究し、次のような問いを投げかける。「もし、森林の減少が言われているほど深刻ではないならば、森林の危機が差し迫っていると私たちを説得して得をするのはどういった人なのか」（Thompson and Warburton 1985：133）。

「問題」がどのように定義されるかは、定義をする人が置かれている状況に応じても異なってくる。

「置かれている状況」とは、人と自然との物理的な関係だけをいうのではなく、その人を取り巻く社会的・制度的環境をも含む。たとえば薪消費量の推定調査は「村人に尋ねる」という手法に頼ることが多いが、その時々の季節や場所、家族構成、量を測る単位などによって、村人が口に出す数字は大きく変わる。そもそも、村人たちの薪をめぐる「ニーズ」は固定されているものではない。薪が容易に手に入るときは多く消費するし、手に入りにくくなれば少ない消費で凌ぐ。薪の消費量をいちいち記録している村人などいないし、彼らにしてみれば一口に「何kgの薪を集めているのか」と尋ねられても返答に窮するのである。

現地で用いられている度量衡の換算にも問題がつきまとう。とりわけ、政府が国有林に指定した森のそばに暮らす村人の中には、許可を得ずに薪を入手するという違法行為の摘発を恐れている者もいる。そこで、村人たちは、外部者によるインタビューに際しては、事実に忠実であろうとするよりも、聞き手との関係に応じたデータを提供するのである。その時々に村人が提供するデータは、事実としては間違っているかもしれないが、彼らの置かれている状況や立場を反映したデータだと考えられる。事実として正しいこと（factually accurate）と、その場の置かれた社会状況を正しく反映していること（institutionally accurate）は、それぞれ別の意味をもつデータとして扱われるべきだ、とトンプソンらは主張する。

ヒマラヤの問題に登場する政府や国際機関をはじめとする外部組織は、それぞれの目的に合わせ「データ」を選択的に利用することで、問題の深刻さと広がりについての「イメージ」をつくり出し、普及させ、自らの組織の存在価値を高めてきた。トンプソンらの研究は、援助団体のような「解決者」ですら、実は問題を構成する一部になってしまう可能性を明らかにした。「問題」という言葉の響きが、現場で暮らす人々に私たちの目を向けさせ、解決者は問題があるおかげで利益を得ているという側面を忘れさせるのである。

トンプソンらの研究は、「調査を調査する」ことの重要性を明示した。事実はどうなっているのか、を問うのではなく、「問題」にかかわりをもつ人々は事実にどうあってほしいのか、を問うた。不確実性がほとんどなく、科学的に唯一の結論が得られる場合であっても、受け手の置かれている社会的・地理的・歴史的な状況に応じてその解釈や意味づけは異なってくる。そうなれば問題の性質は、どの定義を選択するか（あるいは、しないか）に依存する。ある問題の「解決」は、一部の人々にとっては新たな問題をつくり出すことになりうるからだ。

3　フレーミングの基本パターン――境界線の綱引き

情報がいくら不確実であっても政策が実行されるということは、事態をそれなりに把握し、特定の知識に正当性を与え、解決方法をめぐる議論を収束に向かわせるような何らかの仕組みが存在するはずである。この仕組みを明らかにする手始めとして、筆者は不確実性に一定の秩序を与えて視野を切り取る境界線を規定する行為を「フレーミング」と総称し、次のように類型化してみた。

(1)問題の起点はいつか——時間と方向性のフレーミング
(2)問題はどこで起きているか——スケールのフレーミング
(3)問題はどう解決すべきか——解決手段のフレーミング
(4)問題は誰のせいか——原因のフレーミング
(5)この問題をそもそも取り上げるべきか——優先順位とコストのフレーミング

これらのフレーミングは、中立的で権限や負担の分配とは無関係に見えるからこそ強い浸透力をもっている。それぞれを以下に検討しよう。

(1)問題の起点はいつか——時間と方向性のフレーミング

現在や将来の判断の善し悪しを決める際に、過去の出来事が参照されることはしばしばある。たとえば、私たちは「今日的な問題」と「古くからある問題」を無自覚に区別しているが、実は古くからある問題を最近発生した問題であるかのようにフレーミングすることがある。これは、言い換えれば、「問題の起点」をどの点に求め、そこから起算して現在に向かう方向性をどう読むか、ということである。「はじまり」を定義することは、それ以前に起こったことを視野の外に置くことに他ならない。

筆者がハワイに旅行した時にこんな話を聞いた。一九八〇年代後半から九〇年代のバブル絶頂の頃、日本の投資会社がこぞってハワイに進出し、周囲の木々を切り倒してリゾートを建設した。環境保護団体からの一連の非難に対し、観光業界側は「開発が行われている地域にはもともと森などなかった」と興味深い反論を提示した。たしかに、地域の住民の話や昔の写真などを総合すると、一九二〇―三〇年代頃のハワイでは山の木々がほとんど伐採され、土地は荒れ果てていた。なぜその時代にハワイで過剰な森林破壊が起こったのかは、それ自体が研究に値するテーマであるが、ここでの関心は、歴史的事実の「使われ方」である。つまり、現在の資源利用のあり方を正当化したり、批判したりする時の重要な根拠として、過去の資源利用が参照されている点である。右の例でいえば、昔からこの地域は「はげ山」だったのだから、その後自然再生した森林を少々伐採しても批判されるべきではないという論理である。

同様に、本章の冒頭で紹介したマハティールの議論では、英国の植民地政策による環境破壊を槍玉に上げ、最近の自国の森林政策を正当化しようとしている。このように、ある特定の時点に時間の区切りを設け、そのときの出来事やそれ以後の出来事に焦点をあてつつ、それ以前の出来事は触れずにおくのは一つのフレーミングである。それは、あまりにも日常的な営みであり、そのさりげなさゆえに、基準となる「はじまり」の設定時期の妥当性は吟味されないことが多い(1)。

(2)問題はどこで起きているか──スケールのフレーミング

特定の問題を「地球規模《グローバル》の問題」と定義するか「地域固有《ローカル》の問題」と定義するかで、問題を取り巻いている利害関係者と責任の所在は変わってくる。影響の範囲が地球規模で、その解決には国際社会の協力が必要になる「グローバル」な問題となれば、国家や国際社会が表舞台に出ることが求められるし、逆に「ローカル」な問題と断定されれば、一国内の地方自治体や地域の人々の責任に光が当たる。だが一つの問題がグローバルであるのか、ローカルであるのかは自動的に決まるわけではない。

問題をグローバルに定義することが流行しはじめたのは、一九七二年のローマ・クラブによる『成長の限界』（メドウズほか 1972）以降のことであろう。コンピューターや衛星からの情報を駆使した地球単位のモデルづくりが主流化すると、「グローバル・ヘルパーズ」と呼ばれる国連、世界銀行、国際調査研究機関などの役割が大きくなる。だが、問題の単位を「グローバル」な次元に設定すると、国やローカル・レベルにおける変化を看過してしまう可能性が大きくなる。末端の人々の現実を無視したアプローチを押し通せば、ローカルな多様性が単純化され、典型化される。たとえば国レベルの人口統計だけを眺めていては、実際の世帯レベルで子どもを産む産まないの判断がどのようになされているかを知ることはできない。

逆に、本来は国家規模《ナショナル》の問題が、たまたまある現場に表出したために「地域固有《ローカル》の問題」に仕立てられることもある。アフリカの植民地化された地域では、植民地政府によって条件のよい土地が囲い込まれ、土壌浸食に脆弱な土地が地元の農民にあてがわれた。しかし、当然のごとく問題化した土壌浸食は、農民たちの不適切な農法に由来する「地域固有《ローカル》の問題」であるかのようにフレーミングされ、問題を生み出した土地分配の政治的な分析はなおざりにされてきた（Blaikie 1985）。

この場合の重要な視点は、どこで浸食や伐採が起こっているかを見ることではなく、どこで起こっていないか、を見ることである。その地域だけの問題であるかのようにフレーミングされる「土壌劣化」や「森林減少」は、一次産品の貿易や国の徴税システム、土地所有権など、中央政府を主体とする、地域の外にある要因に規定されている。「ローカル」だけを見ていると、問題の設定を誤るのはそのためだ[2]。

(3)問題はどう解決すべきか――解決手段のフレーミング

解決手段のフレーミングは、解決手段を保有している組織が、自らの提案する解決策に問題を誘導しようとするときに持ち出される。科学技術の発達は、このタイプのフレーミングに大きな影響を与えてきた。自然環境のモニタリング手法に典型的に見られるように、科学技術の発達のおかげでたとえば大気や水質の汚染問題には技術的な解決の見通しが立つ場面も増えてきた。それゆえ、多くの環境問題は技術的に解決できると思われるようになったが、現実はそう簡単ではない。不確実性を低下させるはずの科学技術が、むしろ不確実性を高めてしまった事例もあるからだ。

例を出そう。表1-1は、一九九七年から九八年にかけてインドネシアで生じた大規模な森林火災で、どれだけの森林が焼失したかを示すデータである（Harwell 2000）。一見してわかるように、焼失

表 1-1　焼失面積の推計値

推計した組織	組織分類	推計値 (ha)	推計期間	推計対象
森林省	政府	96,000	97 年 7 月〜同 10 月	インドネシア
環境省	政府	263,991	97 年 7 月〜同 12 月	インドネシア
インドネシア環境フォーラム	NGO	1,714,000	97 年 7 月〜同 10 月	インドネシア
森林火災予防プロジェクト	外国の援助機関（EU）	2,300,000	97 年 7 月〜同 10 月	南スマトラ
森林火災総合管理プログラム	外国の援助機関(ドイツ)	4,500,000	97 年 7 月〜98 年 5 月	東カリマンタン
シンガポール大学 (CRISP)	学術団体	8,170,000	97 年 7 月〜98 年 5 月	カリマンタンとスマトラ島

出典）Harwell (2000：309) より筆者が抜粋・翻訳。

した森林面積の推計値は、推計期間が同一の調査だけを比べてみても森林省の発表した九万六千haから環境省の推計値である約三〇万ha、さらにはNGOの推計値である一七〇万haまでと驚くべき広がりがある。そもそも「森林」や「焼失面積」の基準が統一されておらず、そのあいまいさが操作を可能にした。

空間情報の統合的な利用を可能にする地理情報システム（GIS）技術が国や大企業だけではなく、NGOをはじめとする一般の人々にとっても身近になったことで、インドネシアで起きる多くの森林火災が衆人環視の下に置かれることになった。その結果、火災の多くが国有地やプランテーション地から発生したことが実証され、これまでのように焼畑を営む農民たちを犯人に仕立てる政府の常套手段は封じられたかに思われた。しかし上の表が示唆するように、誰の目にも明確なはずのGISに基づく視覚的なデータは、人々の認識を「一つの真実」に収束させるどころか、「誰が犯人か」という責任論争を喚起し、事実に対する解釈の余地をかえって広げてしまった（Harwell 2000）。

このケースでは、火元が村人の畑ではなくプランテーション地帯であるとわかったために、その事実を不都合と感じる政府や地主による「別解釈」や「あら捜し」を誘発した点が重要である。プランテーションへの取り締まりを強化するという「解決策」は、そこから利益を得てきた関係者には都合が悪い。政府は、NGOによるGISを用いた厳しい追及に対して、「森林」や「焼失」の定義を巧みに操作して対抗しようとした。たとえばGISの技術的な信頼性の低さやプランテーション企業の多くが外国資本であることを指摘して、非難の矛先をそらし、責任逃れの戦略に出たのである。

一つに決まるはずの事実がかえって解釈の複数性を生み出すのは、火災そのものが純粋な自然現象であっても、それを観察する人間が利害関係に染められた色眼鏡をかけて見ているからに他ならない。そもそも現場で火災を経験した農民たちの声は、面積という推計値には表すことができない（関連する議論として本書の第8章も参照）。火災をめぐる利害関係者たちにとって重要なのは技術によって真実を明らかにすることよりも、自らの政治的な立場を守り、自分たちの提供する解決手段（山火事の場合であれば、植林、防火研修、煙害対策、消火、土地利用規制など）を活用できる環境を整えることなのである。

「解決可能性」が技術的に示されると、問題のもつ政治性が中和され、解決は誰の痛みもともなわないかのように演出される。しかし、そうした技術的な介入が問題をつくり出した構造を温存し強化しつづける限り、「解決」は表面的なものになり、問題は反復されていく。問題の設定を問わずに解決を急ぐことの落とし穴が、ここにある。

(4) 問題は誰のせいか――原因のフレーミング

原因のフレーミングとは、問題の根本原因を特定のものに向かわせるフレーミングであり、解決手段のフレーミングと表裏一体をなす。すでに見たように、原因を定めることは、そのまま責任の所在と解決すべき立場にある人々、解決に必要な資源を芋づる式に決定するからである。ただし、原因のフレーミングと解決手段のフレーミングが異なるのは、前者が必ずしも特定の解決手段を想定しないところである。

自然災害は原因のフレーミングが盛んにやりとりされる典型的な事象である。一九八八年一一月下旬に発生したタイ南部における大洪水を例に出そう。この洪水では死者が三五〇人を数え、倒壊家屋は五万戸を超えた。チャチャーイ内閣（当時）は、森林の過剰伐採に対して高まる批判に応えるかたちで一九八九年一月一七日にとうとう商業伐採の全面的な禁止令を出す。これは、タイで一〇〇年近く続いてきた林業に対する事実上の廃業宣言であった。大洪水の直後に描かれた図1-1の風刺画は、過剰な森林伐採の責任を互いになすりつけ合う政府の役人や木材業者を描いたものであるが、「指差し」の終着点が最も立場の弱い村人になっていることを見逃してはならない。

このように自然災害を扱う場合、害の原因を自然の摂理に帰するか、それとも人為的な要因を大きなものと見るかは、最も基本的なフレーミングの対立構造である。

図 1-1　誰が森を破壊したのか？

出典）*Daily News*, 1988 年 12 月 15 日。

　これがなぜ争点になるのか。それは、問題が主に人為的なものであれば、特定の誰かに責任を転嫁できるからである。問題がすべて自然に由来するのであれば、神の為せる業として解決を諦めざるをえない。温暖化と気候変動の原因をどこまで人間活動に帰すべきかは一九九〇年代後半から盛んに議論されるようになった（藤倉 2011）。気候変動に関する政府間パネル（IPCC）は二〇〇七年（第四次報告書）に温暖化の原因が人間活動である可能性を「九〇％」とし、二〇一三年の第五次報告書では「九五％」とした。気候学者の見解がこのように収斂するなか、懐疑論がなかなか消えないのには、それなりの理由があるのだろう。数千年、数万年のスケールで複雑に進行する気候変動に対して、人間は自らの体感に基づいて直感的に因果の判断を下してしまいがちだ。大衆が学者による複雑な説明よりも、シンプルで直感に訴える説明になびくという事実は懐疑論者をつねに有利にする（Koerth-

表 1-2　「因果論」見取り表

行為／結果	予想できた	予想できない
目的のない行為	①媒介的原因	②偶発的原因
目的のある行為	③意図的原因	④副次的原因

出典）Stone (2002：191).

Baker 2019)。ここではどちらの肩をもつべきかを議論するのではなく、議論のつくられ方に注目してみたい。

政治学者のデボラ・ストーンは、問題の原因を突き止めようとする行為こそ政策論議の最も中心的な部分であると考え、「因果論（causal stories)」の基本パターンを類型化した（表1-2）。ストーンの議論をやや修正して、環境問題分析に役立ててみよう。まず特定の結果を引き起こす「行為」には、目的をもつものと、もたないものとがある。そして、結果には、予想できたものと、予想できなかったものとがある。これら二つの因子を場合分けしたのが表1-2である。ただし、表の四つの場合分けは、必ずしも相互に排他的であるとは限らない。

表の意味を、わかりやすい②から解説しよう。「偶発的原因」論とは自然災害を典型的な例として、自然や天命など出来事の発生を偶発的な要因に帰する議論である。前述したインドネシア森林火災の例でいえば、火災はまったくの自然現象であり、それに対してできることは何もなかったという見解が②である。

次に象限③を見る。ここは、まさしく行為者がある目的に沿って、特定の結果を予想して出来事を引き起こした場合である。出来事が有害で問題視されるようなものであれば、行為者は責任を追及されることになるし、行為の結果として「被害者」も出る。つまり、③はいわゆる「合理的行動」に基づくフレーミングである。森林火災の例でいえば、プランテーション業者に土地を奪われた農民たちが腹を立てて放火した（だから、農民が悪い）、という説明が③になる。

①は、行為の主体自体は目的をもっていないが、媒介として特定の方向性をもった結果を出すように設計された「間接的」な原因論である。この場合、結果は予想の範囲内にあるが、媒介物自体には目的がないので、③とは異なっている。構造的に問題のある自動車が起こした事故の責任を論じるときに、運転者自身は事故を起こすつもりがなくても、車の欠陥から事故の発生が予測できた場合（＝未必の故意）がこれである。

最後に④であるが、ここには合目的的な働きかけの「予想されざる結果」や副作用、不注意による思わぬ落とし穴など副次的要因を重んじる議論が含まれる。良かれと思って実施されたプロジェクトが思わぬ害を及ぼすことは、不確実性の高い環境分野でなくてもしばしば起こる。④でよく持ち出されるのは、「行為者の無知」である。再びインドネシアの火災の例を挙げると、環境配慮に欠ける農民たちの「原始的な焼畑」が問題視されるときに用いられるのが④のパターンである。もし、農民たちに近代的な農法の知識があれば、問題の発生は防ぐことができたという議論は、被害者を遠まわしに非難する典型的な論法であり、暗に「専門家」の立場を強めるレトリックとなる。

ストーンによると、政策論議とは①から④の中で自らの利害に沿った枠に「因果論」を引き寄せるための戦いである。二〇一一年の東日本大震災では原発事故の人災的な側面に大きな注目が集まった。津波そのものは自然現象であったとしても、津波が引き起こした原発事故の被害は初期対応のミスによって拡大したという因果論である。「自然災害」と称されるものが実は「人災」であるという報道は、因果論を②から他の、より人為的な象限に引き寄せる行為に他ならない。

この場合に注意を要するのは、「自然災害」という表現自体が一つの因果的判断を内包しているにもかかわらず、そうとは見えないところである。「自然のなせる業」と言い切ることで、政府は事後的な支援にその役割を限定することができ、そもそも問題を引き起こした責任からは逃れられることになる。本来とるべき予防措置をおろそかにしたことで生じた被害については、触れずに済ませることができるわけだ。こう考えると、災害の「説明のされ方」もまた将来の災害を呼び込む一因であると見ることができる。根本的な原因を明確にできなければ、過ちは繰り返されるからである。

(5)この問題をそもそも取り上げるべきか——優先順位とコストのフレーミング

優先順位のフレーミングとは、地球規模の課題群の中で、そもそも何から優先的に着手すべきかをめぐる枠付けのことである。複雑な地球規模の課題群を論じるときには、「すべき論」が先行しがちで、それにかかるコストの問題が背景に追いやられることも多い。そうしたなかで、たとえば環境保護にどれほどの時間とエネルギーを投資すべきなのかは自明ではない。そこにさまざまなフレーミングが入り込む余地が生まれる。

環境保護論者は地球環境の現状を悲観的に扱いすぎているが、現実にはあらゆる指標が改善に向かっていると主張した研究者に、統計学者ビョン・ロンボルグがいる。彼は二〇〇一年の著書『環境危機をあおってはいけない』の中で、平均寿命や食糧へのアクセス、飢餓の可能性など、あらゆる指標から見て人類が現在ほど繁栄している時代はないと断言する。「ロンドンの空気は一九三〇年以来、汚染物質を九〇%以上削減してきた」として、こうした改善がどれだけの人々の命を救い、健康維持に貢献してきたのかを強調した（Lomborg 2001：11）。水質についてもおおむね改善傾向が見られるとするロンボルグは、悲観論者らの問題の誇張が環境保護団体の活動を正当化する材料にしかなっていないと糾弾する。

ロンボルグはリスクや問題の存在を否定したのではない。むしろ、そうした問題にかけられているコストを別の、もっと確実に問題解決できるような課題に振り向けよ、というのである。ロンボルグの計算によると、各批准国が京都議定書を遵守するために費やす一年間の予算を振り向けるだけで、毎年不衛生な水のせいで失われている二千万人の命を救うことができる。当然のことながら、彼の主張は大きな反響を呼び、とりわけ環境科学の専門家からは事実認識について手厳しい批判の集中砲火を浴びることになった。

このように、環境問題がどれほど重要な問題であるかは、「それ以外の問題」の重要性によっても決まってくる。だからこそ福祉や治安、外交や防衛など、さまざまな領域を包括的に所掌する中央政府には、優先順位のフレーミングを行う大きな権限が付与されるのである。政策に優先順位をつけて各省に予算配分をする財務省系の役所に大きな権限が集まりやすいのは、これが理由である。

「全体像」が見えているはずの中央政府は、まさにその理由で環境問題を放置して、被害を長引かせてしまうこともある。「問題の切実さはわかるが、今はそれ以上に重要な問題がある」という論法が用いられるのはこの時である。後発国では、政治的な発言力の弱い農村に集中して現れる土壌劣化の問題や化学肥料にともなう健康問題などが、こうした後回しの対象になりがちだ。このように、コストという明確に数量化のできる指標があるときでも、何を優先すべきかの最終判断は特定の価値観に立脚したフレーミングに左右され、科学的な計算が一義的に決めてくれるものではない。誰がどのような基準で優先順位を決めているのか、専門家任せにせず一般市民が広い視角から政策の優先順位に関心をもたなくてはいけない理由がここにある。

以上、五つのフレーミングの類型を見てきた。環境問題は、人間ではなく自然を相手にしているぶん、自然科学の知見を動員すれば政治の介在を遠ざけることができるという印象を与えるかもしれない。しかし、上に見たように、「自然」に見える領域であるからこそ、絶好の政治的操作の対象となるのであり、利権争いの舞台にもなる。フレーミングは国家だけでなく、民間組織も自らの正当性を主張する際に行う行為であり、限られた議論のテーブルにどの問題を載せるのかを定める決定的な機能を果たすのである。

4　フレーミングと環境国家

「注目」はどう配分されるのか

これまで、熱帯林の減少を主な例にして、同じ問題がさまざまなかたちでフレーミングされる可能性を取り上げてきた。ここでは、もう一段視野を広げて、フレーミングの対象となる現象自体が問題化したりしなかったりする背景について考えておきたい。

環境問題に限らず、一般社会が注目する「問題」がいかに流動的であるかを指摘した古典的な論文が、政治学者アンソニー・ダウンズによる「エコロジーに一喜一憂──課題注目のサイクル（Up and Down with Ecology : The 'Issue-attention Cycle'）」である（Downs 1972）。ダウンズによれば、「注目のサイクル」には、①問題の前段階、②危機的な問題の発覚と解決への熱狂的ムードの高まり、③本質的な問題解決のコストが高いことの自覚、④一般大衆の問題に対する関心の低下、⑤問題の事後段階、の五つのステージがある。多くの社会問題は、このようなサイクルを経て人々の関心領域から消えていく。ここでは問題が議論の俎上にはない「前段階」と「事後段階」とが質的に異なることに注意したい。問題が注目を浴びた段階で解決のために設立された市民社会や行政を含むさまざまな組織が、「事後段階」のステージでも残存しているからである。

環境国家が拡大を続ける理由の一つは、いったん環境を担当する行政機関が設置されると、そうした組織が「問題の継続」を思い出させ、注意を喚起してくれるからである。つまり、問題そのものの深刻化と、注目の度合いとは区別しなくてはならないということだ。その意味で、それまで一度も注目を浴びていない問題よりも、事後段階にある問題の方が再び表舞台に登場する可能性が高くなる。逆にいえば、省庁横断的な性質をもち行政的な枠にはまりにくい問題、専門組織がつくられにくいような問題は、注目が維持されにくく、政策課題から外れたり忘れられたりする可能性が高い。

すべての社会問題が同じようにこのサイクルを潜り抜けるわけではない。注目のサイクルを経験しやすい、つまり、いったんは注目されるがそれが長続きしない問題は次の三つの特徴を備えているとダウンズはいう。第一に、一部の人々だけが集中的に被害を蒙っていて、大部分の人々は直接的な被害を受けていないような問題、つまり継続的に問題の存在を知らせてくれるような被害者が少ない問題である。第二に、問題の生み出している被害が、大多数の一般大衆、あるいは少数の有力者たちに便益をもたらしている問題である。この場合、問題があることで得をしている人にとって「解決」は脅威になる。ゆえに問題の本質的な解決には権力の再配分を含む格差構造の変革が必要になる。第三に、大衆の目を釘づけにするほどのドラマティックな要素が内包されていないような問題である。問題の存在を一般大衆に思い起こさせるのはメディアであるが、彼らも読者や視聴者にとって退屈な問題を長い期間にわたって扱うことはできない。

しかるべき人々から、しかるべきタイミングで、しかるべき支持を得るために、「問題」はさまざまなフレーミングで提示される。補助金やプロパガンダ、規制や課税という手段で人々の生活に介入する政府にとって、フレーミングを巧みに演出することは、政策の正当化をしていくうえで不可欠である。ところが、人々は忙しく、その関心はうつろいやすいために、一つのテーマに注目を向けつづけることが難しい。環境政策の持続性を維持するには、人々の「注目の持続性」を確保しなくてはならないのである。

フレーミングにおける「専門家」の翻訳作業

それでは、「問題」が何であるかがあいまいな状況において、人々の「注目」はどのように配分されるのか。そこでは、「専門家」と呼ばれ調査委員として国家に雇用される人々の役割が大きい。ここでいう専門家とは、当該問題についての専門的な知識をもつと社会的に認知されている人々のことであり、その多くは大学や研究機関に所属する研究者である。問題の理解や解決のために高度に技術的な知識が必要となることが多い環境問題では、専門家の役割は非常に重要である。というのも、気候変動や放射能汚染など一般に認識の難しい問題は、専門家という翻訳者を介してはじめて「環境問題」として成立するからである。

専門家による「翻訳」の多くは気候変動など、複雑でグローバルな問題をローカルなレベルに落とし込むときに力を発揮する。温暖化や気候変動が各地域の生活者にどのような意味をもつのかを理解するにはたしかに翻訳が必要だ。一方で興味深いことに、ローカルの問題をグローバルな文脈で理解されるような言語に翻訳することが必要になる場合もある。たとえばマレーシアのサラワクでは、一九八〇年代の後半に、それまで木材伐採業者の迫害を受けてきた地元の狩猟採集民族であるプナンの人々がバリケードを張り巡らし、伐採業者の侵入に抵抗した事件があった。プナン人の生活習慣や自然とのかかわりは文化人類学者などによってたびたび調査されていたが、著名な環境運動家が森に暮らすプナン人を「自然に生きる神秘的な人々」として描き、演出を加えた「翻訳」をしたことで国際世論の共感を呼び、プナン人による抵抗運動が活気づいたことがある。特に、プナン人が伝統的に用いる薬用植物に関する知識は西洋の人々にとっても重要であり、その知識が近代化の波とともに消えつつある点が「翻訳」の中で強調された。今では当のプナン人までもが、森を守る理由として「薬用植物」を挙げるようになり、グローバルな問題のフレーミングがローカルな現場で再生産されるようになったのである（Brosius 1997）。

翻訳の中心的な役割を担う研究者にも特有のバイアスがある。研究者は学界でどのような流行があり、どのように振る舞うと誉められ、調査費用を負担する団体はどんな結果を期待しているか、といった社会文化的な環境に影響されるからだ。

専門家による翻訳がフレーミングの偏りを生む理由の一つは、論点を単純明快にしたいという欲望である。とりわけ専門家が一般大衆に向けて論点を示すときには、複雑な要素を削ぎ落としてシンプルにしなければ訴える力が弱まってしまう。かつてロバート・マルサス（一七六六―一八三四）が『人口論』において「人口は幾何級数的に〔倍々ゲームで〕増加するのに対して、食糧生産は算術級数的〔一定の割合〕にしか増加しない」と論じたことが、後々まで人間社会と資源の見方に大きく影響した一つの理由は、論点がシンプルだったからである。複雑な現象を理解するときに欠かせないシンプルな表現形式は、その有用性と引き換えに視野外の要素を捨象してしまいがちだ。

政治学者のムレー・エーデルマンは「たいていの社会政策は、それに本質的な関心のない一般の人々によって支えられている」と核心を突く指摘をした（Edelman 1991）。わかりやすく、人々の価値観に合致するような論点は、無批判に受け入れられるということである。一般の人々がどこか遠い国の環境問題を議論する場合には、なおさらエーデルマンの指摘が当てはまるだろう。その意味でも、環境問題を一般の人々にわかりやすく「翻訳する」専門家の役割、そしてこの専門家を利用する国家の役割にはとりわけ注意を払わなくてはならない。

ここまでの議論をまとめよう。特定のフレーミングの浸透力に影響する要因は、①フレーミングによって示される論点のシンプルさ、わかりやすさ、②その時々に支配的な社会風土との合致度、③エリートを含む社会の大多数に対して行動様式の大幅な変更を迫らないこと、④吟味されにくく、反証もされにくいこと、であるといえる。こうした条件を満たすフレーミングは、そこに一つの政治的方向性を内在させながらも、そうとは気づかれにくいかたちで人々の中に浸透する。環境国家が拡大する基盤には、こうしたフレーミングが役割を果たしている。

環境国家は何をなぜ取り上げるか

具体的な環境問題を目の当たりにして、「何をすべきか」を考えたくなるのは自然の衝動である。

特に災害を含む差し迫った環境問題への行動には時間のゆとりがなく、変化を科学的に観察している余裕もない。しかし、だからこそ、ただ新しいデータを集めることに注力するのではなく、これまで言われてきたこと／されてきたこと、できるはずなのにできていないことなどを再検討し、問題を正しく設定する必要がある。何をすべきかの判断は、「状況はどうあるか」の理解を前提としている。問題が複雑で、多義的であるほどさまざまな「状況の見せ方」が生まれる。「何をすべきか」を急ぐ人々はこの多様性を忘れがちであるだけでなく、知らず知らず特定のフレーミングに乗せられやすい。

既存のフレーミングにやすやすと乗せられないようにするには、私たちが慣れ親しんでいる「問題をどう説明できるか」という問いではなく、「そもそも、この問題を取り上げることになった背景には、どのような力が働いているか」を問わなくてはならない。「問題」の発生は、異なる立場にいる人々相互の認識や利害に対立が生まれたことを意味する。それゆえに、データの信頼性や妥当性を問うだけでなく、そのデータを集めさせた視点や力学を視野に収める必要性をこの章では論じてきた。フレーミングは、国家による資源・環境への働きかけに正当性を与え、そのお膳立てをする。民主的な国家では効果的なフレーミングができなければ、予算や人員を配分できないからである。

慢性化し、繰り返される社会問題の多くは、無意識のイデオロギーに支えられている。問題は、いつしか日常の一部になり、やがて「問題」としての地位を失う。一度つくられたイメージは、耳に心地よい言葉の連なりによって一段と強化され、「定説」の位置を確固たるものにしていく。それを覆すことは容易ではない。この状況では単純に情報を増やそうとするのではなく、問題の設定を変え、視角を多様化することが必要になる。

「環境」は特定の人々にとって経験され、解釈されていること、そして、いかなる解決への行動も、そうした国家的・社会的文脈の枠の中で行われることを私たちは自覚しなくてはならない。環境国家の反転が、「これしかない」と政策の選択肢を強く限定して迫るとき、国家による「問題」のフレーミングを分析し、他の選択肢の可能性を押し広げることは、来るべき環境国家の時代に向けて誰もが実行できる準備である。

第2章　環境を介した人間の支配

——環境国家のメカニズム

元来、無主であるはずの自然環境は、いかにして国家の管理下に入るのか。またその過程で、地域社会はどのような影響を受けるのか。森林や牧草地といったローカルな資源も、現場の地域社会をこえて交易や税制、所有権、近隣の開発事業など、国家レベルの動きに影響を受ける。本章では、国家が資源の支配を介して人間社会を国家の論理に巻き込む反転の順序やメカニズムを明らかにし、そこに公正さを問うべき新たな政策領域が生まれている状況を浮き彫りにする。

1　環境国家による色づけ

可視化による統治

多くの後発国では、国家と社会が何ら交渉することもないままに、自然環境を介した国家権力が拡大している。序章で見たように、その歴史は先進国が一〇〇年以上かけて歩んできたプロセスを大幅に圧縮したものである。それゆえに、自然環境保護に高い意識をもつ市民社会の未成熟、あるいは性急な資源開発にともなう災害に無防備な国が多い。特にラオスやカンボジア、ミャンマーといった東南アジアの後発国では、大規模開発の多くが外国企業の手によって行われているだけでなく、環境問題に対する制度や技術面での解決手段まで外国や国際機関から輸入されている。これらの環境政策の多くが現場では機能していないことは、外から持ち込まれる制度を根づかせることがいかに難しいかを教えてくれる。

本章では、自然の支配を企てる国家が、どのような方法や順序でそれを行ってきたのか、アジアを中心に、世界各地の事例を参照しながら考察を進める。そして、自然環境の支配を通じて人間と人間の関係のあらゆる側面に国家の支配が及ぶようになったことが、どのように反転の契機となったのかを、環境国家の形成過程の中に見出す。

序章で述べたように、環境国家とは、ある客観的な臨界点をこえたときに突如として誕生するものではなく、自然環境への国家介入が、森林や灌漑といった特定のセクターの開発から、持続可能性や環境保護といった多面的な次元に拡張する過程で生まれる。象徴的な指標は、総合的な環境政策を司る中央省庁の設立、その活動に正当性を与える法律の制定、関連する規制や再分配の制度化、環境にかかわる専門家の育成や啓発活動の活発化などであった（Duit et al. 2016）。だが、環境国家の作用は、こうした制度面の充実を見ていてわかるものではない。環境を糸口にした介入が社会に生み出す波紋の方を見なくてはならないのである。

近代国家が、その最初の作業として人種や職業、宗教などに応じて国民を分類して統治対象の可視化を試みたように、自然環境への介入も、まずは対象の可視化を必要とした（Scott 1998）。人間社会を取り巻く「環境」は、騒音や悪臭などで局所的に感知することはできても、まとまった政策領域としての求心力をもたない。そうした公害が「経済開発」のためにはやむをえない必要悪と受け止められている間は、地域ごとに任せるべき問題として片づけられるがために、環境政策が国家政策として主流化しにくいのである。

可視化の手段には、自然環境の場所や動向をモニタリングするための地図や統計の整備といった知的なインフラをはじめ、具体的な問題の原因や解決に関与する住民組織の育成や彼らの行動範囲に関する法律など、幅広い技術や制度も含まれる。温暖化問題の可視化では、二酸化炭素排出権への価格付けが重要な役割を果たすが、排出源の特定はもちろん、申告の方法や売買のシステムづくりなど、付帯的な制度の整備は排出権取引にかかわる国には負担のかかる作業になる。

国家が統治する地域に「グリーン（森林）」や「ブラウン（汚染）」といった色づけをするのも可視化の方法になる。目に見えない自然環境に色の「くくり」が与えられて、具体的な政策分野としてまとまりが出てくる。たとえばグリーンは森林を想起させ、生物多様性を含めた植生の保全と結びつけられるだけでなく、「緑の党」に代表される環境保護主義の代名詞に使われることもある。これらの色彩シンボルが、一般大衆ではなく、国連をはじめとする政策立案の上流から派生したことを考えると、色づけによる政策領域の同定と国家権力の浸透とには、何か密接な関係がありそうである。(1)

自然環境の政治的操作

第1章でも見たように環境問題は、そもそも何が本質的な問題であるのかがわかりにくい。だからこそ環境保全にともなう負担が見えにくく、政治的な操作の対象にされやすい。何よりも政策が反転してしまった場合の被害が政治的発言力の弱い弱者に集中しがちなことが、自然環境を権力操作の安易な標的に仕立てている。

資源や環境の操作によって生まれる利益が正当な手続きを経て税として国に納められれば、公益促進の財源になる可能性がある。しかし、本来は国庫に回収されるべき歳入が、特定のエリートの私腹を肥やすことに向けられてしまう事例は後を絶たない。たとえば日本が東南アジア諸国から大量の原木を輸入して「環境テロリスト」と揶揄されていた一九七〇年から八二年の間、フィリピンにおける林業部門からの税収は、申告された木材製品（丸太、製材、ベニア、合板）の輸出金額全体のわずか一四・八％にしかならなかったという（黒田 1989）。同じ時期のマレーシアのサバ州では三七％、インドネシアでも二八％であったという報告と照らし合わせると、超過利潤の多くが国庫ではない別の場所に流れていたと考えざるをえない（Repetto and Gillis, eds. 1988）。

一方で、税収に反映されない資源の利潤は、別の回路を通じて権力の強化に役立っている可能性がある。スハルト大統領時代（一九六七―八八）のインドネシアでは、豊富な森林と石油をめぐる利権が政治利用された。なぜ汚職の道具として森林が選ばれたのか。それは単にその商業価値が高いからというだけではない。豊かな森林は都会から遠く離れた奥地にあって、その利用実態が人目につきににくいからである。政府は伐採にあたって企業が支払わなくてはいけない伐採賦課金をわざと低く抑えて、企業に十分な利益が流れるようにする一方で、水面下では利潤の一部を大統領の推進する開発事業に向けたり、直接政府に「上納」させたりするような仕組みをつくっていた（アッシャー 2006）。こうすれば国会の場で公にしづらい事業に対して、秘密裡に資金を回すことができる。為政者にとっては立法府の監視を受けずに権力基盤を固める原資を手にできるわけだ。スハルト支配下のインドネシアでは森林の現金化によって生まれた莫大な富が航空機産業に振り向けられた。

伐採賦課金を相場よりも安く設定した影響は、経済面だけにとどまらなかった。企業の伐採範囲は不必要に広がり森林減少は加速した。莫大な石油収入もこれと同じようなメカニズムで国庫を迂回して、大統領が直轄する軍へと不正に供与された。権力基盤を確かなものにするために、国軍の掌握は不可欠だったからである。

国家の取り締まりを恐れる大企業が人々を「操作」で欺く例は日本でもある。二〇〇六年に広く報道された神戸製鋼のばい煙排出データ改ざんや、昭和電工による排出データ改ざん事件では、いずれも「国の指導を恐れて」汚染物質を過少申告する仕組みが数十年にわたって常態化していたことがわかった。このように虚偽の情報を用いて「環境にやさしい」イメージを操作する「グリーン・ウォッシュ」と呼ばれる行為は、環境問題に関心の高い投資家を欺く目的で、欧米でも広く行われている（Lyon and Maxwell 2011）。

開発国家が利権を得るために統治の対象とする領域は、かつての天然資源やインフラから、大気や気候、水といった人々の生活の基盤を構成する自然環境へと拡張した。自然の乱開発を阻止し、汚染を抑制する目的で課されたはずの規制が、利権政治の道具に変貌することがあるのも環境国家の一つの特徴といえるだろう。このように広い範囲に及ぶ政府の規制と、それに対応しようとする企業や人々の反応に「反転」の原因があるとすれば、その予防策は国家の介入が資源や環境の性質に応じてどのように社会との関係を築いてきたのか、という歴史的な理解から導かれるに違いない。

2 国家による統治領域の拡張

資源管理から環境管理へ

元来、それぞれの地方に固有の統治機構に任されていた自然資源は、どのような経緯で国家の管理下に取り込まれてきたのだろうか。日本を含むアジア諸国の歴史から振り返ってみよう。

まず、一九世紀後半にアジア諸国で近代国家が生まれると、その財源確保のために森林や鉱物などの資源が、輸出可能な「商品」として見出される。第3章で見るように、日本の場合、財源に窮していた明治政府は森林を現金化するために急いで官有林（国有林）の払い下げを実施した。鉱物も同様である。金銀などの稀少金属はもちろん、近代産業の根幹となる鉄や銅の開発が中央政府の主導で展開していく。

資源の商品化にやや遅れて始まるのが土地や漁業資源の国家管理である。土地が稀少で戦国時代から検地の伝統があった日本は例外的にこの段階を早く通り過ぎた。土地は国のお墨付きの下に登記され、地籍図の一部に組み込まれ、地租産出の根拠にされる。時代が進んでくると、こうした経済的な利害に基づく制度だけでなく、国境管理、国土の保全や環境保護など、より大きな「公益」の観点から国家の介入が強まる。水や大気汚染の規制から最近の気候政策への展開は、国家の関与の広がりを如実に物語っている。政府やその集合体である国際連合は、いまや宇宙資源の使い方までも議論しはじめた。自然環境に対する国家の支配能力は所与ではなく、関心の拡張に対応するかたちで後からついてきたと見るのが正しいだろう。

世界的なレベルで環境国家が形成されはじめたのは一九七〇年代である。一九七二年のストックホルムで開催された国連人間環境会議は、後発国を含む世界中の国々が環境政策の制度を整える契機となった。東南アジアを見てみると、たとえばマレーシアでは一九七四年に包括的な環境規制を定めた環境質法（Environmental Quality Act 1974）が定められ、タイでも一九七五年に同様の法律が制定された。フィリピンでは一九七〇年代後半に、インドネシアでは八〇年代前半にそれぞれ環境リスク管理のための本格的な法律・行政制度の整備が進んだ。ベトナムではやや遅れて一九九〇年代から、カンボジアは九〇年代後半から環境政策を整える。いずれの国でも、制度面の充実とは裏腹に執行（エンフォースメント）に大きな課題があったが、経済協力開発機構（ＯＥＣＤ）の国々や世界銀行などから専門家や資金の面で多額の援助をうけて環境保護に乗り出したことは共通している。

表2-1は、タイの自然環境行政史から環境国家の発達を時系列的に整理したものである。この表は「自然の支配が人間の支配へと転ずる」メカニズムの解明に役立つ。自然資源の管理は、インフラ整備や生産物に課される税、資源の分布に関するデータ基盤の充実といった狭い意味での「環境部門」をこえる統治的含意をもつことがわかる。

ところで国家はその時々において、人間の支配を見据えながら自然環境の支配を進めようとしてきたわけでは必ずしもない。たとえば一九九〇年代以降に問題化する生物多様性劣化や環境汚染、森林減少といった事象は、担当の各行政機関によって人間の支配とは無関係の純粋な「環境問題」として取り上げられてきた。ところが問題に対する介入の「意図」と「効果」は、必ずしも直線でつながってきたわけではない。効果の範囲は、意図や動機の背景にある視野よりもはるかに広がっている。たとえば、ある地域の森林保護事業が森林の被覆面積を拡大することに成功していても、事業地に暮らしていた先住民が土地を追われ、別の場所を不法に開墾し、かえって森林減少をもたらす場合がある。私たちが注目すべきは、介入の動機よりも、介入の効果なのである。

表2-1の右端は介入の社会的効果を列挙した列である。特定の資源の国家管理には、必ずといってよいほど排除と包摂の両方の論理が含まれており、第1章で見たような「問題」の原因とされる人々と「解決」を担当すべき人々の仕分けが行われる。ここで重要なのは、関係者はもともと平等な地点からスタートするわけではないという点だ。経済力はもちろん、民族、ジェンダー、居住地の地理的特徴、言語などにおいて多様で格差のある状態に、こうした介入が「上乗せ」されるのである。

表 2-1　自然環境への介入動機，可視化の手段，社会的効果

自然環境の側面	介入動機	可視化の手段	介入の社会的効果
木材や鉱物など商品としての資源	歳入増加，紛争予防	法律と個別科学	排他的権利概念の導入と現地住民の労働力化
土地など地租としての資源	財源の安定化，境界紛争の予防	地籍図と統計，徴税	「国富」概念，臣民の創生，地籍による排除と包摂
水や魚など動き回る，生産への投入となる資源	生産量の拡大，作物輸出	インフラ施設，住民組織化，マーケティング	重点地域とそれ以外の経済格差，指揮系統の確立
保護対象としての資源	国際規範，国威発揚，国土保全	種別の地図，境界決めとパトロール	国有地の拡大と周辺民の圧迫，農村への国家権力浸透
エネルギーとしての資源	エネルギー安全保障，電力供給，工業化加速	法律に基づく土地の囲い込み，各種インフラ	大量資本投入の必要にともなう負債の増加，環境劣化
生物多様性，大気や土壌など近接的な人間環境	健康の維持と公害の予防，観光の促進	知的所有権制度の整備，施設近代化，健康，汚染物質のモニタリング	科学的知見に基づく“安全メカニズム”の導入，健康と環境の質の意識化
気候や放射線など外環的な人間環境	国際規範の遵守，災害の予防，安全確保	モニタリング，教育・啓発，排出権への価格づけ	科学的知見の特権化，国内資源の国際管理化，自然の商品化，エネルギー構造の転換

出典）筆者作成。

特に、「土地」という目視できる資源の管理から、生物多様性の劣化や放射能汚染のように、目に見えない「許容量」の世界への移行は、人々の教育水準や認識力などの高さを前提としている点で、すでに存在する格差をいっそう大きなものにする可能性が高い。

もちろん、すべての国が表2-1の順序の通りに介入の対象を広げていくわけではなく、地域の条件に応じた順序の違いや影響力の多様性はある。たとえば、フィリピンではスペイン統治時代に行われた水に関する規制が国家における環境介入の最も初期の例である（Magtolis and Indab 2008）。人口に対して土地が豊富に存在する東南アジアでは、労働力の確保が優先され、土地に私的所有権を設定する登記事業は煩雑なために後回しにされがちであった。これに対して先述したように土地が稀少な日本では、土地登記に関する中央政府の関与は根強く存在してきた（詳しくは本書第3章）。近年では先進国で環境国家の退行が見られるとする指摘もある。環境社会学者のアーサー・モルは環境関連省庁の職員数の推移分析から、多くの先進国で環境国家の飽和や退行が見られるとした（Mol 2016）。多額の援助資金が流れ込む後発国では当面のあいだ拡張期が継続するであろうし、依然として身の回りの天然資源に依存している人々が多数に上る地域での環境国家の影響力は絶大である。

自然環境の諸側面が統治の対象として取り込まれていく速度は、変化に対応しなくてはいけない人々にとっては切実な問題である。アジアの後発開発国であるラオスやカンボジアでは、タイや日本など一九世紀末に近代化を始めた国々に比べて、表2-1にある一連のプロセスが大幅に圧縮されて進行している。しかも、中国の経済発展に牽引された資源需要は、利権としての採掘権・開発権の価値を著しく高め、特にカンボジアでは政権維持のために、森林などの生み出す資源利権が裏で政府高官などに分配されているとの報告もある（Global Witness 2009）。中国、タイ、ベトナムの企業などが行う農村への直接投資は、鉱業などの資源部門だけでなく小農の多い土地を主な標的に、ゴムやサトウキビといった換金作物栽培を持ち込む大規模な土地利用の転換を促している。その速度は急激で、二〇一二年に出版されたベルン大学（スイス）の調査では、直近の一〇年間だけでラオスの土地に対する直接投資の案件は五〇倍にも増加し、国土面積の五％が取引対象地になっているという（Schönweger et al. 2012）。これら後発国の政府は、ある特定の地理的範囲で事業者に免許や契約によって独占的な営業権を与えるコンセッション方式を通じて、大規模に土地を切り売りし、その経済成長を支えている。

人間社会への強制力という点では、来るべき気候変動への本格的な対応が最も大きな力をもつかもしれない。顕著な異常気象にともなう中東地域での食糧価格の暴騰、北極の氷河が溶けたことで表出した海底資源に対するカナダ・米国・ロシア間の競争、そして二酸化炭素排出への規制がもたらす技術開発競争の激化は、中国政府による太陽光産業への大規模補助金に対抗する米国の報復関税など、エネルギー分野での対立を喚起している（Busby 2018：53）。災害の頻発も私たちに対応を迫る。将来の津波への備えとして日本の東北沿岸に巨大な防潮堤が建造されたことは日本人の記憶にも新しい。このようなインフラの更新による気候変動への適応策は莫大な支出をともなうだけでなく、海辺の景観や漁港の形状にも影響する。

国家と民衆のせめぎあい

図2-1は国家が支配する領域の変化を概念的に図示したものである。国家による資源化と管理対象の拡張は決して一方向的に滑らかに進んできたわけではない。点線で囲った部分の内部は、縮小傾向にある民衆の領域であり、領域の境界線上では民衆と国家がさまざまな対立や交渉を繰り返してきた。国家と民衆のせめぎあいが最も激しく現れるのは、地域住民が伝統的に利用していた土地や天然資源へのアクセスをめぐってである。ここで表現されている民衆の領域の縮小は、量的な意味での縮小ではない。第5章や第6章で見るように、政府による「抱き込み」にあった人々は、制度上は国家の管理下に置かれていたとしても、共有地を設定するなど自らの自律的な領域を維持していくからである。

第3章で見るように、日本では入会闘争というかたちで国家と民衆の衝突が全国的に発生した。また明治期になって鉱業が発達すると、水の利用や汚染をめぐる住民と企業・行政の対立が各地で先鋭化した。かの有名な足尾鉱毒事件だけではない。一九世紀末の岩手県釜石では、大渡川の漁場から大量に引水した採掘・製錬工場に激高した漁民たちが大挙して水路を閉鎖したことを受けて工場の側が被害を裁判所に訴えた（早坂 2013）。そこでの争点は、工場が製鉄業を行うにあたって、地元漁民の慣行としての漁業入会権を認めるかどうかであった。漁民側の敗訴に終わったこの裁判は、明治期の日本各地で国家権力を背景とした殖産興業政策と地元民による資源利用との対立がすでに常態化し、そのつど警察権力の介入などを通じて国家による周辺住民の鎮圧が行われていた事実を反映して

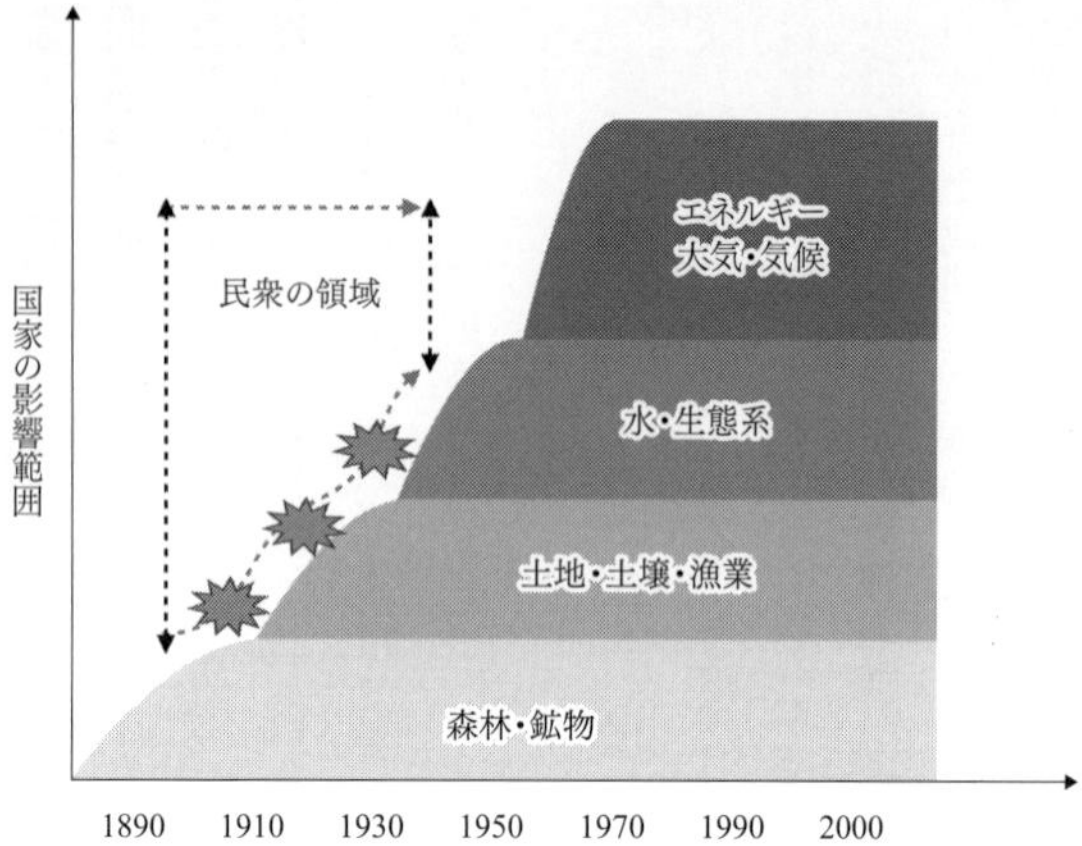

図 2-1　環境国家の拡張と民衆領域の縮小

出典）筆者作成。

いる。

近代化のプロセスでは、国家が民間企業と結託する場合が多い。最初の水俣病患者の報告が一九五三年に行われ、一九六八年のチッソによる公害認定までにあれほどの時間がかかったのは、経済開発を優先したい勢力が、産業界だけではなく学界や省庁などに遍在していたことの証左である。問題はこうした国家権力を背景とした企業と住民の対立が生じたときに、どちらに軍配が上がるかという点ではない。なるべく表立った係争を繰り返さないようにさまざまな手段を講じて資源管理を行政システムの内側に取り込んでいく国家が、それによって自らをどのような権力装置に変貌させていくのかが問題である。

天然資源への行政の介入は、つねに住民の権利を侵害し、排除するわけではない。たとえば大気汚染の規制に行政が乗り出す場合、一部の民間企業の公害排出行為に規制をかけることで、きれいな空気を享受する住民の権利を政府が保障していることになる。このように紛争や汚染に対する行政の介入は一般住民を助けることもある。しかし、視点を大きくとれば、それまで人々の自治の下に置かれていた公共空間の用い方に中央政府がさまざまなルールを強制しながら、その影響領域を間接的に拡大してきたとの解釈も成り立つ。ここでの大事なポイントは、政府による影響領域の拡大が必ずしも政府の意図によるものではない場合もあるという点である。

貧富の格差が激しく、少数民族や貧民がスケープゴートになりやすい後発国で環境を担当する役所は、ルールを守らない住民による環境破壊を非難し、環境保護の名目で資源の囲い込みを強化してきた。国立公園や野生動物保護区といった国の直轄地の指定は、その典型である。油井正昭と古谷勝則が実施した世界規模の調査（油井・古谷 1997）では、北米とオーストラリアで一九世紀に始まった国立公園の設置が、二〇世紀初頭には他のヨーロッパ諸国と南米へ、そして戦後はアフリカ諸国へと急速に広がった様子が跡づけられている（図2-2参照）。

こうした政府の直轄地の内部において、少数民族の迫害や公園内部での盗伐を含むさまざまな利権漁りが繰り返されてきたことについては、その一端をすでに紹介した。国際機関の試算によれば、野生動物保護の目的で設置される排他的な保護区に国立公園の面積を加えると、二〇一七年の段階で地球上の陸地面積の約一五％が自然保護を名目とした囲い込みの対象になっている（世界銀行HP）。中でも国土面積の四割以上が保護区になっている国はベネズエラやスロベニア、ブルネイなど一〇か国

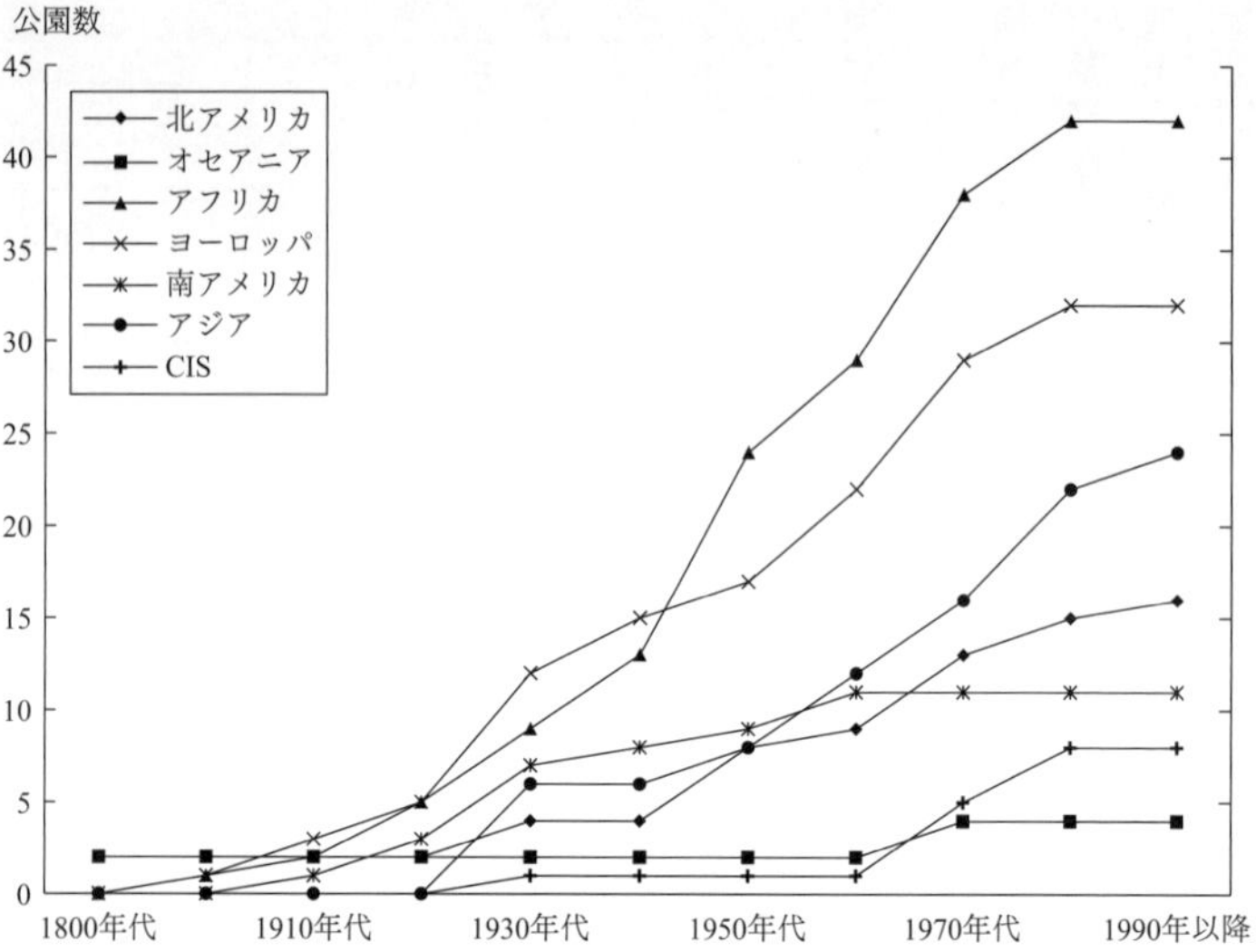

図 2-2　世界各国の国立公園（新規）設置状況

出典）油井・古谷（1997）を基礎に筆者作成。

を超え、囲い込みによりその地に居住していた住民が締め出される例は世界中で報告されている（Brockington and Igoe 2006）。人口が増加している地域では、こうして押し出された住民が移住先の住民との間で土地争い《ランド・グラブ》を展開する。

時間の経過とともに行政の関心は、森林や土地といった固定された資源から、水やその他の動的な自然環境へと拡張し、介入のための技術も洗練されてくる。特に、生物多様性や気候変動といった人々の日常生活と直接には結びつかない課題に取り組む必要が生じると、政府の力点は民衆を教育し、啓蒙することへと移る。その結果、「環境教育」の名の下に、各地の農村で地球環境問題や二酸化炭素排出の問題などが知識として普及されるようになる。

科学に基づく教育の普及は、一方で現地住民らが身近に接していた森林や河川などの生活資源についての暗黙知を無効化する効果をもち、人々はますます国家の提示する科学的な形式知に依存するようになる（笹岡 2019）。たとえば、暗黙の縄張り意識は、住民が中央政府と共有林の範囲設定について交渉する材料としては不十分であり、彼らも汎地球測位システム（ＧＰＳ）などの技術を用いてはっきりと確認できる境界情報を地図に落とす必要がでてきた（椙本 2013）。人々は、自らの生活空間を守るために、地図の読み方と使い方を学ばなくてはならなくなったのである。

二〇〇〇年代に入ると「ランド・グラブ」は、さらに拡張して「グリーン・グラブ（Green Grab：緑の争奪）」として新たに注目されるようになった。それは環境保全に資するという理由で、食糧や燃料生産のための土地が収奪されていく事象を指す（Fairhead et al. 2012）。たとえばパーム椰子プランテーションの生産拡大は、バイオ燃料の商業生産のためではなく、炭素中立な燃料を生産する目的で正当化される[2]。このような企業や国家による「緑の衣」をまとった介入は、すべて科学的知識を前提としており、科学の動員と運用なくして政策が実施できない状況はあらゆる分野に広がっている。

3 「人間支配」のメカニズム

ウィットフォーゲルと全面的権力

水や森をめぐる政府や人々の争いは、対象となる資源や環境に限った問題であるとみなされがちである。しかし、天然資源に対する国家権力の介入は、しばしば漁業や林業といった当該部門をこえて、他の領域まで統治の射程に収めていく。資源管理の体制こそが社会全体の体制づくりの基礎になっているという先駆的な議論をしたのはドイツ生まれの中国研究者カール・ウィットフォーゲル（一八九六―一九八八）であった。

ウィットフォーゲルは一九五七年出版の著書『オリエンタル・デスポティズム』（東洋的専制）の副題を「全面的権力の比較研究（Comparative Study of Total Power）」とした。治水という事業が水をめぐる国家と民衆の協働を契機として、いかに全面的で無慈悲な権力につながっていくのかを論じたのである（Wittfogel 1957）。ウィットフォーゲルの治水分析は、資源の支配がどのようなメカニズムで人間の支配へとつながるのかを鮮やかに示す最も初期の業績であり、ここで詳しく検討しておきたい。

ウィットフォーゲルは、まず社会秩序が分業のあり方と密接にかかわっていることをアダム・スミスの『国富論』を引きながら指摘する。スミスはその分業論において、農業が工業に比べて発展の度合いが遅いのは、農業部門が分業に適さない仕事から成り立っているためであるとした(3)。雨水に頼る西洋とは異なり、東洋の農業が灌漑を基盤にしているところに着目したウィットフォーゲルは、農作業そのものよりも、その成否に決定的な影響を与える水の管理に着目し、導水のために必要な工事と、洪水の防止のために必要な工事が、それぞれ多様な分業を必要とすることに目をつけた。

農業は果たしてスミスが指摘したように「分業のしづらい」業種といえるだろうか。ウィットフォーゲルは水力社会の運営に必要な土木を中心とする種々の準備的作業が、容易に分業化できる特性をもっていると主張する。そして、いずれの大事業の根底にも特定の知識が動員されていた事実を見出す。水力経済の組織者は、暦作りに不可欠な天文学の知識を発展させたが、それは労働者たる人民の数を計算し、作業の記録を保存する算術の発達とも密接に関連していた。なるほど「水力社会の支配者は彼らが大組織者であったがゆえに、大建設者であり、彼らが大記録保持者であったがゆえに大組織者であった」（Wittforgel 1957＝1995：80）のである。[4]「大量の水は、大量の労働をもってのみ配水され、一つの場所で治水される。そして、この労働力は、調整され、規律化され、指導されなくてはならない」という大規模灌漑の特性は、水の管理をはるかにこえる影響力をもっていた（Wittfogel 1957＝1995：18）。[5]

資源を管理するためには、その資源を管理する人間の管理が必要になる。管理の過程で飼いならされた人間は、国家に資する労働力として、戦争の場面でも役に立つようになる。治水から伸びていく権力の回路は、こうして全面化していくとウィットフォーゲルは主張した。人間が自然を克服する可能性を見限る環境決定論であるとして後に激しく批判されたウィットフォーゲルであったが、彼が治水に用いた洞察は、森林や漁場など、自然の支配と人間の支配の関係を広く説明できる射程をもっている。

資源管理の様態から政治や社会を説明する研究は、近年も一部の研究者に引き継がれている。中国新疆ウイグル自治区の歴史をひもといた歴史学者のジャッド・キンズレーは、その地域で一九九〇年代から先鋭化している民族対立が、実は二〇世紀初頭から始まった資源開発に導かれたものであると結論した（Kinzley 2018）。資源の開発と輸送の前提となる探査、採掘、加工、鉄道をはじめとするインフラ整備が、時間をかけて同じ地域に上塗りされ、開発事業の層となって資源のある場所とない場所の格差を著しく拡大したという分析である。人々の目を奪う民族対立は、資源開発がもたらした格差と不平等の表層部分に過ぎないというわけだ。いったんつくられた経済的基礎は、次の投資を呼び込む好条件となり、次々に利益を生み出す機会を拡張させ、やがてはそれが政治的な力と連動していく。資源を介した国家の介入は、ウィットフォーゲルが見たように、人の訓練を通じて面的に広がるだけでなく、上塗りされる投資によって時間的にも蓄積していく傾向がある。

民衆の抵抗

天然資源の開発が可能にした経済機会の地理的な広がりと歴史的な積み重ねから取り残された人々が、ただちにその分配構造を変えるのは難しい。しかし、国家権力もまた資源と人々のネットワークを介して利益を得ているとすれば、民衆はその回路を巧みに遮断することで効果的な抵抗を見せることがある。

どういうことか。たとえば政治学者のティモシー・ミッチェルは、西欧社会におけるエネルギー供給の歴史から、石炭と石油という化石燃料に対する社会の依存形式が民主主義に与えた影響を分析した（Mitchell 2011）。薪を中心とする森林資源にエネルギーを依存してきた長い時代、人類の燃料源は各地に散在していた。ところが燃料としての石炭の発明は、エネルギー資源とそれを掘り出す人々を特定の地理的空間に凝集させることになった。そうして集まった人々がなぜ民主主義の基盤になるのか。それは産業化にともなうあらゆる面での石炭への依存が、労働者の不満が喚起するサボタージュやストライキの威力を増し、その脅威を体感した資本家や権力者が労働者の声に耳を傾けざるをえなくなったからであるとミッチェルはいう。さまざまな結節点をもつネットワークに支えられている近代産業は、そのどれか一つが機能不全に陥ると工程の全体が麻痺してしまう。ミッチェルはフランスの鉄道会社の労働組合員の「二ペニーの価値もない物体を放り込むだけで我々は機関車を止めてしまうことができるのだ」という発言を引用し、権力の側が労働者の声に耳を傾けざるをえない産業構造に光を当てた（Mitchell 2011：23）。

このように労働者と資本家の権力関係という視点で整理すると、石炭から石油への移行は単なるエネルギー転換ではなかった。石炭と比べて高い石油の移動性は、労働者の交渉力に不利に働いたからである。運搬にコストがかかるゆえに特定の生産地との密な付き合いが避けられない石炭と比べて、輸送コストが安い石油は、最も安価な地域から効率的に運んでくることができるので、経営者は同一地域における労働者との交渉に縛られなくて済む。また主たる掘削作業が地下で行われる石炭と、製錬その他の人的作業が地上で行われる石油とでは、動員される労働者の数に圧倒的な違いが出る。しかも地上の労働者は地下の暗闇での活動に比べて監視の目にさらされやすい。ミッチェルは、木材、石炭、石油のそれぞれが利用と採掘に必要とする労働環境の違いに注目し、民衆の抵抗が最も効果をもつ条件を備えた資源は石炭であったと結論づけた。民衆の抵抗が効果を発揮したのは、産業界のエリートが決定的なかたちで炭鉱労働者に依存するという構造があったからに他ならなかった。

行政機関同士の牽制

開発国家に対抗する力は、ストライキなどを通じた下からの労働運動にのみ求められるのではない。実は、行政府の内部にも開発にブレーキをかける組織が存在する。企業や政府による乱開発を抑える組織として一九七〇年代ごろから各地で設置されてきた、環境保護を主たる任務とする政府機関である。そうした機関はたとえば環境アセスメント制度を導入し、大規模開発が政治的な理由によって無制限に展開されることのないよう、お目付け役としての機能を期待されている。

しかし、政治家や官僚にとって富を生み出す開発と、短期的には富に貢献しない環境保護の推進力を比べると、後者の弱さは自明である。経済発展を急ぐ後発国ではなおさらそうだ。特に、もともと生産と開発を促進するために整備された行政や法律に環境保全の制度を上乗せしたところで、ただちに効力を発揮するものではない。

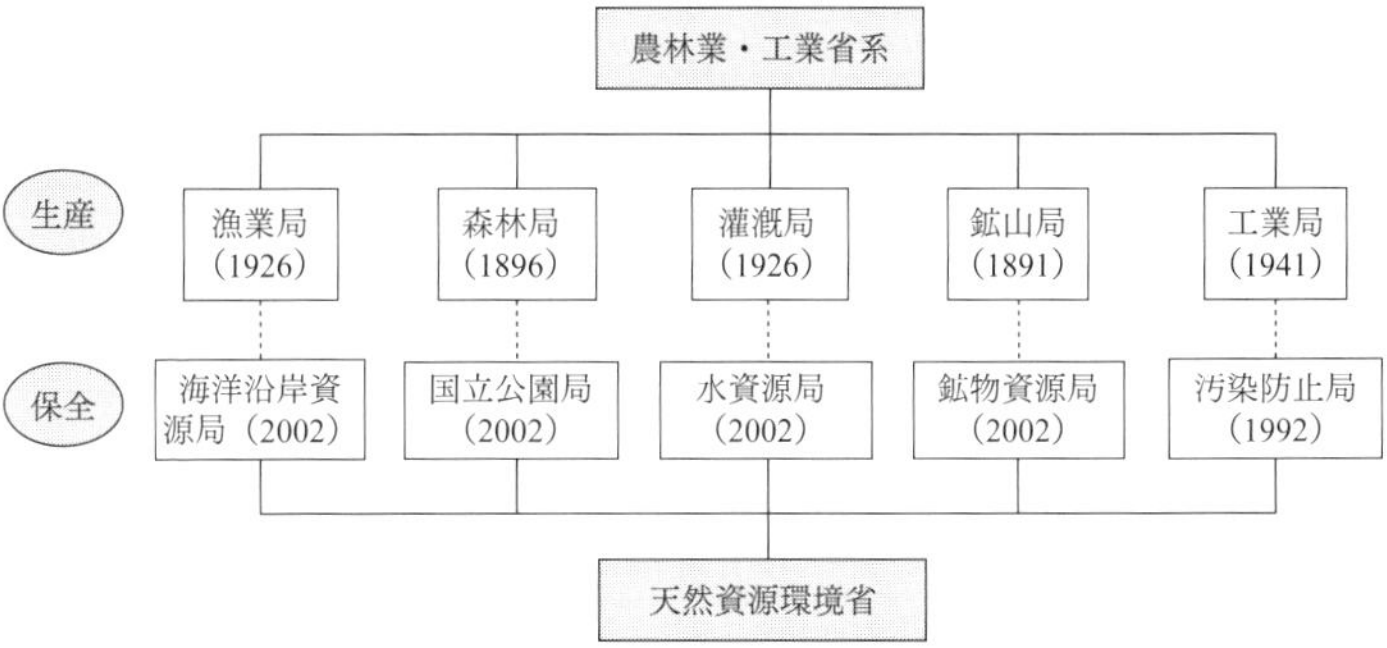

図 2-3　タイにおける自然環境担当部局――生産系と保全系

出典）筆者作成。

たとえばタイにおける自然環境関連省庁を分類すると、図2-3のようになる。生産を主な目的とする農林業・工業省系の部局（上段）は、いずれも一九世紀の終わりから二〇世紀初頭に設置された部局であり、いまや既得権の網を張りめぐらせている。

これに対して、環境保全を目的に設置された天然資源環境省系の部局（下段）は軒並み一九九〇年代以降に設置され、すでに出来上がっていた既存の法律と行政上の管轄に矛盾のないかたちで組織化された。そのため、これらの後発部局の権限は自動的に制約されたものになる。たとえば一九四一年に設置された工業局と一九九二年に設置された汚染防止局を比較した場合、前者は工場への立ち入りや操業許可を与える重大な権力をもつのに対して、汚染防止局に与えられている権限は、工場の外における汚染物質のモニタリングのみである（Sato 2013）。

今日の国家による権力の全面化は、かつてのように住民の所有権をあからさまに侵害し、強引に接収するようなかたちをとることは少ない。むしろ特定の政策にお墨付きを与える知を特権化することで、その政策を取り巻く利権構造を固定化するかたちで社会に深く入り込む。たとえば生物多様性の劣化や気候変動といった、規模が大きくメカニズムの複雑な課題は、科学の力を借りなければその「問題性」を見定めることができない[6]。逆にいえば、地域住民は、その土俵に乗って理解することを通じてしか交渉すらできなくなってしまうのである。環境国家の用意する「土俵」とはどのようなものか、もう少し考えてみよう。

「安全メカニズム」

今日、多くの環境国家はある共通した仕組みを介してその影響領域を拡張する。その仕組みとは、かつてフランスの哲学者ミシェル・フーコーが「安全メカニズム」と呼んだものである。「安全メカニズム」とは、犯罪や疾病などの社会的に不都合な現象をなくすにあたって、望ましくない現象が最善の努力を尽くしてなお生じるときの条件に応じた「正常値」を定めることから始まる。そして、「現象に対して否という法を課すのではなく、いわば受容可能な範囲に現象を局限すること」を統治の課題にする（フーコー 2007：81）。

森林の伐採や鉱物の採掘など、空間的に限定されている資源利用への規制ならば、それを手がける国家の意図もわかりやすい。しかし、生物多様性や大気などの複雑な対象へと国家の影響が及ぶようになると、かつてのような「盗むな、伐るな」という単純な排除の論理だけでは政策を実施できない。どれほど秩序維持を志向する為政者であっても犯罪や疫病をゼロにできないのと同じように、大気や森林の管理においても完全に人々の悪い影響を退けることはできない。この場合、資源や環境の利用はゼロかイチかではなく、一定の幅をもった「許容範囲」の中で定めなくてはならない。犯罪予防の領域であれば、一定程度の人は法律に違反するであろうという統計的な蓋然性に基づき、それでも全体として許容範囲の中に危険な行為が収まるよう国家は努力をする。「許容範囲」を画定するうえでは、犯罪の発生率という不都合な現象だけでなく、それを場所や時間などに応じて「正常な値」に抑え込むための費用も計算に入る。つまり、統治のまなざしは個別資源の管理からシステム全体の安定へと移行し、そこで「これ以上は望ましくない」という境界線の範囲内に資源利用が収まるように制度を工夫するのである。

本書のテーマである自然資源の管理に即していえば、多くの集落が存在する地域に排他的な国立公園を設置する場合、一部の地域住民が禁止区画に立ち入ることを統計的に予見したうえで、地域住民の生活ニーズにある程度配慮した仕組みを構想するのが「安全メカニズム」の発想に近い。環境汚染の問題でも同じように考えることができる。汚染物質の排出量をゼロに抑えることが現実的ではないときに課題になるのは、技術水準や生産主体のインセンティブをにらみながら、汚染する者とされる者双方にとって許容できる範囲を決めることなのである。

フーコーは、この安全メカニズムの原初的な働きを一九世紀のヨーロッパにおける天然痘の撲滅過程に見た。天然痘の予防接種は、病原菌を寄せつけないようにするのではなく、ワクチンを通じて自らの体内に病原菌を取り込むという逆転の発想に立脚している。人の体内に人為的に抗体をつくるという考え方は、当時の医学界の常識からすれば突飛な発想であった。小さな疾病を意図的に患うことで、大きな病気が完全に予防できるようになるこの技術を、フーコーは許容量の巧みな操作に基づく「安全メカニズムの典型」とみなす（フーコー 2007：74）。こうして個人レベルで病を抑え込むことができるようになると、次に個々人の年齢や居住地、職業などに応じて罹患率や死亡率を推定できるようになり、リスク対応がより科学的・統計的な作業に変貌してくる。許容量を定める機能が官僚や国のお墨付きを得た科学者に集中する傾向が強まるわけだ。

環境国家は、自然環境への国家介入によって喚起される人間関係の変化という「現象」でありながら、いつしか特定の意図を内包する「規範」にもなっていく。つまり、自然と人間のあるべき関係について政府や科学者が、ある種の「正常値」を定め、そこに向けて人々を誘導するようになるのである。一国の森林面積はどのくらいあるべきか、その中で国立公園の面積はどのくらい確保すべきか。エネルギーはどの程度まで自給すべきか、汚染はどの程度まで許容されるべきか。こうした一見「中立的な目標」は、決して中立的とはいえない効果を現場に及ぼす。

環境国家の安全メカニズムは、一見すると自然環境を利用する住民の実情を踏まえた穏健なメカニズムであるように見える。しかし、許容範囲の設定は行政が独占的にこれを行う権限をもつことを見逃してはならない。東南アジアにおける森林保全政策の系譜の中では、国立公園等の厳格な保護を「正常」とみなして、その周辺や内部で焼畑移動耕作を行う人々を不適格や無能力とみなす文化が確立された。やがて、こうした「未開の」人々をいかに教育し、正常化していくかが政府や国際社会の課題となっていった。環境国家は「環境教育」という耳触りのよい介入を通じて人々の心の中に棲み着くことに成功していった。

　このように考えると、環境国家の性格をつくるのは政策的に決められた許容量に対する現場の反応の仕方であるといえそうだ。国家と現場の意見が相容れず激しい対立が見られるときもあれば、お上のお達しに人々が素直に従うこともあるだろう。許容量をめぐるせめぎあいは、東日本大震災を経験した日本人にとっても切実な問題である。放射線への不安は、市民による放射線量の自主的な計測を促し、各地で汚染の程度に関する膨大なデータが生み出されるようになった。しかし、どの程度の汚染がどのような健康被害をもたらすのかという危険領域の線引きについては、結局のところ国の定める基準に頼らざるをえない。計測器を手にした人々は、あくまで数値が許容範囲内であるかどうかを自ら確認する手段を得たにすぎないのであって、その許容範囲の定義をめぐって主体的な権力《パワー》を手にしたわけではなかったのである。

4　支配を媒介する自然環境

　環境国家の権力の全面化によって、自然環境は新たな正義の領域として立ち現れた。格差や公正の対象となるテーマは、もはや貨幣や政治的権力の分配だけではない。環境国家は、農村においては生業と密にかかわり、都市においては水や大気を通じた健康、そして国家のレベルでは災害やエネルギー供給と密接な関係があるという意味で、人々の生活の基盤に影響する。自然の恵みの配分、自然を維持するための負担の配分が、正義の課題として新たに登場したのである。

開発国家にとって、自然環境は長らく原料の供給源、もしくは廃棄物の捨て場としてしか認識されてこなかった。さらに技術の発達は自然と人間の体感距離を引き離したために、環境が国家の介入対象として意識化されるタイミングは遅かった。公正さを論じるべき政策課題として俎上に乗せられるのは、所得の分配、さまざまな権利や負担の分配といった、個人の「分け前」が問題になるような領域に絞られてきた。

自然環境をめぐる人間同士の関係において正義や公正さが問題になるのは、統治の対象となる水や空気、土地や森林といった環境が、地球を隅々まで覆い尽くしているにもかかわらず、それを利用したり、汚したり、きれいにしたりする権能と負担が不均等に分布しているからだ。土地や水が無制限に入手できるのであれば、いくら土地を占有しても、そこに正義の問題は生じない。しかし、現実には農業に適した土地は限られているし、きれいな水も限られている。だからこそ人は争い、企業は利潤を得る機会を求め、国家権力はそこに介入し、国際機関は問題解決のために動こうとする。

政治哲学者マイケル・ウォルツァーは著書『正義の領分』（Walzer 1983）の中で、支配の構造を媒介するのは「社会的財（social goods）」であると指摘した。ここで「社会的財」とは、人々の間で分配・操作できる財のことで、（天性の資質のように）特定の個人に内部化されておらず、その分配には他者との協力が必要になるような財を指す。ウォルツァーは言う。

支配の手段は社会に応じて異なるかたちで形成されている。出自や血筋、不動産、資本、教育、神の恵み、国家権力、これらはいずれも、いずれかの時代のどこかのタイミングで、特定の人々による他の人々の支配を可能にした。……支配とはつねに何らかの社会的財の組み合わせによって媒介される……私たちはこうした社会的財を理解し、うまく手なずけなくてはならない。

（Walzer 1983：XV）

ウォルツァーのアイディアを援用して自然環境を一つの社会的財であると考えてみよう。自然環境の統治が問題になるのは、統治の生み出す利権の一部が高い転用可能性をもっていて、それゆえに支配が全面化する傾向があるからである。たとえば大きな土地の支配ができれば、そこから政治的・経済的な利権獲得の可能性が広がる。なるほど有能な政治家や官僚が政治の領域で大きな影響力を発揮するのは職務の範囲内であろう。しかし、その政治家が不透明なかたちでその権益を政治以外の領域に拡大すれば、歯止めのきかない専制へとつながる。ゆえに、分配上の帰結がわかりにくい自然環境への介入は、とりわけ注意が必要なのである。

何をもって「正義」と考えるかは、時代や社会に応じて議論の分かれるところであろう。しかし、極端な不正義が何であるかについては、広く共有されている（Sen 2010）。大量虐殺、人権侵害、構造的暴力などの極端な不正義は、中央の権力者によってつくり出されるだけではない。その土台には、そうした力を暗に支えてしまっている大衆がいる。環境国家の批判とは、それを下支えしている私たちの考え方や行動に対する批判として返ってくるのである。

開発国家は、資源の大量消費がもたらす環境破壊の側面を無視して、国家の近代化と経済成長にまい進した。開発が生み出す富は、そうした負の側面をかき消すほど眩しかった。環境国家は大規模開発と、経済優先の仕組みへの反省から発達したはずだった。だが、そこでは環境保全の過程が人間社会に与える影響について慎重に検討されなかった。それが問題化しなかったのは、環境保全の底流で人間の規律化が進んでいてもそうとは気づきにくかったからであろう。加えて、不利益を被る人々が政治的な弱者だったからでもある。しかし、国家による自然環境への介入が全面化した今日、不正義をそのまま放置することはできない。不平等や格差、貧困などを放置して経済開発を進めることが革命や社会的動乱を招くことがあるように、公正さに配慮しない自然環境政策は、生態系を持続させないだけでなく、特定の人々を苦しめる可能性があるからだ。

自然環境をめぐる人間と人間の関係を分析していくうえで国家の位置づけがとりわけ重要になるのは、自然の資源化による開発が自然環境に影響し、その環境を守るための政策が再び資源化のプロセスに影響するという一連の過程で国家に権力が集中していくからである。かつて「地域」を象徴する存在だった共有林や灌漑などのコモンズは、「コミュニティ林」や「コミュニティ灌漑」という聞こえのよい名前を与えられて、公の認定を受けなければ成立できなくなった。現代社会では資源を開発するときも守るときも、あるいは、そのどちらがよいかを決めるときでさえも、国家の介在と承認が避けられない。

環境国家は、本来意図していたはずの自然環境そのものの管理をこえて、人間社会のあり方全般に影響を及ぼす。それは、私たちが森林や水といった自然の一部を対象にした個別的な環境政策に取り組んでいればよかった時代を通り過ぎ、地球規模の気候変動につらなる自然環境全体とわたり合わなくてはいけない時代に入り込んでいることを意味する。このような変化の中で、権力にとって都合のよい方向に自然環境が変化するよう働きかけて、人間同士の対立や協調を促す存在こそが環境国家なのである。

第3章　包摂と排除
――初期環境国家の形成過程

環境国家は天然資源に対する国家的介入にその端緒を見出すことができる。本章では直接的な植民地化を免れながら近代化を成し遂げたアジアの国家である日本とシャム（現在のタイ）に着目し、国家の周辺部分に存在する天然資源が中心経済へと編入される過程で、国家と社会の関係がどのように規定されたのかを探る。二つの国で対照的であった地域住民の扱い方はその後の環境国家の成立過程に予期せぬ影響を与えた。

1　環境国家のはじまり

頻発する土砂災害や獣害問題、花粉アレルギーなど、日本では聴衆の関心を森林へと向けるニュースが絶えず報じられている。恵み多き森林が荒廃して、人間に思わぬ負荷をかけてくるとしても、森林をつくりなおすには長い時間がかかる。私たちは過去につくってきた森林とどうにか付き合いながら、未来に残す森林をつくらなくてはならない。森林だけではない。前章で見たように、資源の開発と利用にかかわるインフラ整備は、投資や人口の呼び込みを通じて、その土地の未来を決めていく。

過去の開発が未来に大きく影響するとしても、その「過去」から学ぶにはどこまでさかのぼればよいのか。さかのぼるほどに、現在との接点が薄く見えにくくなるような気がする。たとえば日本の森林史に金字塔を打ち立てた日本近世史家コンラッド・タットマンによる『日本人はどのように森をつくってきたのか』は、江戸時代の徳川という統治者の意志によって周到な計画と管理の徹底が図られたことで、荒廃していた森林は徳川時代の中期には見事な回復を見せたと論じた（タットマン 1998）。ただし、現代の後発国への示唆を導き出したい本書の立場からすれば、グローバル化が射程にない徳川時代の教訓をそのまま採用するわけにはいかない。

筆者は、アジアの資源管理の歴史を見る適切な出発点が一九世紀後半の近代化の開始時点にあると考えている。一九世紀後半は、グローバル化の初期段階として西欧式の制度や技術が大規模に持ち込まれた時期であり、資源開発の規模や生産の体制も一気に拡大して、その後の時代の基調となる構造がつくられた時期でもあった。本章が近代化に差しかかった時代の日本とタイ王国（一九三九年まではシャム）を比較するのは、これが理由である。なぜこの二国を取り上げるのかについては次節で詳しく説明する。

問題は、歴史を参照する動機である。近代化の時代の遺制がそのまま今に残るわけではない以上、一連の変化の中でどれを重要なものとして描き出すかの軸を打ち立てなくてはならない。筆者が注目するのは、地域住民の包摂と排除という視点である。それは本書で定義するところの「反転」が、現場の人々を資源から遠ざけたり、負担を押しつけたりといった「排除」の側面を含むからである。

2　なぜ日本とシャムを較べるのか

日本とシャムはいずれも一九世紀中ごろから急速な国家主導の近代化に着手した国である。それは迫りくる西欧列強による植民地化から免れるために「急速」でなくてはならなかった。両国の置かれていた政治的状況は、次の三点において共通していた。第一に、両国の近代化が西欧的な近代技術を採用することにとどまらず、地方勢力の台頭をけん制し、中央集権的な国家体制の確立を志向していたこと。第二に、両国とも近代化を通じて直接的な植民地化を免れることに成功したゆえに、本章で見る鉱山や森林開発の現場で、国家と社会の関係に伝統的な部分が多く残存していたこと。第三に、急速な近代化を推進する手段として自らを外国との貿易に開放し、多大な費用を負担してお雇い外国人を政府の中枢に迎え入れたこと、である(1)。

日本もシャムも、地方ごとの自治に多くを任せた政治状況と内部に大きな身分格差を抱えた統治体制から近代化を開始した。天然資源の中央集権的な管理は、この過程で両国が特に力を入れた政策であったが、その理由は全く異なっていた。そこで本章で問いたいのは、近代化開始初期のシャムと日本で、なぜ歳入上の貢献が少ない天然資源が国家管理の対象になったのか、である。近代国家形成のかなり初期の段階で資源管理を担う部局が双方の国の中央政府に設置されたことは、国家が早い段階から自然資源の統治に高い関心をもっていたことの証左である。

植民地時代における統治の大きな動機づけが歳入の確保にあったことは、東南アジア経済史の文献でも指摘されている（Booth 2007）。しかし、明治時代はじめの日本では地代と酒税が歳入の八割をこえていたし、シャムでも森林や錫などの天然資源が税収に占める割合は五％程度に過ぎなかった（Ingram 1971：177）。ラーマ二世（在位一八〇九―二四）時代における錫貿易からの収入が歳入に占める割合はわずか〇・二％で、錫、鉄、チークによる収益の総計はラーマ四世期（在位一八五一―六八）になっても歳入の〇・七％に過ぎなかった（Wales 1934：231–232）。こうした統計の信頼性を疑うことも可能であるが、それを勘案しても農業部門を除いた天然資源が経済全体に占める比重は確かに小さかったといえる。そうだとすれば、近代以降の政府の中央集権化への動機づけは財源以外の側面に求めなくてはならない。

言うまでもなく両国には明確な前提条件の違いがあり、安易な比較はできない。すでに植民地化されていた近隣国と国境を接していたシャムに対して、日本が島国として外国から隔離されていた点は地政学的に重要である。またシャムの人口密度は日本のそれに比べて圧倒的に低く、そのことは土地や資源の利用にかかる圧力の大きな違いを生み出していた。加えて、近代化に先立つ民度と社会基盤整備の水準という点でも、ほとんどの国民が識字能力をもち、江戸幕府による参勤交代制度の成熟によって道路と通信手段が整備されていた日本はシャムよりも好条件で近代化を開始したといえよう。これに対してシャム王室の地方に関する知識や辺境民との連絡手段は非常に限られていた（Bunnag 1977）。

こうした基礎条件の違いはあったものの、両国が目指す方向性には似た側面があった。それまで各地の地方領主がそれぞれの地域を治める分権的な政治体制であった国を中央政府に一元化するという、統治機構の大きな転換を同じ時期に経験したという点である。両国の中央政府にとって特に重要な課題だったのは、地方に豊かに存在する天然資源と、その周辺に暮らす人々をどのようにして中央集権国家に編入していくかという点であった。

しかし、その後、この二国がたどった道のりは対照的である。世界も驚く高度経済成長をとげ、まもなく公害の時代を迎えた日本では、国家と地域住民、そして企業の間に一部で深刻な溝が残ったものの、総じて地域住民を包摂しながら環境国家がつくられた。これに対してシャムから国名を変更したタイでは地域住民に対する高圧的・排他的な力の中で環境資源政策が展開された。この違いの起源を一九世紀の体制転換期に求めて説明することは「反転」の歴史的契機の特定にもつながるに違いない。

3　日本における包摂的な集権化

明治日本における地租改正とその影響

国土狭隘という自己意識に強く縛られてきた日本において、天然資源の管理は各地の地方領主にとって明治維新の以前から中心的な関心事であった。森林や水、鉱物その他、各藩の領地にある資源利用の規則は、それぞれの藩ごとに決められていた。税と労役の主たる提供者であった農民は、一定の範囲の土地に縛られ、移動の自由を制限されていた。明治維新は、こうした封建体制に終止符を打ち、これによって資源をめぐる人と人の関係も大きな変貌をとげたのである。

明治政府が導入した抜本的改革の中で、本書の趣旨に照らして最も重要なのは地租改正である。一八七三（明治六）年に施行された地租改正は、それまで藩ごとの自治を尊重して組み立てられていた資源統治の構造を、土地の所有者個人と国家の契約関係に基づく中央集権的な構造へと転換させる大胆な試みであった。[2] それだけではない。それまで米を中心とする物納を原則としていた税が、所有地の査定に基づく金納にとってかわった。税額は、その土地が生み出すと期待される利潤の三％と一律に定められた。新たに発行された地券は、所有者と所在地だけでなく、その土地の貨幣価値を表示し、貨幣価値はそれまで禁じられていた土地の売買を前提に評価された。地租改正が画期的であったのは、それまで税が免除されていた都市住民と山林所有者をも課税の対象にすることで、より平等な税負担を目指した点である。

この改革で政府は主たる税源を田畑に求めたが、日本各地に点在する主要な鉱山も、近代化に必要不可欠な資源として中央政府に収用された。たとえば武器や艦船の製造に必要な鉱山や施設は工部省の管理下に入り、各藩から取り上げられた。特に重要視された金、銀、銅は、新政府の財源として期待されただけでなく、金納制への移行にともなう一律な通貨システムの確立に不可欠とみなされた

（通商産業省編 1966：5）。近代的な機械や設備の多くが輸入によってしか手に入らなかった当時、銅や石炭は外貨を稼ぎ出す輸出品としても重要な位置を占めた(3)。

ところで地租改正がもたらした影響の中でも見過ごされがちなのが、森林への影響である。税収への貢献はとるに足らないものであったとはいえ、面積にして国土の約七割を森林地が占めている日本にとって、森林への国家介入は農民に二つの角度から大きな影響を与えた。第一に、当時の農業では田畑に投入される肥料の大部分が森林の下草からもたらされていたため、森林管理主体の変更によってその利用を制限されることは、農民にとっては死活問題であった。田畑に敷き込み、地中で腐らせて利用する刈敷などに用いる草木や落ち葉などを得るための林野は、田畑面積の約一〇倍は必要であった（高柳 2017）。

第二に、地租改正は、国有地と私有地の区別を明確にすることを求めたが、その結果、森林地を中心にどちらにも区分できないあいまいな土地が多数生じ、これが入会争議に発展してさまざまな対立の温床となった。田畑に隣接する多くの森林は、入会林として部落共有で慣習的に管理されており、国有か私有の厳格な区分には馴染まなかったのである。「入会林」とは、農民が農用資材や生活資材を採取するために共同で利用する、山林・原野にある林のことである。そこでは、資源の採取が許される期間、採取に使ってよい道具、採取してよい量の制限が村人相互にかけられており、総じて森を維持する社会制度として機能していた（太田 2012：60–61）。

鎖国が長く続いた日本では、森林産物の市場が開拓されておらず、森林は長期的な投資の対象と見られていなかった。そもそも「森林を所有する」という意識も希薄であった。このため、政府にとって森林の接収は他の土地に比べて所有意識の低い農民から、あまり抵抗を受けずに実行できたのである（福島 1970）。ところが政府はいったん中央政府に集めた所有者の確定していない森林を早々に手放すことになる。なぜ政府はただちに森林の多くを民間に払い下げる政策に打って出たのか。

森林の払い下げは、国有林の多くに対する管理能力不足を政府自身が認めていたことの表れであった。有効活用できない森林を保有するよりも、それを民間に放出して現金化した方が得策であると政府は考えたのである。所有地の境界線が比較的明確な田畑とは異なり、森林は地域に応じた慣習の多様性と地形的な条件、生産物の違いなどによって一対一の所有関係を確立することが困難である。とりわけ荒廃した森林の払い下げは、売上金を直接国庫に入れるための手段であったと同時に、所有者の労働意欲を高めて課税対象地を拡張していく狙いを含んでいた。しかし、結果から見ると地租改正はとりわけ農村部で経済格差を拡大しただけでなく、資源をめぐる人々の対立を激化させ、過剰開発による資源の荒廃を促した。実際に払い下げの恩恵を受けることができたのは、有産者である地主層に限られていたからである。国有林への編入によって入会林の利用を阻まれた農民の数は、一八七九（明治一二）年の九万九千人から八八（明治一三）年には一八〇万人に膨れ上がり、各地で激高した農民による放火や盗伐が横行した（林業発達史調査会 1960：79）。頻発した反乱や暴動に耐えかねた政府は、やがて山林の私有化政策を撤回することになる。

山林局の設置と農民の抵抗

政府はこうした急激な政策転換の余波、特に資源状況の劣化に対して中央で統制をかけるために、一八七九（明治一二）年に内務省の中に山林局を設置する。内務省は工部省と並んで、国内統治だけでなく近代化を進めるための明治政府の中心機関であった。山林局の設置に大きな役割を果たしたのは明治維新の立役者の一人、大久保利通（一八三〇―七八）である。彼は内治の改善を外交に優先して強調した人物であった。森林保護を近代化に不可欠な要素として重視した大久保は、山林局設置の建議の中で「山林ヲ保護スルハ国家経済ノ要旨タルノ議」とし、水源の保全を含めた森林の生態学的な機能と、道路や造船など国家的諸要請との関係を指し示し、両者を調整する必要性を唱えた(4)。

森林の中央集権化は、森林の管理それ自体をこえる大きな影響力をもった。学校、病院、橋、鉄道の枕木、船などを造るための材料のほとんどは、いまや国有林から供給されるようになり、こうした木材を用いるためには国の許可が必要になったのである（西尾 1988：52）。それだけではない。ドイツ式林業の導入によって、森林に関する地域の伝統的な知識は背景に追いやられた。所有権の明確化という中央集権的な事業は、村人たちが各地でつくり上げてきた慣習的な資源管理の仕組みを否定し、近代的な所有制度に置き換えたのである（丹羽 1989）。薪炭に依存した産業用燃料の採取と、急速な開発にともなう建築材の需要増は森林伐採を加速し、国土の半分以上を占める日本の山を急激に荒廃へと向かわせた（太田 2012：121）。

森林の大きな部分が制度的に国家の管理下に入ったからといって、森林に重く依存した農業形態をそう簡単に切り換えることはできない。農民たちは土地の権利を守るために各地で国家への抵抗を続けた（福島 1970）。抵抗の多くは権力に対してあからさまな暴力で立ち向かうのではなく、森林の「不法伐採」や放火などのかたちをとり、森林劣化をさらに加速する要因になった。明治政府による強引な森林没収に業を煮やした村人たちは、万一のときのために犠牲となって捕まる村人をあらかじめ決めておいて、残された家族を村で支える約束をしながら夜中に盗伐に入るといった巧みな実力行使に訴えた。焼けた樹木が村人に払い下げられることを期待しての国有林への放火、あるいは官有林での山火事をあえて傍観し、消火活動に協力しないという抵抗戦略も各地で展開された。農民たちによる一連の抵抗を研究した民法学者の小林三衛は、こうした抵抗の経験を通じて農民の権利意識が高められたとの重要な指摘をしている（小林 1968）。

このようにして水面下で展開される「弱者の武器」の一つ一つは、統治者から見ればストレス要因にはなっても、ただちに体制をゆるがす脅威にはならないであろう。しかし、それらがまとまりをもち累積してくると、税金や兵力など統治に必要な諸資源を集めることに支障が出てくる。日常的な抵抗は、決定的なパンチにならなくても、じわじわと相手の選択肢を狭めていくボディーブローのような効果をもつ。農民による盗伐や放火といった日常的な抵抗は日本各地で組織的に行われるようになり、政府による「上からの管理」の限界を露呈する役割を果たした。

入会地の没収に対する農民の抵抗に耐えかねた山林局は、国有林を管理するための人員確保の観点からも、発足当初の排他的な森林管理を改めざるをえなくなった。農民たちのニーズを一定程度満足させながら、労働力の提供を動機づける方向へと政策転換したのである（荻野 1990）。たとえば一八九七（明治三〇）年の森林法の制定を皮切りに、国有林の周辺に暮らす農民の不満を解消するための「地元施設」と呼ばれる施策がある。国有林における薪や放牧地の提供、肥料など生活資源の自由採取と引き換えに、森林管理の役務提供を求めるのが地元施設の仕組みであった。こうした地元施設のほとんどは一定面積の森林管理を地元民に任せる「委託林」の形式をとって拡大の一途をたどり、一九二六（大正一五）年には全国で三一〇か所、面積にして四万 ha 以上の国有林が人々に「委託」された（菊間 1980：479–608）。たとえば秋田では地元施設である委託林が国有林面積に占める割合は一九三七（昭和一二）年の段階で七割に及んだ（菊間 1980：492）。委託林の制度は、非木材林産物を事前契約の上で買い取るという過去の政策が機能していなかったことへの反省に立脚していた（松波 1920：278）。この時期、科学的な知見を重視し、森林の永続的利用を目指すドイツ林学の考え方に基づいて、それまでの一方的で抑圧的な政策からの転換が図られたのである（荻野 1990：274）。

地元施設という政策ツールは、決して農民の生活水準の向上を目指して実施されたわけではなく、盗伐や山火事の監視など国有林の維持保全を住民に分担させることにその狙いがあった。しかし、結果として国家と社会が交渉する余地がそこに生まれたことは注目すべきである。一九〇七（明治四〇）年に施行された改正森林法に基づく行政主導の森林組合の創設も、こうした住民包摂的政策の一つである。農商務省の行政指導に基づいて全国でつくられた森林組合は、私有林の適正管理のために振興されたものであった（松波 1920：189）。政府は、枝打ちや間引き、植林、土壌保全のための工事といった組合の活動を支援するために低金利の貸付を行った。一連の流れには、警察権力による監視に頼る資源管理から資源育成の誘引に基づく政策への転換を読み取ることができる（林業発達史調査会 1960：684）。こうした地元住民への森林開放は、その狙いがどこにあったかはともかくとして、結果として国土の森林被覆率を高めることに貢献した（斎藤 2014）。

鉱物資源の国家統制

次に鉱物の方を見てみよう。日本には古代にさかのぼる鉱物資源開発の長い伝統がある。金、銀、銅の採掘と精錬の実績は遅くとも九世紀から確認できる。明治維新以前まで、他の資源と同じように主要な鉱山の管理は幕府が直轄していた。維新後、すべての鉱山はいったん新政府の集中管理の下に置かれ、政府の許可がなければ採掘できない仕組みになった。これに法的な根拠を与えたのは一八七三（明治六）年の日本坑法である。この法律は、地主の所有権が地下資源にまでは及ばないことを明確にした点で大きな意味をもった。行政が鉱山の接収にここまで熱心であったのは、金納制への移行にともなう統一通貨鋳造のために大量の金属が必要だったからである。外貨獲得のために輸出品として重要であった石炭や銅の採掘にいっそうの力を入れることも不可欠と考えられた。

一八八六（明治一九）年三月に農商務省鉱山局が設立されて鉱山行政が近代化の装いを整えるまで、鉱山管理に関する制度は紆余曲折を経た。政府は維新当初、大阪で主要な輸出品である銅の一括管理を目指した。大きな初期投資を要する鉱山の開発にあたり、政府は当初大蔵省の下に鉱山行政を位置づけていた。その後、鉱山行政は農商務省、民部省、工部省、そして最終的に一八八六（明治一九）年に再び農商務省に落ち着くまでに、さまざまな省を転々とする。さらに、中央による統制の試行錯誤にもかかわらず生産量は期待した通りに伸びず、お雇い外国人の雇用費用もかさむようになったために、政府は一八八四（明治一七）年を画期として主要な官営鉱山の払い下げに乗り出すのである。

一方で、各地に散らばる鉱山の現場では不況と劣悪な労働条件に憤慨した労働者たちが暴動を起こすようになり、一九〇七（明治四〇）年には社会不安がピークを迎える。足尾や別子では労働者の暴動が相次ぎ、操業停止に追い込まれる鉱山が相次いだ。政府はこれに実力で対抗し、警察力での封じ込めを図った（通商産業省編 1966：396）。一八六九（明治二）年から九〇（明治二三）年にかけて実施された大規模ストライキの総数七一件のうち、四割に上る二八件までが鉱山を現場にしたものだったことは、人為的な災害にみまわれやすい労働者の劣悪な実情を反映したものと見てよい（佐々木 1971：252）。近代化の初期段階における鉱山労働者の大部分は農民であったために、農閑期にしか労働供給がなく、過酷な労働条件も手伝って鉱山に人手を集めることは容易ではなかった。また、過酷な鉱山労働を引き受ける非熟練労働者の多くが、いわゆる士農工商の外にいる最下層の人々であったことも、政府の労務管理政策に影響している（Yoshiki 1980：4）。三池炭鉱などで囚人や朝鮮人の強制労働が用いられるようになったのは、農繁期にも安定した労働力を調達するための苦肉の策であったといえよう。政府による鉱山開発を軸とした工業化の追求は、熟練労働力の確保という壁にぶつかったわけである。

すでに指摘したように、鉱山開発の伝統が長い日本において、都市近郊の鉱山は明治の段階でほとんど採掘されつくしていた。鉱物資源はより地層深く、より奥地に求められるようになった。この事実は必要とされる労働力の性質を規定した。江戸時代にも囚人が鉱山労働に動員されることはあったが、彼らの仕事は排水や運搬といった肉体労働に限定されていた。製錬や選鉱の作業は技術の熟練を必要としたからである。しかし、明治維新後の西洋技術の導入と機械化により、それまで人力に依存していた排水の作業が自動化された。その結果、囚人らは掘削や深い坑道での運搬など機械が及ばない、より条件の劣悪な作業に振り向けられるようになった。明治末期から戦後にかけて福岡県筑豊各地の炭鉱で働いた山本作兵衛（一八九二―一九八四）は当時の炭鉱の様子を墨や水彩で生き生きと描き出し、「ヤマ」の暮らしの貴重な記録を残している（図3-1）。

こうした過酷な環境における劣悪な労働条件を初めて公に告発したのは、明治から大正期にかけて活躍したジャーナリスト、松岡好一（一八六五―一九二一）である。松岡は一八八八（明治二一）年に九州肥前の三菱高島炭鉱を視察して、その惨状を雑誌『日本人』に発表して大きな反響を呼んだ。松岡の告発が契機となって政府は鉱山労働者の状態に関する本格的な調査を行う。その帰結の一つは、労働者の健康や基本的権利の保護について初めて言及した一八九〇（明治二三）年の鉱業条例の制定であった。この法律は、プロイセンの鉱山法（一八六五）を参考につくられた。

ここで注目すべきは、鉱山における労働者保護の規則が一九一一（明治四四）年の工場法に二〇年も先んじて制定されたことである。もちろん、これをもって日本政府が末端の労働者に対してより温

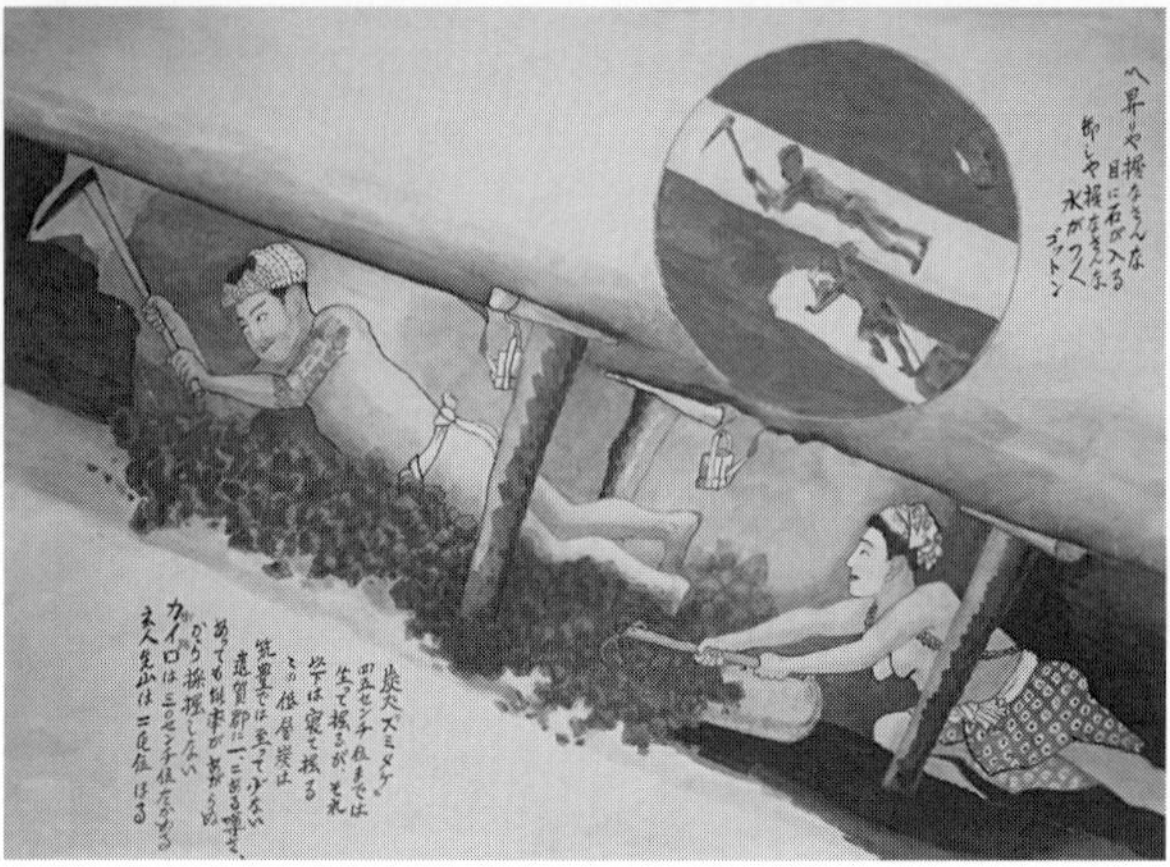

図 3-1　昭和初期までの坑内労働の様子（山本作兵衛画）

出典）田川市石炭・歴史博物館，田川市美術館編（2008）『山本作兵衛の世界——炭坑（ヤマ）の語り部：584 の物語』。

情的であったと解釈するのは早計である。むしろ過酷な労働条件ゆえの労働者の離反や労働放棄を抑制する狙いが政府にあったと考えるべきであろう。とりわけ留学を通じて西洋における工業化の弊害をいち早く学び取っていた内務官僚たちは，労働者との係争が激化する前にその予防を画策していたと考えてよい（Garon 1987：22）。

ここまでの話を要約しよう。日本では明治維新以降，中央集権化と民営化という急激な政策転換が立て続けに生じていた。一連の転換は，農民や労働者による度重なる争議や抵抗を警察力と中央集権的な資源管理で抑え込むことの限界を，政府自らが認識しはじめていたことの反映である。逆にいえば，資源の豊かな地方では行政と人々とが交渉する余地が大きく開かれていたことを意味する。他方で，鉱業法や森林法の充実は、特定の人々を排除して抑え込むのではなく、労働者の保護と支援を含めた「生産に向かわせる権力」を強化し、国家の力を周辺地域と社会階層の末端にまで浸透させる効果をもった。政府への定期的な報告義務を課せられた各鉱山では、労働者の厳格な管理が進み、行政の提供するサービスを通じて国家に依存する人々が徐々に生み出されていったのである。このような日本の軌跡に比べて、同じ時期に近代化を開始したシャムは、これから見るように大きく異なる資源管理の制度を形成していった。

4　シャムにおける排他的な集権化

南部の錫、北部の森林

一九世紀後半までのシャムは、江戸期までの日本がそうであったように、チャオと呼ばれる地方領主がそれぞれの領地を管理する統治体制をとっていた。地域の人々は、雑役と税の納入と引き換えに、地方領主による保護を受け、土地の使用権を認められていた（Sethakul 1989）。特に、商品価値の高いチーク林が密集する北部地域と、工業原料として欠かせなかった錫が集中する南部地域では、地方領主がこれらの資源の管理を厳格に行っていた。つまり、近代化による資源の中央集権的な管理は、中央政府が資源を介して間接的に地方領主を管理下に収めるという大変革を意味していたのである。

このような国内体制に大きな影響を与えたのが、シャムを取り巻く国際関係であった。自由貿易の拡大を企図した英国は一八五五年にシャムとの間にバウリング条約を締結した。これは関税を低く固定し、英国の治外法権やシャム領土内における土地所有権を認める不平等条約であった。このように西から英国、さらに東から仏国が迫るなか、シャム政府にとって地方資源の管理は重要な外交懸案であった。政府は地方の領主を介した統治体制を改め、統一的な税制に立脚した中央集権的な官僚制の確立を急ぐことで西欧の植民地勢力に対抗しようとする。

日本と比較して人口密度が低く、労働力が稀少であったシャムでは、政府による労働者の管理が何より重要であった。それゆえ、シャムでは人頭税を軸に労働力としての人の所有にかかわる制度の整備が進んでいたのに対して、土地の所有にかかわる制度の整備は著しく立ち遅れていた（Feeny 1989）。シャムの天然資源が十全に活用されていない理由を労働力の相対的な不足に見た同時代の論者もいた（Wales 1934：10）。債務返済などを理由にした人間の売り買いは一九世紀末頃まで頻繁に行われ、特に少数民族を標的にした奴隷狩りは多発していた。一九世紀半ばにおける奴隷の数は全労働者人口の四分の一から三分の一を占めていたという（Thompson 1947：214）。

こうしたなかで、ラーマ五世（在位一八六八―一九一〇）が手がけた行政改革の一つは、労働力に立脚した経済から、税収に立脚した国家への統治体制の転換であり、それによって地方領主の勢力を抑え、中央集権体制を確立することであった（Feeny 1989：291）。日本がその税収システムを物納から金納へと変革したように、シャムも税収を通貨に立脚した統一的なものにしようとしたのである。[5]この変革の基礎となる土地の登記は一九〇八年の地券法を契機に始まったが、その対象は地代を生み出す水田の存する平野部に限定された（Ingram 1971：66）。山林に対する国家の関心は平地の水田に比べて圧倒的に遅れていたのである。

豊富な土地と稀少な労働力という条件下にあったシャムにおいて、二〇世紀初頭までの政府の天然資源管理への関心は英国の動きに強く影響されていた。英国が関心をもっていた北部のチークと南部の錫に対しては、地方領主が外国の企業等に伐採・採掘権を直接付与していて、中央の統制はまだ及んでいなかったからである。当時の錫は、製織業から電気機械や兵器の製作、食料保存用の缶詰製造に至る多方面で重宝された金属であり、とりわけ鉄の腐食予防に広く用いられていた。ヨーロッパでいち早く稀少化した錫は、東南アジアのマレー半島に多く存在し、一八六〇年代以降にこの地域へのヨーロッパ企業の進出を動機づけた（Ross 2014）。

一九世紀シャムの錫は王室による独占的な輸出品に指定されていたものの、実態としては南部地域の少数の華人資本の支配下にあり、彼らは県知事らとも密接な関係をもつことで地域一帯に大きな影響力をもっていた（Falcus 1989）。中国と英国の企業が主に関与した錫開発は領土問題をほとんど引き起こさなかったが、北部のチークは領土問題と密接に関係していた。この点について同時代の観察者マッコーリーの次の描写は、当時の政府にとっての中心課題が木材の伐採そのものではなく、国内外に影響する統治の問題であったことを示している。

増大する木材貿易の重要性が、シャム政府による北部支配を動機づけていたことは間違いない。シャム北部のラオ諸国を傘下に収めることに基本があったことは疑いえないが、その手続きは地方領主を怒らせないように徐々に進められた。こうして最終的には、シャムの北部はすべて中央政府の手中に接収されたのである。

（Macaulay 1934：59　筆者訳）

天然資源の一部は、開発の対象とみなされる以前から、国境線の役割を果たすことで国土の成立に重要な機能を果たしてきた（Tongchai 1994）。測量に基づく地図が未発達だった近代以前のシャムにおいてさえ、英国が関心をもつ木材と鉱物資源の所在地だけは例外的に明確な境界線が設けられていた（Tongchai 1994：65, 73）。中央政府を資源統治に衝き動かしたのは、チークや錫の商品価値そのものというよりも、それらの地政学的な価値なのであった。

一八九一年の王室鉱山・地質局（後の鉱山局）の設立に、こうした地方勢力を牽制して中央の統制を強める目的があったとしても不思議ではない。後に局長になる二人の外国人顧問（ドイツ人と英国人）は一九〇一年に鉱山法を起草し、鉱山産業における規制の骨格をつくった。最初の鉱山局長になる英国の地質学者H・スミスは、自叙伝『シャムでの五年間（*Five Years in Siam*）』の中で「採掘権が付与されている鉱区は複数あったが、地代の支払いや作業は何も行われていない。コンセッションのほとんどは投機目的であった」と鉱山行政の実質的な不在を嘆いていた（Smyth 1898：33）。

ラーマ五世が政府による採掘権の許認可制度を導入した背景には、鉱山会社、知事、中央政府との間の係争が絶えない無秩序な状況があった（Krom Sapayakon Taranii 1992）。新たに設置された鉱山局にとっての最初の仕事は、地質調査を行い、税収を安定化させるために鉱山関連法を整備することであった。欧州から導入された地質調査法や地籍図の作成手法は、効率的な資源開発のためだけではなく、中央集権的な国家をつくるための基礎にもなったのである（Loos 1994：XVI）。

鉱山における主要な労働力は、華人の移民たちであった（Ingram 1971：210）[6]。労働条件は過酷で、高賃金を維持することは労働者を確保するために不可欠な措置であった（Skinner 1957：110）。小規模の華人系企業は一〇—一六％のロイヤルティを政府に納めることになっていた（Ingram 1971：81）。華人移民らの鉱物に対する知識は卓越しており、彼らは採掘にかかわる重要な知識とノウハウを秘匿して将来的な資源開発上の優位を確保しようとした（Malloch 1852：22）。政府が自国内で鉱山専門家を養成し、華人労働者を自国民労働者で置き換えるようになったのは、一九三〇年代以降ナショナリズムの機運が高揚してからである（Krom Sapayakon Taranii 1992）。このように南部の錫開発は経済的な「飛び地」で行われ、採掘権リースという行政との間接的なつながりがあったとはいえ、実質的には華人系列によって牛耳られていた。

一方で、北部に豊かに存在した森林の方は、ビルマから触手を伸ばしてきた英国の勢力から大きな影響を受けることになる。一八九六年に設立された王室森林局の初代局長のH・スレイドはビルマで林業経営の経験を積んだ英国人で、一九〇一年まで局長としてシャム林政の礎を築いた。ビルマにおけるチークの枯渇と拡大する英国の勢力は、シャム政府に森林管理を通じた中央集権化を急がせることになる（Barton and Bennett 2010）。初期の森林局の中心的な業務は、王室調査局と協力しながら詳細な地図を作成し、伐採権の範囲や伐採可能樹種を明確にして係争の発生を抑制することであった（Slade 1901）。なかでもスレイドが注力したのは、伐採権の乱発を規制し、六年間は森林の保全育成に努めるという禁欲的な政策であった（Slade 1901）。一九〇〇年前後の段階で鉱山局と森林局の双方が国家統治の中枢機関たる内務省の下にあったことは、天然資源の管理が木材や鉱物そのものの生産をこえて政治的に重要視されていたことの証左である。

シャムにおける環境国家の萌芽

「環境国家のあけぼの」という観点から、シャムの経験で注目すべきは次の二点である。一点目は、西欧の脅威が資源管理の中央集権化を正当化するのに役立てられたということである。マッコーリーはこの点について「森林局が設置されてからまもなく、シャム政府は、中央集権化によるヨーロッパ勢力の統制を大義に地方領主への働きかけを正当化した」と指摘した（Macaulay 1934：60）。二点目は、この時期に資源管理を介して、国家と社会の関係がより明確になったということである。たとえば初代森林局長のスレイドは山地民による農法を「無駄が多い」と批判し、彼らを断固として規制しなければ、政府の手中にあるチーク林の範囲を推計することさえままならないと強調した（Slade 1901：7）。伝統的な焼畑移動耕作の正当性は認められず、法律に則って所有や利用の権利主張がなされていない土地はすべて国王、そして森林局の土地になることが明確にされた（Mekvichai 1988）。以降、地域住民、特に山地で焼畑移動耕作を営む人々は森林の持続的管理の障害であるという認識が広く政策関係者の間に定着し、国家が資源管理の独占的主体として立ち現れることになった。慣習的な森林利用権が正式なかたちで認められることはなかったのである（Peluso and Vandergeest 2001：778）[7]。この時期に形成された森林をめぐる国家と社会の対抗関係は現代に至るまで長く尾を引くことになる。

国家が国境沿いに存在する森林を保護しようとする動きは、森林保全そのものに動機づけられているとは限らない。タイ研究者の北原淳が一次史料に基づいて明らかにしたように、シャムでは一九二〇年代に外国人資本家による大規模な土地の占有が各地で生じたのをきっかけに、国家が独占できる「公共地」を定めて外国資本から国土を防衛するための制度が整っていった（北原 2012）。これに並行して資源の枯渇に関する自覚が政府の中に芽生えるようになり、その予防策としての国家による囲い込みが制度化されていった（北原 2012：329）。こうした国有化の動きが、資源の所在地にある地域社会と国家との関係に影響を与えたことは確かだろう。すでに見たように、シャムの国家にとって重要な錫やチーク林といった天然資源は北部と南部の国境近くに偏在しており、そこは国家統一の障害にもなりうる多民族が居住する地域と重なっていたのだ。

森林局は木材資源の確保にとどまらず、流通経路の開拓、奥地における通信や交渉といったコミュニケーションの回路を充実させて国家権力の地方への拡張に貢献した。森林管理をめぐる中央集権化は中央と地方の権限や機能分担の問題にまで及び、首都バンコクがその影響力を地方に伸張させるためのテコとして地方領主の経済基盤を弱体化させる手段になっていったのである。この点についてマッコーリーの次の指摘は変化する情勢の本質を見事に要約している。

建前の上では何世紀もの間、中央に抑え込まれていた北部のラオ地方〔チェンマイ、ラコン、プレー、ナーン〕の諸侯は、領土管理の実質においてはバンコクからほとんど統制を受けなかった。したがって、現在の諸侯たちの目の黒いうちに旧い支配体制を転覆させることは困難であった。偶然にもシャム政府がラオの国家に支配権を拡張しつつあったとき、諸侯らは高齢に達している者がほとんどであった。H・スレイドが登場して森林局を設立した一八九六年は、ちょうどこの時期である。そう考えると、シャム政府が〔地方統治の〕支配体制を築きはじめたのは、森林局を介して、といえるのであり、この展開はラオ国家を絶対的な支配下に収めたところで完了したのである。(Macaulay 1934：65)

その後、森林局の主導で拡張を続けた国有林は、各地で森林資源に日常的に依存していた村人たちとの係争の焦点となり、政府は苦し紛れの使用権を乱発するというその場しのぎの対応を繰り返すことになる（北原 2010）。「禁止と許可」という白黒が明確な規制手段から徐々に、自給目的の林産物採集の容認や地域住民が利用してよい範囲の区画化などへと村人たちへの態度を軟化させたわけだ。しかしそれはあくまで国有林地を占拠した農民人口が膨れ上がったことに対する受身の対策であって、二〇〇〇年代に入るまで、農民たちに国有林地の利用権を認めるという積極的な政策には発展しなかったのである。

5　シャムと日本の比較――変わる国家・社会関係

これまで見たように、シャムの天然資源は単に商品や歳入源と見られていたわけではなく、国家が地域社会にその影響力を浸透させる手段としても重要な機能を果たしていた。だからこそ税源としてはさほど重みをもたない資源に政府は管理の触手を伸ばそうとしたのである。外国資本の東南アジア進出にともなう伐採権の乱発が招いたシャム北部の森林荒廃は、ラーマ五世の懸案の一つでもあった(Barton and Bennet 2010：75)。それは中央政府による「科学的な管理」を正当化する引き金になった。一方、同じ時期の日本では、資源の稀少化がいっそう深刻な問題になっていた。山林局の設置を建議した大久保利通は、森林保護活動に地域住民を参加させる必要性を訴えたが、これは政府の行政能力の限界を自覚していたからこそであった。一九〇〇（明治三三）年ごろから政府が森林組合の設立を奨励したのも、資源基盤の劣化に対して政府だけでは対応しきれないという問題認識の反映であると見てよい。

両国の環境国家としての軌跡には、以下の二点でも大きな違いが見られる。一点目は、民間と政府の関係である。日本では明治政府が発足当初の全面的な中央集権的な管理を早々に放棄し、国営のモデル事業を限定したうえで、重要な資源を民間へと払い下げる政策へと急転換した。これに対してシャムでは、民間への払い下げではなく、伐採・採掘権の乱発というかたちで資源開発が進み、民間企業の強化ではなく政府の統制強化が促された。日本では民営化の過程で財閥が急成長したのに対し、シャムの資源部門では鉱物資源管理で一部の華人勢力が影響力をもつようになっただけで民間資本は育たなかった。

第二は労働力の扱い方である。日本政府はシャムに比べると労働者の保護や福祉事業に比較的熱心に取り組んだ。森林部門では、契約によって国以外の者が造林して収益を分け合う部分林という江戸時代からの制度を踏襲し、地域住民が国有林管理に労働力を提供するのと引き換えに、薪や下草といった自給用資源の採集を許した。また、鉱山部門では鉱山労働者の権利について積極的に制度を整えようとした。その一方で、タイで地域のコミュニティに対する森林の共同利用権が議論されるようになったのは一九八〇年代に入ってからであり、鉱山部門で労働者の保護に関する法制度が整うのは第二次大戦以降のことであった。タイでは近代化の開始以降、一貫して中央政府が独占的な支配体制を築いてきたのである（Sato 2003）。

日本の鉱山部門では、近代化の過程で鉱山労働者の組織化が妨げられず、むしろ強化されてきた点は注目に値する。仲買人や労働者の仲介役を果たした組織が広範に存在したために、中央政府の労働者保護政策の恩恵は末端まで届いたわけではなかった。こうした現場の実態は、労働搾取的な資本家やブローカーを迂回して政府からの直接の保護を受けようとする労働者の運動を喚起しただけでなく、労働者相互からなる自助組織の発達を促した。鉱山の熟練労働者の間で広く見られた「友子」と呼ばれる制度はこうした相互扶助組織の例である（松島 1978）。この組織は個々の労働者にとって怪我や病気の際の保険として機能しただけでなく、「渡り」と呼ばれる熟練労働者の移動を保証し、それを通じて技術の伝播を下支えする役割を果たした。埋蔵量にもよるが、鉱山は数年の掘削で枯渇するところも多く、技術を習得する目的で文字通り山から山へと渡り歩く労働者も珍しくなかったという（村串 1999）[8]。友子はそうした渡り者を制度的に支え、移動先できちんと処遇されることを互いに保証しあうシステムだった。リスクヘッジのための相互扶助組織が日本各地で見られたという事実は、熟練労働者がいかに稀少な存在で、その労働環境がいかに過酷であったのかを端的に示している。

シャムでも、鉱山での操業を牛耳っていた華人労働者が独自の相互扶助組織をつくっていた。しかし、公に認知されていた日本の友子とは異なり、シャムの相互扶助組織は当局の介入をかわすための秘密結社としての性格を帯びていた（Cushman 1991）。組織的な暴動はときに中央集権的な改革の勢いを弱める効果をもったが、そうした暴動はごく稀で、しばしばバンコクの中央政府による財政的な迎合策に取り込まれることが多かった（Ramsay 1979）。すでに指摘したように、南部の鉱山地域では華人系財閥が支配的な力をもっており、争議の仲裁なども担っていた。中央政府から見ると、こうした財閥が半島における英国の影響に対する緩衝剤の役割を果たしていたのである（Cushman 1991：43）。労働者の権利が法的に整備されるようになるのは一九五六年であり、そこから初めて組織的な労使交渉権が認められるようになった（Mabry 1979）[9]。自助組織の形成という点で日本とシャムの労働者は類似の道をたどるものの、政府との関係という点では日本でのそれが近い関係であったのに対して、シャムでの関係は明らかに遠いものであった。

6　包摂と排除を分けたもの

両国の違いはどこから生まれたか

ほぼ同時期に近代化をスタートさせ、鉱業と林業という二つの天然資源部門を通じて形成された国家・社会関係が、日本とシャムの両国でかくも異なる性格を帯びるようになったのはなぜだろうか。三つの要因が考えられる。

第一の要因は、一九世紀のシャムにおける鉱業と林業が、稲作の行われていた中心地から離れた「飛び地」で行われていたことである。山地民と華人労働者に依存した産業形態は、中央政府の直接的な統治の外に置かれていた。このために、中央政府はこうした辺境の労働者の権利保護には無関心で、ナショナリズムが高揚した一九二〇年代から三〇年代にかけての時期は特に移民や少数民族への風当たりが強かった（Thompson 1947：230）。これに対して日本の森林と鉱物利用は、国家の主要な税収源たる農業と密接に関連しており、そのことが資源管理を通じた国家と社会の関係を密なものにした。国家による資源の地元開放が森林被覆率の維持に貢献したのは、それが徳川時代の地元林業家や民間による森林育成の実績に立脚していたからである（斎藤 2014：161）。その一方で労働者の確保が大きな制約となっていた鉱業部門では、農民にとって魅力的になるような福祉政策の促進や友子制度などの旧慣の容認が進んだ。

第二の要因は、シャムでは資源関連部局の長のほとんどが西欧から呼び寄せたお雇い外国人で、彼らは植民地経営の観点から地域社会の伝統よりも効率的な資源開発を優先していたことである。これに対して、日本では西欧文明から学び、国内の制度改革に意欲的だった官僚や外国経験のある政治家の層が厚く、彼らは西欧式の技術や制度の問題点も見抜いていた[10]。そのことは、たとえば内務省の社会派官僚によって進められた工場労働者の保護に関する諸政策に表れている（Garon 1987：230）。

第三の要因は、日本では多様な天然資源が長く開発の対象になってきたため、稀少化した資源を最大限に活用するための工夫が随所で行われていたことである。田畑の肥料として森林の下草が欠かせない存在となっていたように、複数の資源の相互依存関係が濃密に構築され、国家・社会関係の基盤になっていた。他方で新たに持ち込まれたシャムの林業は、商業的な観点に基づくチーク材の安定獲得に目的が絞られており、鉱物についても錫だけが中心的な開発の対象になっていた。日本では金銀銅に始まり、石炭から鉄に至るまで多様な鉱物に政府の介入が行われていたことに比べると、シャム政府の鉱物資源への介入は非常に限定されていたといえる。

国家が周辺社会へと浸透した程度の違いは、単なる行政能力の差と見るべきではない。シャムと日本の比較からわかるのは、国家権力の浸透度は行政単独で規定されるのではなく、社会との関係の中で規定されるということである。日本では、鉱山に対する国家関与は民営化と伝統的な労働者組織に立脚していた。シャムの近代化初期における統治の浸透は、国際的な商品価値をもつ天然資源の植民地経営に端を発していたがゆえに搾取的であったが、その分、統治の範囲は労働力と天然資源の分布する場所に限定された。両国におけるこうした文脈の違いが、二つの国の環境国家黎明期における国家と社会の関係を性格づけたのである。

蒔かれていた反転の種

ここまで、日本とシャムの天然資源に対する国家介入の比較を通じて、前者の包摂的な態度と後者の排他的な体制を対比させて見てきた。両国政府のアプローチの違いは、意図的な選択の結果として片づけるべきではない。地域住民を包摂しながら国有資源の統治を深めていく日本政府のやり方は、地域住民の福祉や生活水準を優先して採択された方法ではなかった。それは行政能力の不足を住民の力で補いつつ、中央政府主導の近代化を進めるためにとられた、やむをえない選択であったと考えるべきだろう。逆にいえば、シャムで見られたような排他的な資源管理体制では、政府の実効的な統治範囲が限られていたぶん、地域の人々には相対的により多くの自由が付与されていたと見ることもできる。

このように自然環境の支配は、間接的に人間社会の支配と再編成をともなった。そして、辺境の天然資源を中央集権的に支配しようとする努力は、その過程において資源の所在地周辺における国家と社会の関係を規定した。土地を国有と民有とに区分し、手つかずの森林のほとんどを国家管理へと編入した結果、人々と政府が永続的な対立の構図の中で争いを続けることになった点で両国は似ている。しかし、両国の違いには大きなものがあった。日本では旧慣の尊重や組合活動の奨励など、状況に応じた住民の懐柔と国家政策への取り込み戦略が矢継ぎ早に打ち出されたのに対して、シャムでは今日に至るまで山地民や地域住民を排除する方向で資源管理が実施されてきた。その意味では、昨今の環境国家における反転は、いわゆる環境政策の主流化によってはじめて生まれたというよりは、そのはるか以前にさかのぼる形成過程の段階ですでにその種が蒔かれていたと考えてよい。

繰り返すが、明治政府は国民に温情的な政策を選んでいたというわけではない。シャムと日本のそれぞれで形成された国家・社会関係が、それぞれの政策の選択肢を規定したのである。日本もシャムも資源管理の中央集権化に必死であった。ただし、資源開発の歴史が長い日本は極端な森林荒廃に代表される資源開発の限界を早い段階で目の当たりにした。そのことが、資源回復に向けた地元の労働力の動員と協力を不可欠にしたことは想像に難くない。耕作可能地の絶対的な制限下に置かれていた日本では、旧慣を活用した資源利用政策は至極合理的な選択だったのである。このように、天然資源の統治とは資源そのものの統治をこえて労働者層と国家との関係を形づくるという点で深い浸透力を宿した介入であった。

この章では、近代化開始当初のシャムと日本で、なぜ歳入上の貢献が少ない天然資源が国家管理の対象になったのかを問うた。検討の結果として明らかになったのは、資源の開発と利用のための制度が整う過程で形成される人間同士の関係性が、国家の性格と統治のあり方を変える役割を果たしたという点であった。そして両国が西欧諸国による植民地化の脅威、中央と地方の権力闘争、農民と支配階級の対立という点で共通していたにもかかわらず、日本で包摂的な政策がとられ、タイで排除的な政策がとられるようになったのは、日本の資源管理において国家と地域住民がより相互依存的であったからというのが本章の結論であった。両国で一九世紀に基礎がつくられた国家と地域住民の関係は、環境国家の時代に突入してからも変わることなく、初期環境国家の時代に形成された軌道の延長線上に今も乗っていると考えられるのである。

第II部　環境国家とアジアの人々

第4章　維持への力

——インドネシアの灌漑施設と地域社会

本章では、インドネシアの事例を中心に国家主導で建設された農業灌漑施設に注目し、環境国家が反転する契機とその予防策を考える。灌漑施設は農地と共に外延的に拡張しながら末端水路を介して田畑まで水を運ぶ。だが、いったん造られた水路施設がどのような維持管理を要求し、その対応を通じて国家と社会の関係に影響を与えるのかは注目されることが少ない。事業実施者の想定とは別に、そこにありつづける灌漑施設が人に及ぼす影響は「反転」の分析に重要なヒントをもたらす。

1　維持への強制が呼び込む「反転」

灌漑は、年間を通じた水の安定供給を実現するために人類が編み出した最も歴史ある社会基盤《インフラストラクチャー》である[(1)]。農業や水運、洪水予防などの観点から、灌漑は世界各地で人々の生活向上に決定的な役割を果たしてきた。雨量の多いアジア地域では灌漑の役割が特に重要であった。高所から低所に流れる水の普遍的な性質は、灌漑に、ある点から別の点へ水を送り届けるという工学的な問題をこえた社会的な考慮を要求する。というのも、上流と下流とで住民が受け取る便益と負担に違いが生じるからである。たとえば灌漑用水の配分では上流に便益が集まるが、洪水予防では下流の便益が大きい。このような便益の格差は負担の分配をめぐる対立の火種になる。

具体的に課題の性質を理解するために、ある仮想的な二つの集落、上流の村Aと下流の村Bを考えてみる（図4-1）。それぞれの集落には政府が建設した幹線水路から支線が分かれ、農民たちが取水する末端水路が引かれている。上流に位置する集落は用水へのアクセスという点で明らかに有利である。そこには漏水や蒸発にともなう水の損失、上流に近い場所の耕作者が増えることによる上流地域での取水量の増加、そして配水システムの突発的な故障の可能性があり、用水路が長いほど下流の集落は不確実性にさらされる（フリーマン／ローダーミルク 1998）。

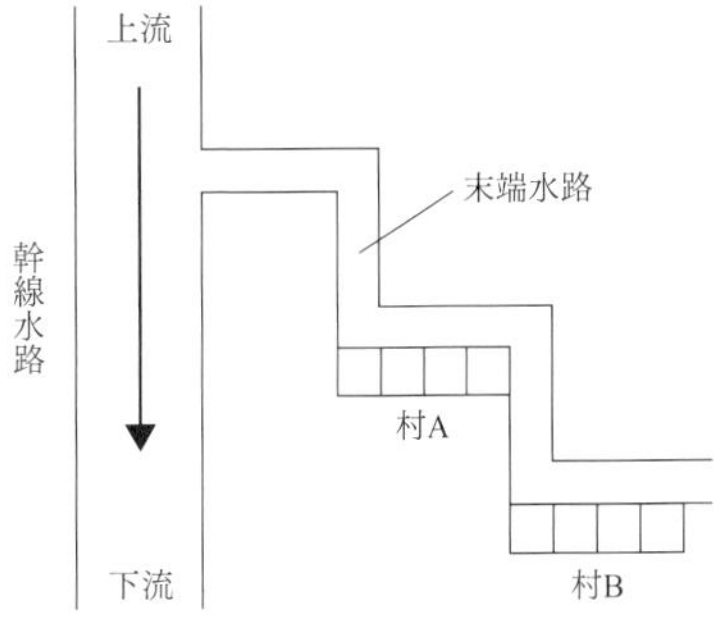

図4-1　農業灌漑の典型的な配置

出典）筆者作成。

さて、この施設を円滑に運営するにあたって、どの地域社会も次の三つの意思決定に直面する（Coward 1980：19）。(1)水をいかにして最終利用者に送り届けるか、(2)施設をいかに維持管理するか、(3)水の利用者同士の利害対立をどう調整するか、である。これらの課題は水の供給と負担の分配に関するものであるだけに、土木技術的な議論をこえて、政治的な問題に発展する。アジアの多くの社会では、特に(2)と(3)における国家の役割の大きさに注目が集まってきた（Montgomery

1983：94)[2]。大規模な灌漑用水をめぐる集落や地域間の紛争は、秩序の安定への脅威として国家の優先的な関心事項になるからである（Wolters 2007：226)[3]。

しかし、政府の調停が必要になるほどの規模の対立はさほど頻繁に起きるものではない。だとすれば、国家と社会の関係を「日常的に」規定するのは(1)の「いかにして送り届けるか」と(2)の「いかに維持管理するか」である。(1)については、最終的な受益者たる農民が強い関心をもっているので注目もされやすい。一方で、あまり注目されないのが(2)の維持管理である。

維持管理には、樹木の伐採、雑草駆除、草地の造成、流量測定器の設置や管理、ゴミや堆積土砂の浚渫《しゅんせつ》、ポンプ場の管理など多様な作業が含まれる。灌漑施設が本来の機能を発揮するために維持管理が決定的な役割を果たすことは専門家集団からたびたび指摘されてきた（Sagardoy et al. 1986）。維持管理を怠ると巨大な投資が無駄になるだけではない。水の供給が不確実となれば、適切な時期に適量の水を必須とする高収量品種の導入に対して農民たちは及び腰になるので、重大な経済機会を逸することにもなりかねない（フリーマン／ローダーミルク 1998）。

維持管理の不徹底に起因する水不足は、いったん灌漑に依存しはじめた水稲農民にとっては死活問題になる。育苗や整地、草刈りや防虫などに費やした事前投資を回収できなくなってしまうからである。国の歳入が人々から取り立てる地代に依存していた地域では、灌漑の機能不全は国家にとっても致命的であった。国家主導の灌漑施設で維持管理のために国家権力によって地域住民が駆り出される場面が多かったのもそのためであろう。一九九〇年代前半にミャンマーのチャウセー地区で灌漑の浚渫作業を観察した高橋昭雄は、その様子を次のように記録している。

幹線および支線用水路に水が流れているとき、破損個所の修繕は、それが可能であるかぎり〔政府の〕灌漑局が行う。だが、用水路の底に溜まる泥の浚渫や大規模な修繕は、用水路への導水を止めて水路内の水がなくなってから大量の労働力を投入して行わなければならない。全ての取水工の水門を閉じ配水を全く停止してのこのような大修繕は、乾期の最中の一月上旬に毎年行われる。この大修繕には用水路周辺の世帯一戸について一八歳以上の成年（男女を問わない）労働力一人が動員される。用水路周辺の住民は、炊事、洗濯、水浴等に用水路を利用しているので、労働力の提供義務があるのは農家に限らない。（高橋 1996：188）

このように大規模灌漑は集落単位をこえたスケールでの維持管理を必要不可欠にする。ミャンマー中部の乾燥地帯では、賦役と強制労働に基づく灌漑システムの建設と維持がビルマ国家建設の基礎をつくったという議論も展開されているほどである（Taylor 2009：44）。

本章では、灌漑施設の維持管理が現場に国家権力を呼び込んでいく側面に注目して「反転」が生じる契機を分析する。開発事業の特性が人間に課す意思決定への圧力に最も早く注目したのは経済学者のアルバート・ハーシュマンである。彼は、いったん着手された事業を維持するために否応なく必要になる作業がもたらす規律を「維持への強制（compulsion to maintain）」と呼んだ（Hirschman 1958）。担当者の意思や思惑ではなく、事業が成り立つための前提となる地理的・物質的・技術的条件が生み出す圧力に注目するのがこの視角の特徴である。「維持への強制」は、国家権力が地域住民の意に反して何かを強いるのではなく、むしろ事業の特性に促されて地域住民の方から国家の関与を招来する可能性に光を当てる。

灌漑の場合の「事業の性質」としては、農村環境に特有の季節性や雨量の変化といった「自然の規律」も大きな役割を果たす（Hirschman 1967：96）。ハーシュマンいわく「自然が課す強制力は、一定の期日までに仕事を終えないと、すでに投入した労力がすべて台無しになるか、お流れになってしまうようなときに最も強く効いてくる。モンスーンの雨に飲み込まれてしまう前にダムの堤防を高く積み上げなくてはいけないのは、その例である」（Hirschman 1967：96）。

ただし、ここで厄介なのは、維持への強制が働いていたとしても、その圧力に反応すべきなのが（中央、地方）政府なのか、地域住民なのかが自明ではないという点である。発電所や多目的ダムなどの大規模施設で特に問題になるのは、事前に地域住民との話し合いが不足していることであった。一九八〇年代から九〇年代に日本からの円借款で建設されたダムに対してＮＧＯや市民社会から出された批判の多くも、事業設計過程における住民参加の欠如を問題視していた（鷲見 1988；村井 1989；諏訪 1996）。コミュニケーションの不足によるあいまいな責任分担のしわ寄せは末端に行くほど大きなものになる。

本章で注目するのは大規模ダムの建設プロセスではなく、すでに建設された灌漑施設が下流域で形成する国家・社会関係である。特に二次水路以下の末端部分においては、担当する役人の認識によって責任関係が不明確な場合が多い。あえて末端の農業灌漑施設に注目するのは、それが政府と農民の利害の日常的なつながりをよりはっきりと見せてくれるからである。

2　熱帯アジアの灌漑事業

国家主導の灌漑と水の特性

雨季には水があふれ、乾季には水不足が深刻化しがちな熱帯モンスーン地域において、水の安定供給は、水稲農業を基盤とする地域社会の人々の悲願であった（Musiake 2002）。植民地の経済的な安定を狙った宗主国が灌漑に力を入れたことも、その意味では当然であった。植民地時代の東南アジアにおけるオランダ領東インド（現インドネシア）やフランス領（ベトナム、ラオス、カンボジア）では、植民地宗主国による積極的な灌漑開発が行われていた（Booth 2013）。特にプランテーション生産を維持するために、そこで働く労働者に与える米を増産するうえで、灌漑は欠かせない施設であった。

植民地化以前の段階においても、水資源の適切な管理は米を主食とする人々の飢饉を予防するという理由もあって国家の重大な関心事であった（Attwood 1987）。植民地時代のインドネシアでは、二〇世紀に入ると地域住民の福祉促進という名目で「倫理政策」と呼ばれる住民福祉事業が活発化し、灌漑開発を通じた米生産の増大は、その一環として位置づけられた（加藤 2014）。西欧諸国が植民地で行う強制栽培制度に対して人道的な見地から批判が高まったため、宗主国は植民地の人々に裨益する事業を拡大することで、自らの存在を正当化しなくてはならなくなったからである(4)。

植民地の近代化という経済的欲望と、その前提となる米の輸出量の拡大は、もともと生活圏の範囲での自給を目的としていた伝統的な灌漑で対応できるものではなかった。東南アジア各国はこぞって外国資本を投入し、西欧から技術顧問も招聘しながら、大規模灌漑の設置を拡大した（Furnivall 1956：320）。タイの灌漑に詳しい地域研究者の石井米雄は「〔大規模な〕灌漑は必要となる物資、労働力の両面で集落や世帯の能力をこえるもので、より広い地域や国家のレベルでの管理を必要とした」と述べている（Ishii 1978：18–19）。植民地期以降の灌漑は、大きな資本と西欧の技術を大規模に動員した点で、小規模の伝統的な灌漑とは異なる大きなインパクトをもった。

二〇世紀半ば以降、食糧増産の必要性から政府自らの手による灌漑への公共投資が一般化しはじめると、それにあわせて灌漑局の設置を含む、水を統治するための官僚体制の整備も進んだ（Molle et al. 2011：330）。第二次大戦後に独立を果たした東南アジア各国は、農業生産を拡大する目的で国家主導の大規模な灌漑建設に投資し、先進諸国もそれに積極的な援助を行った。灌漑への投資は独立後も継続し、農業の形態だけでなく、水を介した国家と社会の関係まで大きく変容させたのである。とりわけ一九六〇年代以降、経済成長にともなって食糧需要と電力需要が増大したアジアでは、世界銀行やアジア開発銀行、二国間援助などを後ろ盾にした大型ダムの建設が相次いだ。灌漑は中央集権的な国家形成と近代化を象徴するインフラであった。

人口増加と米の不足は、大衆の不満の受け皿となりうる共産主義の蔓延を恐れていた西側諸国にとっても脅威であった。こうした政治的事情にも後押しされて、小規模の伝統的な灌漑が主流だった東南アジアで、突如として「政府の政府による政府のための事業」（真勢 1984：163）が増大したのである。水利システムが地域住民の手には負えないほど巨大で、その多くが農民の財政的・技術的蓄積が弱い新規開発の入植地で行われたために、農民の公的機関への依存は深まっていった（真勢 1984：164）。

税や貿易のかたちで辺境から中央へと集まる傾向の強い原料資源と違い、水は存在する場所周辺で利活用されなくてはならない。本章のテーマに照らしていっそう重要なのは、灌漑用水が末端の農民に届くためには、施設があるだけでは十分でなく、施設の維持管理を行う住民組織がなくてはならないという点である。毛細血管のように張り巡らされた灌漑設備を中央や地方の職員がすべて管理するのは現実的ではないからだ。

地域住民の動員という点では、森林と鉱物も似通った条件をもっていたが、高付加価値の木材と鉱物が取り出された後に域外に持ち出されることが多かったのに対して、水は一定の地域を流れながら農民の生活に深く入り込む資源である。加えて、水路は都市や農村の動脈のような機能を果たし、その周りに居住地を形成するだけでなく、用途（河川運輸、飲料水、農業など）に応じて取水、貯水、分配をめぐる技術と社会制度にも影響する（Abernethy 2011：87）。これらの諸制度の多くは、水利用をめぐる利害対立を緩和し、持続的な資源利用を可能にすることに力点をおいてきた。たとえば日本には水の分配に公平性を徹底するための「分水」と呼ばれる施設設計の工夫や、時間を決めて利用者のブロックごとに水を回す「番水」と呼ばれる慣習などが広く存在する。これは日本でも水をめぐる係争が長らく深刻な課題であったことを表す（杉浦 2008）。

灌漑の副作用――需要の増大と公衆衛生

灌漑を介して社会の深部へと入り込んだ国家権力は、思わぬかたちで横へと拡張することがある。ここでは最も主要な三つの回路を挙げておく。

第一は、水の供給がさらなる水需要を呼び込むという回路である。東南アジアの灌漑を長く調査してきた中島正博は「ダムができると、乾期にも米ができるようになる。したがって、「もっと収入が欲しい」ということで水需要が現れます。水利施設ができて需要が現れる。需要があるから水利があるわけではないわけです」（中島 2003：12）と発想を逆転させる必要性を説く。これまで天水に頼っていた地域への灌漑の導入は、従前は不可能だった乾季の耕作を可能にする。つまり、もともと存在した水への需要が灌漑を呼び込んだというよりは、水利施設ができたことによって需要が増えたというわけだ。大規模施設の建設過程で造られる道路も、市場とのアクセスを増すという意味で、財の需要を押し上げる。こうして達成される新しい生活は、それを維持しようとする力となってさらなる経済活動を呼び込む(5)。

第二の回路は、一見すると水利とは関係のない保健・衛生部門への拡張である。各国の近代化にかくも重要な役割を果たした灌漑施設は、別の側面で地域住民にとって思わぬ足かせとなった。灌漑の溜池は、マラリアの原因となる蚊の温床になりやすいからである（Baeza et al. 2011）。蚊は気温一六度以下になると活動を停止するが、熱帯地域は本格的な冬が到来しないため一年を通して活発な活動が可能になる。マラリアは毎年三―五億人が発症し、そのうち一〇〇―三〇〇万人の命を奪う重大な疾病である（Sachs and Malaney 2002）。この熱病は罹患者や家族に経済的な負担をかけるだけでない。本格的な対策をとろうとすれば人々の移動に抑制がかかり、貿易を含む経済活動も停滞してしまう。もちろん、灌漑の拡大だけがマラリアを増やすわけではない。森林開墾によって人間の居住地が奥地へと侵食したことも要因の一つである（Quadir et al. 2010）。マラリアを撲滅するには、貯水池の設計や立地を決める灌漑局が保健衛生を担当する部署や教育担当部署と緊密に連携しなくてはならない。このように、灌漑を介して国家は保健衛生の分野までその影響力を浸透させる回路をもちうるのである。

第三は、農業生産量の増大にともなう環境汚染の悪化という回路である。近年、とりわけ換金作物の増産を目的とした化学肥料の過剰投入が続くアジアの各地では、浄水処理を経ない汚染水がそのまま農業用水として投入されることによる影響が懸念されている（Quadir et al. 2010）。地下水汚染と健康への悪影響といった灌漑にともなう新たな課題は、化学肥料に対する農民の啓発、農産物の品質評価、健康への影響評価など、あらゆる側面で行政の仕事を増やしている。本章では農業灌漑に焦点を絞るものの、農村灌漑の問題はこのように農業部門をこえた広がりを見せながら国家と人々の間にさまざまな接点をつくり出すことを確認しておきたい。

3　国家権力の諸側面

変わる国家の役割

水の効率的な配分のために政府、地域コミュニティ、民間企業などをどのように配置するかは、水の制度論の核心的な部分でありつづけてきた。第2章でも紹介したカール・ウィットフォーゲルの水力社会論を再び振り返ることから始めたい。ウィットフォーゲルは灌漑と農業の関係を次の三つに類型化した。

(1)天然の雨水にのみ頼る天水農業。
(2)小規模灌漑もしくは地域共同体を主体とする水管理による水利農業。
(3)中央政府の統制の下に洪水予防もしくは生産拡大のための大規模灌漑を擁する水力農業。これは巨大な建設事業を伴うことが多い。　(Wittfogel 1957 = 1995)

ウィットフォーゲルの議論によれば、東南アジア地域はもともと天水農業と水利灌漑農業を行う場所がほとんどであり、その規模から考えて国家権力が大きく入り込む余地は小さかった。(6)モンスーン気候の東南アジアでは、植民地時代以前の国家が土木技術をもって洪水を防ぐことは難しかったのである。むしろ、渇水と洪水の周期にいかに適応していくかが懸案事項であった。

こうした適応の事例は各国で見られる。北タイの伝統的な小規模灌漑である「ムアン・ファイ」は、タイに限らずラオスや中国の雲南省でも確認されている（Ishii 1978；Tanabe 1981；Stott 1992）。インドネシアのバリ島にある「スバック（Subak）」と呼ばれる伝統的な灌漑システムも、地域のコミュニティが運営主体となる小規模灌漑の例として長く注目されてきた（Geertz 1963；Lansing 2007）。規模が小さく、地域社会が共同体として機能している場所においては、これらのコミュニティに立脚した資源管理が大きな役割を果たしてきた場合も多いであろう。(7) しかし、そうした力強いコミュニティの存在を東南アジア全域に期待することはできない。むしろ、地域社会としての紐帯が希薄な地域が多いことがタイをはじめとする東南アジアの特徴とされてきたからである（Embree 1950；水野 1981；重冨 1996）。国家主導の灌漑が急速に拡大した背景には、それを歓迎する人々がいたからというだけではなく、抵抗したくても押し返す力をもったコミュニティが少なかった可能性も考えられる。

図4-2は国連食糧農業機関（FAO）の統計をもとに、東南アジアにおける灌漑農業面積の拡大傾向を一九六二年を起点にグラフ化したものである。アジア地域全体で潜在的に灌漑可能な総面積は、二・一億haであるのに対して、実際に灌漑が行われている面積はすでに一・八億haに到達している（Siebert et al. 2013）。東南アジアの中進国では二〇〇〇年代半ばごろから灌漑可能な地域は飽和状態に入り、新たな大規模灌漑設備を敷設することの限界費用が高くなっている。それは同時に、灌漑が新

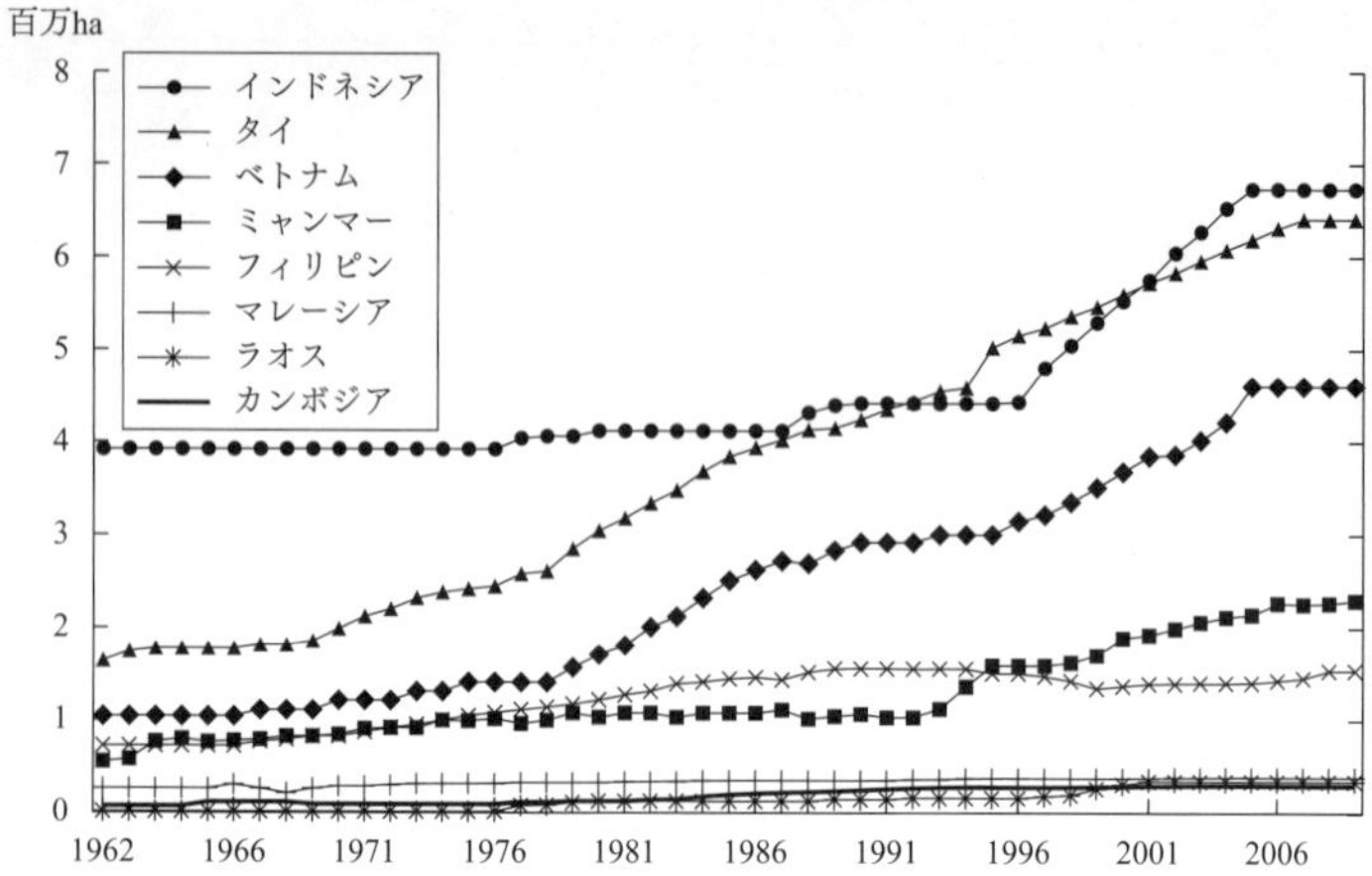

図 4-2　東南アジアにおける灌漑面積の拡大

出典）FAO STAT（http://faostat.fao.org）より筆者作成。

規建設の時代を終え、かつて建設された施設の「維持管理」の時代に突入したことを意味している。

維持管理と現場の役人のインセンティブ

コミュニティと国家は対立するものではなく、第3章でも見たように相互に影響しあいながら、時には互いを頼りあって発展してきた。ここで注意しておく必要があるのは、国家の灌漑政策を末端で担う役人たちに「国家権力の拡大」という意識があるわけではないという点である。インドネシアとタイで末端の灌漑局職員に聞き取りをした政治学者のジェーコブ・リックスによれば、いずれの国の職員も農民たちと働くことに動機づけをもっていなかったという（Ricks 2017）[8]。出世志向の強い職員にとっては、大きな予算が動く施設の建設や運営の方が、現場におりて村人たちを啓蒙したり、水利組織の運営を支援するよりもやりがいを感じられるのである。[9] カンボジアの住民による水利組織を調査したモ・シティリットも、政府職員の不足や彼らの動機づけが不十分であることによる住民組織の機能不全を指摘する（Sithirith 2017）。農民の側も、贈賄、ごまかしなどを通じて役人との距離をとり、自らの領域を守ろうとすることが多い（フリーマン／ローダーミルク 1998）。

このように、水をめぐる環境国家はさまざまなジレンマに直面している。国家権力を末端で担う役人に村人たちとの相互依存関係を構築するインセンティブはないにもかかわらず、国家は村人たちによる施設の維持管理を必要とする。水を治めるとは、水を介して人々を治めることであるが、各々独立した意志をもつ人々を国家の意のままに操作することはできない。それでも人々が日常的に依存している施設が要求する維持管理の圧力は人々を服従させるだけの力をもつ。[10] こうしたジレンマを抱えた現場の実態とは裏腹に、施設の建設そのものは拡大の一途をとげてきた。

4　国家関与の諸次元

水資源管理事業の幅

国家権力はいかなる回路を通じて地域社会に入り込み、自らを維持し、場合によっては撤退したり、民間企業などの非国家主体にその権能を委譲したりするのか。[11] ウィットフォーゲルの分析視点に基づいて灌漑にかかわる活動を分類してみると、灌漑の機能は「生産」と「洪水予防」だけではないことがはっきりとわかってくる。そこには、「準備」的な業務（土木、労務、社会組織、住民補償）と維持管理業務（ハード面だけでなく、水の分配制度の設計を含む）に加えて、所有や利害をめぐる対立の調停や、将来の不確実な災害に対して予防的にシナリオを作成し、住民の避難計画や非常時の行動規範を策定するといった「統治」的な業務も含まれてくる。以下、それぞれの業務について見ていこう。

「生産的側面」とは、灌漑水路の建設などの国家による主体的な介入の側面である。この介入は、農業生産や交通の利便性を増したい住民の願望に合致するという意味で地域社会に歓迎されることが多い。もちろん、大規模灌漑施設の設置によって立ち退きを余儀なくされて一時的に困窮する住民も出てくるが、筆者の調査によればインドネシアのビリビリ・ダムをはじめ、かつて強制移住を理由に厳しく批判された日本のODAによる大規模灌漑施設が建設された地域では、農業生産性が大幅に拡大し、経済機会も広がったというのが下流に位置する農民たちの一般的な見解であった[12]。

「予防的側面」は洪水予防、環境劣化の予防などを目的に発動される介入の側面であり、国家にとっては農業生産物の安定供給もさることながら暴動の抑止や民心の安寧という大きな動機づけがある。

「準備的側面」とは大規模なインフラ建設に先立つ、研究や調査、資金調達や土地収用などを含む行政的な準備にともなう介入の側面であり、ここでの地域住民の役割は行政への協力である。たとえ

表 4-1　灌漑事業の分析視点

分析視点	介入行為の例
生産的側面	
交通・運輸	・国家による多目的ダムの建設
農業生産	・水量調節
エネルギー生産	・発電
予防的側面	
洪水予防	・定期的な浚渫のための労働力動員
浸食予防のための浚渫	
保健衛生（マラリア対策，水汚染防止）	・マラリア防止型の水流設計 ・行政の保健部門との連絡・調整
準備的側面	
調査・研究	・水源地域のマッピングと灌漑受益地域の推計
土木工事と人的体制の整備	・水利組合の形成とマネジメントシステムの確立
省庁間連絡	・保健省や内務省との連絡
移転住民の補償	・移転先の確保，住居や補償条件の交渉
統治的側面	
紛争解決	・紛争調停主体としての水利組合の形成
食糧の安定供給	・上流－下流の利害調整，都市の食糧価格維持
災害予期・対応	・避難体制の構築，居住計画の見直し，インフラ再編

出典）佐藤（2019）。

ば事業経費の確保に際しては、地域社会に集金を委託したり、銀行等から融資を受ける主体になってもらう必要がある（Sampath 1992）。

最後に「統治的側面」がある。これは、水の分配という灌漑の直接的な効果にかかわるものではなく、水をめぐる対立の調停など、灌漑の結果としてもたらされる社会的影響に対処するための介入の側面である。上流と下流に位置する集落の水の分配をめぐる利害対立は、伝統的な集落レベルの自治組織に頼るだけでは解決が難しい。そうした時には地域住民の側が政府の役人に調停を依頼する場合がある。

インフラの維持管理をめぐる議論

では、しばしばインフラの機能そのものの管理に焦点が置かれがちであるが、課題の本質はインフラによって変化する便益や負担の分配が人々の間の利害関係にどう影響するかである。この調整に失敗すると維持管理作業に支障が出て、インフラ本来の機能を保てなくなる。

灌漑施設は規模が大きいほど利害の調整が難しい。タイにおける灌漑の近代化に関する透徹した歴史分析を行ったハンテン・ブラメルヒュースは「異なる利害と参加者の違いに応じて対立の様相も異なってくる。水路の航行には高い水位が要求されるが、米作農家はとりわけ収穫時に低い水位であることを好む」と指摘する（Brummelhuis 2005：154–155）。利害対立の範囲は特定の地域にとどまるとは限らない。灌漑の支流が毛細血管のように広がっていくことを考えると、その影響は下流地域にまでカスケード状に広く及ぶ。政府が出先機関として水利事務所を置く場合、その管轄範囲が下流まで及ぶことがあるのは、こうした灌漑の性質が呼び込む社会的要因による。

近年になって東南アジアの各地で水利組合が政府主導で設置されるようになったのは、大規模施設の長期的な維持に対応できる在来の組織が存在しない地域が多かったからであろう。たとえばインドネシアの水利組合の多くも、バリ島などの一部地域を除き、ボトムアップ的に自生したものではなく、大規模灌漑の建設にあわせて政府の指導でつくり出されたものである。古くから灌漑システムがある地域では、マンドロジェネとよばれる水番が集落の信託を受けるかたちで水の分配を担っている（小國 2016）。こうした水番も、政府主導の水利組合設置にともなって、組織の一員に組み込まれていくことが多い。

タイの地域コミュニティに立脚した「伝統的な水利組織」の多くも、政府が上流に大規模灌漑施設を作って、水が使えるようになったことへの対応から生まれたものであった（Ishii 1978：21）[13]。政府の王立灌漑局主導で地域住民を構成員とする水利組合がつくられたのは、政府が地域の協力を必要としていた証左である（友杉 1976：141）。これら水利組合の主たる機能は銀行から低利で融資を受けることであった。活動実績は別として、二〇一一年時点でタイ国内に一万二千以上の水利組合が存在することが確認されている（Ricks 2015）。水利組合を通じて農村金融という新たな住民との接点を確立した政府は、人々が必要な融資をあえて与えないことで力を行使できるようになる。こうして資源管理は、多様な側面で国家と社会の間に依存と権力の網の目を張り巡らせることになったのである。

権力の深さ――インドネシアの場合

このように、国家と社会の関係は決して固定的なものではなく、ダイナミックに変化する。変化の要因には地域住民の能力や人口動態、生業の移り変わりも影響するが、国家の関与の度合いも重要である。表4-2は、国家権力の浸透の段階を時系列で分けたものである。具体的には初期介入、継続的関与、関与の自然化、そして退出・退行である[14]。インドネシアを例に当てはめると、次のようになる[15]。

まず水利条件のよいバリや一部の上流地域を除くと、いわゆる伝統的な水利は土着のマンドロジェネに託され、オランダ統治時代の灌漑整備の際も、ほぼ同様の制度で対応できた。国家が本格的に灌

表4-2　灌漑分野に見る国家権力の駆動因と隘路

権力浸透の諸段階	駆動因（ドライバー）	隘路（ボトルネック）
初期介入	施設建設と生産拡大	土着の有力者など
継続的関与	インフラの維持管理	地域住民の協力
関与の自然化	地域社会の支援組織（政府主導の組合など）	政府の財源確保
退出・退行	農業部門の衰退，民間企業の隆盛，市民社会の発達	国家による利権の独占

出典）佐藤（2019：165）。

漑開発に乗り出すのは、一九七〇年代前半に高収穫品種の米の栽培が始まってからである（Lorenzen and Lorenzen 2008）。中央集権的に設計された灌漑システムは、運用と維持管理の面で国家に多大な負担となり、国家はそれを補填すべく各地に水利組合をつくって水利費の徴収を試みる。ＦＡＯによれば一九九二年までに全国で四〇〇の灌漑システムが伝統的なものから国家主導の水利組合に置き換わったという（FAO 1993）。

インドネシアが継続的関与から関与の自然化の段階に入ったのは一九九〇年代後半からであろう。水利組合の普及と形骸化は、国家の存在が自然化した段階で生じる。インドネシアのジョグジャカルタ特別州クロン・プルゴ郡で二〇〇三―〇七年に行われた調査によれば、国の都合でつくられた水利組合では、組合上層部の富裕農民と行政官との癒着が激しく、行政は富裕農民に利するような水の配分を何の疑いもなく続けていたという（Suhardiman 2018：48）。水利組合がどのような役割を果たしているにせよ、行政と住民の接触は水利組合を通じて常態化していく（平山 2016）。

先に述べたようにインドネシアの場合、バリ島の伝統的な水利組織であるスバックの例などを除けば、マンドロジェネが末端における水の配分を担当する場合が多く、ほとんどの地域では水利組合のような大きな組織は存在していなかった。財源節約と労力軽減のために維持管理業務をできるだけ地域に委譲したい政府と、維持管理業務を政府に担ってほしいと考える農民とのせめぎあいはインドネシアに限らず東南アジアの各地で観察されている[16]。

インドネシアでは、まだ国家の明確な退出・退行は灌漑分野では見られていない。今後、灌漑農地がほぼ飽和し、業務の中心が維持管理に移ったとき、いったん大きな利権を手にした灌漑局がどのようにして自らの役割を縮小していくのかは不透明である。ただし、洪水予防、土砂災害予防というニーズはむしろ増加する可能性が高いので、農業面だけで趨勢を見定めることはできない[17]。

水が高所から低所に流れること、農業生産や洪水予防で灌漑が重要な役割を果たすことは文脈を問わず万国共通である。こうした水資源利用の物質的条件の共通性は、かえって国や地域ごとの社会制度の違いを浮き彫りにしてくれる。似たような地理的・物理的課題に対しても、社会の反応はそれぞれ異なるからである。

5　地域に迎え入れられる権力

反転するインフラ的権力

森林と鉱物に着目した本書の第3章では、いったん奥地へと入り込んだ国家がどのような回路を通じて、その影響力を維持・安定化させていったのかという側面には光を当てていなかった。また、国家との関係から見れば、鉱物と森林は明らかに「商品化」がしやすく、外国企業にとっては輸出用として開発しがいがある資源であったという点で、本章の注目する水とは性質が異なっている。[18]

これに対して本章で注目した水は、国家による直接管理の難しい、本来はきわめて「分権的」な資源である。豊かな人も貧しい人も等しく水を必要とするが、水を完全に独占することはできない。だが、ダム建設にともなう大規模灌漑施設が稼働すると、幹線水路、一次水路への放流は政府の役人がこれを支配することになり、水を求める農民らによって優遇措置を狙った物品提供などの裏工作が行われるような事態も出てくる。[19] 上流での水量や放流のタイミングなどの恣意的な操作が行われれば、下流になるほどその影響を大きく被る。

恣意的に操作されるリスクを割り引いたとしても、乾季の収穫を可能にする灌漑の経済効果は絶大である。インドネシアの南スラウェシに建設されたビリビリ・ダムの流域では、受益地域の年間米生産高が二・二倍になり、月間農業収入が約二・四倍に増加した（国際協力機構 2016）。そのため、移住を強いられるなど事情がない限り、下流地域の農民は喜んで国家による水資源開発を受け入れる場合が多い。そして灌漑施設が一度建設されれば、その維持管理には参加せざるをえない。人々は、国家権力の磁場に自ら引き寄せられていくのである。

図 4-3　南スラウェシにおける二次水路と三次水路をつなぐ水門

出典）筆者撮影（2018年9月）。

一方で、大規模灌漑施設の建設をめぐっては、強制移住や補償に対する不満など、さまざまな抵抗があることも事実だ。たとえば国家主導の水路につながっていない小規模の溜池から水を汲み出している農民にとって、直接利用していない水路の維持管理に駆り出されるのは迷惑な話であろう。

このような政府による維持管理の放棄やコミュニティ灌漑の強引な置き換えは、水資源管理の領域で生じる典型的な反転である。政府は「住民主導」「住民参加」「地方分権」などのスローガンを掲げることで、いったん建設した施設の管理を住民に押しつけることを正当化できるし、「非効率」「前近代的」などの理由から、コミュニティの灌漑地を没収したり、軍を動員して人々を強制移住させたりすることもある。[20] あるいは灌漑水路の最末端にあって地図にも載らないような小規模の溜池の貯水量が、国家主導の水路変更に大きな影響を受けることもある。地下水を通じて形成されるこれら在来の溜池は、どれだけ地元の人々の役に立っていても行政に無視されてしまうことが多い (van der Meer 1988)。

典型的な「反転」が呼び込まれるのは、このように国家の暴力によって地域社会の自律性が解体されるときである。ただし、国家が行使する権力の形は、有無を言わせぬ専制的なものだけではない。

社会学者マイケル・マンによれば、「専制的な権力」とは、国家中枢のエリートがルーティン化され制度化された市民社会との交渉を経ずに行使できる力の幅を指す (Mann 1984 : 188)。私たちが国家権力を語るときに暗黙の内に想定しているのがこのかたちの権力である。これに加えてもう一つ、重要なタイプの権力があるとマンは言う。それは彼が「インフラ的権力」と呼ぶものである。インフラ的権力とは「国家の市民社会に実際に入り込む能力 (capacity) で、政治的な決定の結果を対象となる領域でまんべんなく実行する力」のことである (Mann 1984 : 189)。言い換えれば、自らが築き上げた社会基盤を介して市民社会に影響を及ぼす力である。

インフラ的権力は、いったんそのシステムに組み込まれると、簡単にはそこから抜け出すことができない。灌漑施設というインフラの場合は、施設の維持管理を通じて国家権力と人々との継続的な接触が生まれる。そうしたなかでの維持管理の放棄は、国家への反抗というよりは、地域社会の掟を破ることになるので逆らえない。このように、国家権力は地域社会の権力関係に編み込まれることで地域に深く根を張ることになる。

環境国家は、国家自らの意思で拡大しているわけではない点に強さがある。開発国家が意志と計画に誘導されたとするならば、環境国家はむしろ「意図せざる結果」の産物という面が大きい。灌漑を一つの典型として、国家はその生存維持に必要な物的資源の安定供給のためにさまざまな社会基盤を張り巡らし、その維持管理を通じて社会と交流・交渉する。そこでは国家が自らの意思を一方的に押しつけることは困難で、地域に暮らす人々の協力を巧みに喚起しなくてはならない。地域住民もまた、国家に抵抗するだけでなく、国家権力に頼ることが必要になる場面がある。第2章で見たように、たとえば灌漑施設を温床とするマラリア対策のために奥地に保健所ができるのは住民たちにとっては歓迎すべきことである。国家にとっても伝染病や重大な疾病を抑え込むことは安全保障の上でも優先課題である。ここには政府対住民という対立の構図はない。あるとすれば、国家と住民の絶え間ない交渉に基づいてつくりなおされていく新しい依存関係である。だが、政府と住民には明らかな力の格差がある。政府は幹線水路の配置を設計し、水量や放出のタイミングを変える力をもっている点で、やはり圧倒的な存在なのである。

反転に備える「協力への強制」

本章が国家の関与の類型化にこだわったのは、国家支配が強まる資源利用の過程で生じるさまざまな作業ごとに政府と地域社会の分担範囲を分析できれば、第2章で論じた「民衆の領域」を戦略的に位置づけて底上げしていく方向性が見えるだけでなく、責任のあいまいな中間的領域を半ばクッションとして反転のショックを和らげる道筋も展望できるのではないかと考えたからである。少なくとも国家と社会の依存関係を分析的に見ることで、国家対地域社会という単純化されがちな枠組みを乗りこえていく可能性が開かれる。

では、統治される農民の側にこうした反転の可能性に備える手段はあるのか。まず考えられるのは、下流での工事が完成するまでは用水利用を認めない制度の設計や、下流への優先配水を行うという手段である。実際、筆者の調査したインドネシアの南スラウェシでは、下流農民への優先的な配水が行われていたが、それを可能にしたのは水量の確保に問題がないことを裏づける実証実験と農民たちの納得に基づく上流・下流集落間の合意であった。[21]便益の配分操作をすることで集落間の不和を取り除くことは、地域の人々が互いに依存しあい助けあう「共助」の領域を拡張し、政府と個々の地域住民の間を取り持つ中間領域を鍛え上げることで、思いがけない「反転」に対する一つの防波堤となるだろう。

もう一つ考えられるのが「維持への強制」を建設的に発展させた住民同士の「協力への強制」である。それは、灌漑の設計が生み出す圧力を逆手にとって、分断しがちな農民を一つにまとめていく道である。[22]

冒頭で示した図4-1を加工した図4-4を見てほしい。新たに、幹線水路と末端水路とをつなぐ支線水路を長くとる設計（図の下）を考えてみる。この水路は、その長さゆえに村人たちが総出で掃除をしなければすぐに支障が生じ、下流はもちろん上流の農民さえも十分な水にアクセスできなくなるとしよう。一般的に考えれば、接続水路が長いと漏水や干上がりも多く、維持管理のコストもかかるので水の利用者にとって条件は悪い。だが、そのコストゆえに、上流の集落（村A）が下流集落（村B）の資金や労働力に依存せざるをえない状況をつくることができれば地域社会への影響は変わってくる。これは、「維持への強制」に対する、「協力への強制」と呼べるような技術的な仕掛けである。

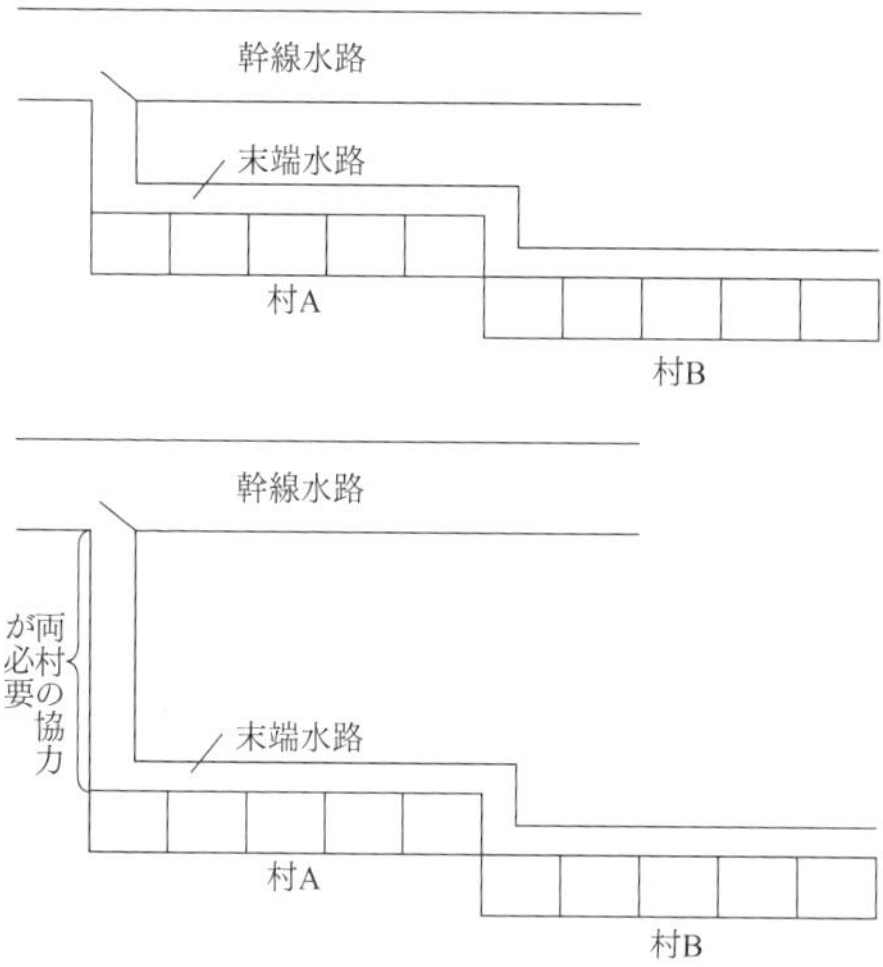

図4-4　協力への強制

出典）筆者作成。

水路の設計をどのように工夫すれば上流に暮らす人々が下流の人々に依存し、下流に配慮せざるをえない圧が生じるのか。これは他の事例にも適用可能な視角である。紐帯が密な地域社会も、その元をたどれば国家との対抗や交渉、あるいは国家の介入を必要とした過程の中でそうした連帯が育まれた可能性は否定できない。農民の政治力の源泉が団結や連帯であるとすれば、冒頭で見た上流・下流の利害対立の解消は、国家の専制に対して大きな抵抗力になる。

本章では環境国家における反転の一つの事

例として大規模灌漑の維持管理を検討した。そしてそこで発生する「維持への力」が国家と地域社会の新しい関係性を生み出していることを確認した。気候変動によって異常気象の頻度が増加するなか、国家と社会は水を介してますます密な関係をつくっていくだろう。本章で注目した「維持」の視角は、自然と社会の関係だけでなく、これからの国家と地域社会の関係を読み解く糸口になる。

第5章　備える力

――タイにおける共有地と自然災害

自然環境の不確実さを前に、国家と地域住民はそれぞれの「備え」をしてきた。私的占有を認めない国有保全林や共有地の設定はその例である。ところが、備える目的については両者の認識に大きな隔たりがある。こうした隔たりは、災害という非常時に最も顕著に露呈する。本章では、タイの共有地を事例として、津波災害時の共有地の機能、および共有地における国家の反転と住民の抵抗のせめぎあいを焦点に、反転に抗う地域社会のあり方を論じる。

1　共有地という備え

豊かな恵みの源泉でありながら、時に思いがけぬ災禍をもたらす自然と長く向き合ってきた人類は、それを手なずけるべくさまざまな英知を蓄積してきた。天候の異変や疫病の蔓延などによっていつ訪れるかわからない飢えを防ぎ、安定した生活を維持するために何ができるか。集落のレベルで人々が実践してきた工夫の一つは、誰の独占も認めない共有地（＝コモンズ）をつくることであった。ここでのコモンズとは、地域の共同体が森林、湖沼、漁場、放牧地などについて個人による占有を認めないような集合的資源のことである。私有の資源に乏しい農村の貧困層にとって、誰にも排除されることのない共有地は、生存を支える頼みの綱である。本章で見るタイの場合、共有地には水源地の保全や洪水の抑制といった環境上の機能から、薬草やキノコ、動物や魚といった直接的な消費の対象に至る多様な機能が備わっている。特に重要なのは、私有地として耕せる土地が減少したときの予備地としての機能である（重冨 1997）。

未来への備えは、地域コミュニティだけでは十分ではない。国家は国家で、安全保障を軸とする独自の論理と方法で将来の資源不足、戦争や災害を予見し、それに備えようとする。もっとも、備えに対する国家の発想と、地域社会のそれはつねにズレるわけではない。問題は、国家が不確実性につけ込んで、現在の利害関係を未来へと投射し、今を生きる地域社会に犠牲を強いるときである。共有地は、そのような国家の振る舞いが表面化しやすい場所である。多様な形態で存在していた共有地はいかなる過程で国家の制度に編入されて、その位置づけを変えていったのか。

経済成長と工業化を大義とする開発国家が私的所有権、交換、富の生産に大きな価値を置いてきたとすれば、共有地は、共同体内部での総有、直接消費、共同体の持続を基盤にしている点で対照的な存在である。(1) ヒト、モノ、カネのグローバル化が進んだ今もなお、農村の周辺に暮らす人々にとって共有地は大事な場面で国家に立ち向かうためのテコのような役割を果たしている。

本章では、タイの共有地が国家との関係において辿った道を振り返りつつ、二〇〇四年一二月に発生した津波災害後という非日常的な文脈で、共有地が新しいタイプの「備え」となって地域の人々の暮らしを守る手段に変わる様子を描く。災害は、それまであえて国家と距離をとってきた人々を表舞台に引きずり出すことがある。それは補償や土地の再配分をめぐって、国民としての資格が根本から見直されるからである。特に注目したいのは、住所不定で海の上を生活拠点にする海洋漂流民など、国の制度に取り込まれていない人々が、津波直後の非日常的な文脈で見せた共有地の巧みな利用の仕方である。そこから得られる教訓は、環境国家と地域の人々の関係を理解する手がかりになるはずだ。「備える力」は、単に地域社会に内在する結束力や協力の文化に起因するものではなく、国家との関係に規定される。共有地を通じて環境国家と地域社会との交渉のあり方を考えてみたい。

2　タイの土地問題

土地問題の発生

筆者が共有地と国家権力の関係を強く意識するようになったのは、一九九〇年代後半にタイ中西部の村に住み込んでフィールドワークを行った時からであった。現地で訪ね歩いた村の多くでは、「伝統的な資源管理」と呼べるような教科書的なコモンズは確認できなかったし、住民主体で管理されていた共有林の多くは、元をただせば政府の手によって外挿的につくり出されたものだった。つまり「住民参加型資源管理」とは、荒廃して生産性を失ったがゆえに政府がいったん手放した土地に、農民の労

図 5-1　東北タイのコンケンにおける共有地に植えられたユーカリと村人たち（左から４番目は筆者）

出典）筆者撮影。

働によって植林させる国家事業の別名だったのである。(2) 政府による森林保護の圧力は強まる一方なので、人々は国に利用を許可された「コモンズ」をびくびくしながら使わなくてはいけなかった。

そもそも共有地はいかなる過程で制度化されていったのか。共有地にかかわる国家制度として大きな影響をもったのは一九五四年の土地法典である。土地法典の規定により、農村部では農民自身の届け出に基づいて土地利用権が発行されたが、その手続きはかなり杜撰《ずさん》で、現場検証なしに証書が発行される場合が多かった。土地法典のもう一つの重要な特徴は、法律施行の一八〇日以内に申告されない土地は、すべて無主の土地に分類され、自動的に「国有地」に編入されることであった。ここには当然、誰も権利主張をしなかった共有地も含まれることになる。こうした背景から、あらかじめ証書を受け取った農民が、後から森林を開墾し、農地の占有を競うような事例があとを絶たなかったという（Khambanonda 1972：51）。首都圏にほど近いチョンブリ県やラヨン県で土地法典が施行されてまもなく行われた調査によると、人々の申告に基づく農地の総面積は、県の総面積の数倍にも上っていたという（Lekakul 1969）。

一九六〇年代までのタイ政府の方針は、土地なし農民に荒蕪地や森林への植民を促し、そこに何らかの地券を与えて租税源を拡張していくというものであった（友杉 1976b）。その時期における森林保全は政策としては存在しても、決して優先順位の高い政策ではなかった。森を拠点としていた共産主義勢力を封じ込めるという政治的な目的もあって、森林の開墾はむしろ広く奨励されていた。森林を切り開くということは私有地が増えるということである。人口に比して土地が豊かに存在したタイでは、長い間、労働力を支配する方が土地を支配するより価値のあることだった（Ingram 1971）。

土地は、開墾の労力をいとわなければいくらでも探すことができた。ならば、そもそも共有地のような制度が必要だったのはなぜだろうか。共有地が国家の制度として形成された背景には、換金作物生産の国家的奨励、およびそれにともなう森林や条件のよい未占有地域の稀少化による土地の相対価値の急上昇という二つの事情があった。一九五四年の土地法典と、それにともなう登記システムの体系化によって土地制度は包括的なかたちを整えたとはいえ、現実には証書が交付された地域は都市部に集中し、大部分の農村地帯では「チャプチョーン」と呼ばれる、古くからの慣習である先占に基づく土地利用が行われていた。

土地の登記は、単に一定区画の保有の公式な承認にとどまらない影響をもつ。土地は登記されることで、融資の担保や課税の対象となり、村をこえて国家とグローバル経済の一部に組み入れられていく。土地登記とは、土地という自然物の資産化であり、それによって本来不動のものを流動的に扱えるようになる。[3] 他方で、法律はもちろん、読み書きも身につけないまま慣習的に土地に暮らしてきた人々にとって、登記とは自らの手から畑や居住地が離れていく契機にもなった。[4]

もっとも、土地の支配権は貧しい農民から豊かな資本家へと一方的に移っていったわけではない。登記の作業は政府が行っていたのであり、そこには政府自身の土地領有にかかわる利害が反映されていた。タイの国土面積の四四％は国有保全林が占めているという事実からも、土地問題における政府の役割の重要性をあらためて見て取ることができる（タイ政府森林局ＨＰ）。[5] そして、まさに政府の役割が無視できないほど大きいために、土地問題は往々にして「農民」対「政府」という二項対立の構図の中で論じられる傾向が強かった。そうした対抗関係の歴史は第３章でも見たように一九世紀末ごろまでさかのぼる。

共有地への国家的関心

経済成長を最優先に考える開発国家が、やがて民主化や公害の問題に直面して環境国家へと変貌する過程では、共有地の位置づけもガラリと変わる。再びタイを例に考えてみよう。第３章で見たように、森林管理を司る森林局は、時代によって異なる省庁に帰属してきた。この事実は公共性の高い森林の社会的意味づけ、つまりは国家の共有地に対するまなざしがめまぐるしく変化してきたことを示している。一八九六年の設立当初、森林局は内務省の一部局であった。これは当時始まったばかりの西欧式の林業が外国企業との関係で国の政治的課題になっていた反映である。やがて森林局は一九二一年に内務省から農業省に移り、徐々に林業だけでなく保全に関する業務にまで守備範囲を拡張していった。農務省の中に移された森林局は、一九三二年六月の立憲革命を経て一九三三年に新設された経済省の一部となる。ここでは経済ナショナリズムの手段の一つとして林業が位置づけられたことがうかがえる（南原 2000）。

森の位置づけが変われば、その周辺に暮らす地域住民の位置づけも変わる。ただし、歴史の中で一貫しているのは、地域住民は伐採に必要な労働力とはみなされても、森林を育成保護する主体とはみなされていなかったことである。タイの初代森林局長が北部の地域住民を「半ば未開（half tamed）」の人々と蔑称したのは、彼らの森林管理能力を全く信用していなかったからである（Slade 1901）。農民への信頼の低さは、現在にいたるまで森林官僚の多くに共通する特徴であったと考えてよい。たとえば森林伐採が社会問題として取り扱われるようになった一九七〇年代から、森林が豊かな北部や中西部の森林地帯では「焼畑こそが環境破壊の原因」とする説が広く流布された。山地民の移動耕作を禁じ、低地に定住させて、必要な教育と支援を行うことは山地民政策の中心的な課題になった。森林局にとって「人」が視野に入ってくるのは森林との関係においてのみであり、その意味で、人々の暮らしに重大な役割を果たす共有地そのものに関心が向けられないとしても不思議ではなかった。

緩やかな反転——国家による共有地の取り込み

国家は自らにとって重要な共有地を囲い込み、そうでないものについては近代化の障害物とみなして私有化を奨励してきた。これが「反転」の契機になるのはなぜだろうか。それは環境保護の名の下に行われる国立公園や野生動物保護区の囲い込みが、共有地の没収にとどまらず生活空間全体の没収につながることがあるからだ。筆者が二〇一八年九月に森林局で実施した、国有地での土地利用権を管轄する部局の幹部へのインタビューによれば、国立公園や野生動物保護区など最も排他的な国有地の中にはなお一万人以上の住民が「不法に」暮らしているという。また「厳格さ」という点では保護区ほどではないものの、国有保全林が実際の森林被覆面積よりも多く計上されている事実は、「保全林」のかなりの部分が実際には「森林ではない」証左である。

こうした上からの介入に反応するかたちで、地域住民主体のコミュニティ林が脚光を浴びるようになり、国際機関も後押しするようになったのは、ようやく一九八〇年代から九〇年代に入ってからであった（井上編 2017）(6)。皮肉なことに、この間急速な経済発展をとげたタイでは、農業が国民総生産に占める割合が急速に低下し、森林に依存して生活していた人々の数も大幅に減少していた。国連食糧農業機関（ＦＡＯ）の統計によればタイで農林水産業がＧＤＰに占める割合は二〇一六年の段階で八・三％に過ぎない（FAO 2018）。

表5-1は、一九九〇年代のタイにおける土地問題を地域別に類型化したものである。表からも明らかなように、問題化する事案の多くは「国有地の囲い込み」であり、次に多いのが国の占有してい

表 5-1　タイにおける土地問題の地域別類型

問題類型＼地域	北部	東北部	中央部	東部	南部	合計	%
国有地の囲い込み	88	41	17	34	82	262	35.40
プランテーション	—	42	—	7	9	58	7.84
観光地開発	1	—	—	1	5	7	0.95
鉱山採掘権	8	2	1	1	2	14	1.89
政府施設地	4	1	1	2	3	11	1.49
農地改革地	8	—	—	4	6	18	2.43
軍事利用地	14	2	10	9	5	40	5.40
公共地	2	36	45	14	22	119	16.08
王室の土地	2	2	5	4	4	17	2.30
民間地	24	9	9	6	—	48	6.49
地券の不法な発行	10	6	—	4	2	22	2.97
詐欺による土地の剥奪	—	—	—	3	—	3	0.14
資本家による囲い込み	—	—	—	11	—	11	1.49
地券の未発行	—	—	8	—	—	8	1.08
住民居住地	—	—	—	—	—	102	13.78
合計	161	141	96	100	140	740	100

出典）*State of the Thai Environment 2005*, Green World Foundation, State of the Environment in Thailand, Bangkok: Green World Foundation (in Thai), p. 210.

る「公共地」をめぐる問題である。ここでの「公共地」とは、放牧地など地域の公益に照らして私的占有から守るために法的に認知を受けた内務省管轄の土地を指す。

さらにこの表からわかるのは、同じタイの中でも地域によって問題の特性が異なるということである。国有地の囲い込みをめぐる問題は北部と南部に多く、公共地をめぐる問題が中央部に多い点は注目すべきだろう。国有地の大部分は森林であることを踏まえると、北部と南部に係争が集中していることは理解できるし、逆に森林地が少ない中央部では、私有地とのせめぎあいという観点から内務省管轄の公共地が問題化していると考えられる。

しかし、経済が発展して近代的な社会制度が整い、人々がそれなりの発言力を獲得して社会的弱者を支援するNGOやマスコミも発達してくると、これまで無視され、もみ消されてきた多くの出来事が「問題」として公共の議論の場に姿を現すようになる。その顕著な例は、一九九七年三月に行われた、「貧民のフォーラム」と呼ばれる農民の連合組織が東北出身の農民を一万人近く動員した国会議事堂前での座り込みである（Baker 2000）。そこでは、ダム建設などにともなう立ち退きを含む、森林や土地の利用権に関する問題が最も切実な要求として政府に突きつけられた。

デモに参加した農民たちが問題にした「国有地の囲い込み」の中でも特に影響が大きいのが、自然保護の名の下に行われる囲い込みである。政府は「囲い込み」に対する国民の不満に応えるかたちで共有地の管理権を地域コミュニティに付与する政策を進めてきた。民主的な響きをもつ「コミュニティ林」も、国にとってとりわけ重要な保護林の外側にある衰退林と呼ばれる森に設定される場合がほとんどである。しかも、「コミュニティ林」の管理主体が行政であるという事実は、それが地域主体ではなく、行政主導の事業であることを示唆している（重冨 1997；藤田 2008；倉島 2010）。

「地域の人々のために」実施されているはずの一連の政策が、かえって人々を国家権力の歯車として組み込んでしまうという「反転」現象は、「民主化」や「地方分権」がことさらに強調されるようになった一九九〇年代以降の東南アジアで顕著に見られた。ただ、人々はだまって国家権力に翻弄されてきたわけではない。彼らはさまざまな工夫をしながら国家権力をかわし、反転を抑え込む努力をしてきた。以下に、そうした努力の具体的な例を見てみよう。

3　津波被災と反転する災害支援

前述したとおり、潜在的な土地問題が最もわかりやすいかたちで表面化するのは、災害時など国家の非常事態においてである。そこでは被害の補償のために身分や資格を確定する作業において、それまであいまいにされてきた法的な帰属や権利問題が一挙に表出するからだ。

筆者が土地をめぐって翻弄される人々を見たのは、二〇〇四年一二月の末にスマトラ沖地震の津波で打ちひしがれたタイ南部の沿岸部においてであった。津波が直撃したのはプーケットをはじめとする国際的に名高い観光地であったため、約一千人のスウェーデン人を筆頭に四〇か国出身の約五千人が亡くなっている（佐藤 2005）。被災者には漁業や建設労働に従事していたミャンマー、ラオス、カンボジアからの出稼ぎ労働者も多数含まれていた。不法労働者が多くを占める彼らの家族は遺体の確認に立ち会えない場合も多く、身元不明者の大多数はこうした出稼ぎ労働者であったと考えられる。

災害は被災者の居住地からの退避を余儀なくするが、すっかり姿を変えた元の土地に戻るにあたっては、近隣住民との間の権利問題が避けられない。特に顕在化したのは、津波を本来の所有権を行使するための好機と捉えた沿岸地域の法律上の土地所有者らと、実際その地に長く暮らしてきた「不法」居住者との間の確執であった。地域住民にとって土地は居住地であるだけでなく、生業の場所であり、地域の人間関係を含む最も基本的な生活基盤である。他方で、そこで暮らしていない行政官にとっての土地は保護や管理、徴税などの対象にすぎず、資本家にとっては投資の対象としか映らない。

タイの津波被災地における土地問題を類型化すると、(1)森林局の土地、(2)王室所有地、公有地、(3)港湾局の所有地、(4)民有地の四つがあったが、そのいずれにおいても不法占拠の問題が深刻であった。「森林局の土地」とは、具体的には国立公園や国有保全林のことであり、そうした地域に暮らす人々は居住の年数にかかわらず「不法」とみなされることが多い。二〇一七年の森林局の統計によれば、タイ全土の国有保全林の総面積は一・四三億ライ（約二二八〇万ha）であるのに対して、森林被覆面積として計上されているのは一・〇二億ライ（約一六三二万ha）であり、実際の森林面積は「保全林」の三割ほど少ない（タイ政府森林局ＨＰ）。いわゆる「国の土地」に不法に居住している人々の中には、法律が定める以前からの居住者もいるが、もともと土地証書を保持していなかったり、書類を津波で流されてしまったりという事情で、居住の実態を証明できない人も多かった。土地証書をもたないということは、そこに恒久住宅を建てる資格がないことを意味しており、そうした人々は政府との対立を覚悟して旧居住地に戻るか、仮設住宅に長期間暮らすか、という厳しい選択を迫られる。土地紛争が決着しないことによる電気・水道などのインフラ整備の遅れは援助活動の障害となり、恒久住宅への移行プロセスをさらに遅延させた。

行政機関には、それぞれの利害がある。内務省にとっては、観光地として再開発が計画されていた沿岸地域から津波によって住民が退去したことは予期せぬ幸運であった。内務省の傘下にある県の行

表 5-2　津波被災地域と土地紛争（2005 年）

県	被災地域の数			土地所有が不確定な地域の数
	郡	タンボン行政区	村	
パンガー	6	19	69	14
クラビ	5	22	112	13
プーケット	3	14	63	12
ラノン	3	10	47	6
トラン	4	13	51	15
サトゥン	1	17	70	23
総計	25	95	412	81

出典）Chulalongkorn University, *Land Problem Situation Before and After the Tsunami and the Role of Government*, Seminar Report. Bangkok: Faculty of Political Science & Institute of Asian Studies, Chulalongkorn University, 2005（タイ語）.

政府はこの機会を利用して厳格なゾーニングを実施し、沿岸地域での居住、とりわけ土地所有権をもたない人々を元の居住地に戻すことを頑なに拒んだ。そこから行政はさらにふみ込んで、安全上の理由から海岸沿いにおける家屋の建設を禁ずる政策に出たために、伝統的に舟着き場の近くに住居を構えてきた漁民と各地で対立することになった。

このように、政府機関と産業資本による土地の囲い込み、資本家や観光産業による囲い込みは多方面で弱者の生活を脅かし、津波そのものの被害に追い打ちをかけた。

表5-3はタイの国家人権委員会が仲裁のために介入した津波被災地域における土地紛争の代表的事例である。そこには、あるパターンを見て取ることができる。まず、南部で錫などの比較的豊かな鉱物資源の採掘権を獲得した企業が政府所有の公共地を借り受ける。次に、借地権が切れた後にそれが政府に返却されないまま企業の「私有地」となり、最終的に特定個人の所有地になってしまうというパターンである。その背景には県や郡の土地局担当官と地主

表 5-3　パンガー県における土地紛争の例

村名	問題	各ステークホルダーの主張		人権委員会の判断
		住民側の主張	地主の主張	
レムトン村	先住者と民間企業との間の土地競争	1971 年よりこの土地に居住してきた。1976–77 年に鉱山採掘権が企業に付与されたのにあわせて，多くの村人が入植した。	The Far-East Trading and Construction 社が正式な土地証書をもっており，2003 年から所有地は確定している。	法律によれば採掘権が失効した土地は，元の所有者に返還されなくてはならない。この場合，土地の一部は住民に帰属し，その他は政府の土地であった。会社は鉱山企業から採掘権を買い受けたものの，土地に対する権利はもたない。
トプワタン村	先住民と民間人の地主による土地紛争	長老の証言や航空写真で確認する限り，人々は過去数十年，この地域に居住し続けてきた。	県土地局の担当官が 1972 年に発行した地券を購入した。	この地主が 1 年以上にわたって土地を実際に利用してこず，その間に人々がその土地を利用していた場合，法律に則り，地主は土地に対する所有権を失う。
ナイライタワントック村	先住民と民間人の地主による土地競争	鉱山会社が採掘権を獲得する以前から人々はこの土地で生活してきた。鉱山開発は 1957 年に始まり 1974 年に終了した。開発前から終了後に至るまで人々はこの土地で生活してきた。	地主は，問題の土地の所有権を某金融会社から 2002 年に購入した。	問題の土地に暮らす権利は先住民の方にある。土地が金融会社に売られる前の段階でも，そもそも地券が不正に発行されていた。本来は，鉱山開発が終了した段階で土地の所有は国に戻されるべきであった。もう一方の種類の土地については，2002 年以降も実際に居住を継続しているのは先住民であるという点から土地所有権は彼らにある。

出典）国家人権委員会による事例研究報告書（日付，著者情報なし。原語はタイ語，筆者訳）。

との癒着があったと想像せざるをえない。一般の民衆が、この駆け引きに参加できるはずもないからだ。「自然災害」への対応は、被災者の救援という領域をはるかにこえて、人々と土地の関係を問いなおす大問題に発展し、土地証書はもちろん、国籍すらもたなかった沿岸の人々を苦しめる結果になった。政府に存在を悟られることを嫌った不法移民、労働者らは緊急支援からも逃げ回らざるをえなかったのである（佐藤 2016）。

津波という非日常的な出来事に最も翻弄されたのは、被災地域に居住していた先住民たちである。津波前後の海洋漂流民（モーケン）について緻密なフィールドワークを実施してきた文化人類学者の鈴木佑記は、津波被害にともなって世界のNGOが被災地の先住民に注目するようになった結果、共感を集めた彼らに大量の支援金が集まるようになり、モーケンの居住地を管理する国立公園局の出先事務所に資金の一部が横流しされた可能性を指摘する（鈴木 2016：250）。お金の流れだけではない。国境管理の厳格化、国籍の付与など、先住民と行政との関係は津波を契機に緊密化した。(7) 国立公園の指定にともなってダイビングスポットと化した海域では、地元の生業であった漁労活動（ナマコの採捕）が季節に応じて制限されるようになった。これらは共有地の国有化にともなう反転の例である。

辺境の人々の国家制度への編入は、国民の保護や各種の権利付与という点で人々の助けになる面もある。鈴木によれば、国籍の取得を求めるモーケンも多いという（鈴木 2016：268–270）。だが、その一方で、それまでのように国境をこえて自由に行き来する生活がいったん国家に取り込まれてしまうと、人々は「反転」に対して脆弱になる。国家による共有地の囲い込みは、地域住民の備えを奪うことによって成り立っている。だが地域住民の集まりが国家を支えているとすれば、そもそも国家にとっての「備え」とは何なのだろうか。国家を見放した人々は、地域の仲間と生きる道を模索する。そしてその営みの軸になるのは、国家による取り込みの力をかわす戦略である。

4　国家をかわす

新しいモラル・エコノミー

人が生きるうえで最も大切なものは、平時よりも有事の際にはっきりと姿を現すものである。それは単に物質的なものだけではなく、宗教や民族的アイデンティティなど、「自分は何者であるのか」という問いへの答えも含むものである。世界の多くの場所で、共有地が資源の予備としての機能にとどまらず、地縁共同体のシンボルとして、あるいは霊地として位置づけられてきたことは、人々の「備え」が思いのほか深いものであることを教えてくれる。

そうした「備え」を底辺で支えているのは、かつてジェームズ・スコットが「モラル・エコノミー」と呼んだ相互扶助の規範である。モラル・エコノミーとは、旱魃や飢饉、天候不順や、地主による地代の搾取など、不定期に訪れる外部からのショックに対して農村社会が抵抗し、対応するための慣習や技術の総称である（Scott 1976）。アジアの農民は地域にかかわらず、個人の所得や地位の向上よりも集団としての生存維持を優先する伝統を育んできた。スコットは、東南アジアにおける農民の生存戦略は、利潤の最大化よりも最低限の生活の確保と安定を目的とし、農村社会に見られる寛容、共有地、ワークシェアリングなど一見すると不合理な慣習の多くは、この原理に照らしてきわめて合理的であると主張した（スコット 1999）。つまり、ある期間の平均所得を最大化することよりも、少しも飢えないで済むことを優先するという集合的な規範があるというのだ。共有地はこうした規範をもつ農村において、まさに非常時のクッションのような働きをしてきた。

近代化による貨幣経済の浸透は、伝統的なモラル・エコノミーを過去の遺物にしてしまったように見えるが実際にはそうとも言えない。著名な観光地として完全に貨幣経済化されていたタイの津波被災地でさえ、村落社会の慣習的な協働をこえた自己防衛の活動が見られた。「ショック」のある部分に対しては、人々が従来からもっていた相互扶助の伝統（食べ物の融通や老人・子供の面倒を集落単位で見るなど）が生きた場面も多かった。

しかし、これらの相互扶助は親族ネットワークを通じて営まれる場合が多く、津波のような大規模で壊滅的な外部ショックにはしばしば不十分である。そこでは集落をこえた主体による支援が大きな役割を果たす場面が出てくる。そうした外部からの「支援」がどのような影響をもたらすかには、介入する外部者の性質もさることながら、支援を受け入れる地域社会との相互関係が重要である。現場の人々は、津波という非日常的なショックにどのように対応したのだろうか。そして、そうした対応の中で共有地が果たした役割とは何だったのだろうか。

メディアとの連携――パトン郡パクダン運河沿いの集落

世界的な観光地であるプーケットには、パトンビーチと呼ばれる有名な砂浜がある。その脇には、海に流れ込むパクダン運河沿いに「チャオレー（海の民）」と総称される一五世帯ほどの人々がひっそりと暮らしていた。法的には彼らの居住地の所有権は政府港湾局にあり、彼らは「不法」にその土地を占拠していた。彼らは漁労によって生活を成り立たせ、収穫の一部を売りながら現金収入を得ていた。ところが津波によって家屋のすべては押し流され、人々は高台への避難を余儀なくされる。幸い、死者は出なかったものの、土地所有権をもっていないという理由で当局は人々が元の土地に家屋を再建することを認めなかった。この地域は、もともと政府が観光地開発の一環として再開発を計画している場所であり、当局は村人たちの存在を邪魔だと考えていたのである。

村人たちは被災後、内務省の規定にしたがって家屋の全壊に対して三万バーツの補償を申し出ることができたが、政府側が示した受け取りの条件は、それ以外の公的支援の権利一切を放棄するというものであった。度重なる当局による退去命令にもかかわらず、人々は三〇年以上この地域に暮らしてきた事実を盾にしてＮＧＯおよびマスコミ（とりわけ、大手テレビ番組配信会社のｉＴＶ）の支援を受けながら旧来の土地での恒久住宅建設を強行した。この出来事は広く報道され、チャオレーに対する支援の輪は広がり、それによって政府も退去命令を撤回せざるをえなくなった。仲介に入った政府直属の「津波被災六県における土地問題解決委員会」は、彼らの継続的な居住を認め、人々はそれなりに安定した暮らしに戻っている。

正式な行政的位置づけをもたないこの集落の人々が、暫定的とはいえ生活拠点の防衛に成功したのは、津波災害という注目度の高い出来事を背景とした世論の後押しがあったからであることは間違いない。しかしこうした経験を経て、周辺のマイノリティがそれまで連帯の対象とみなしてこなかったメディアを含む外部世界の「使い方」を学んでいたとすれば、一連の復興過程には単なる生活防衛以上の長期的なエンパワーメント効果があったと考えるべきだろう。

政府との新たなシナジー――トラン県ムック島村の事例

一部の被災地では、従来、人々から敵視されていた政府の森林局と協力関係を結ぼうとする人々の工夫が見られた。その一例が、トラン県ムック島村における新しい連帯への動きである。海岸沿いを不法に占有しながら暮らしていた島民は津波によって多くの仲間を失った。津波の再来に対する恐怖、政府の安全指導による退去命令、正式な所有権をもたないという不安定な身分などの悪条件が重なり、この地域の人々は内陸に生活拠点を移さざるをえない状況に追い込まれていた。住民たちは話し合いの結果、島の周辺にある国有保全林およびマングローブ林保護地域に指定されている土地に生活場所を求めることを決意する。つまり、本来は個人占有が認められていない国有林の中に借地を願い出るというわけである。住宅の建設については、津波被災者救援を目的とする国連開発計画（UNDP）とNGOの連合体であるセーブ・アンダマン・ネットワーク（Save Andaman Network）から一四八戸分（総額一〇〇万バーツ）の費用負担をとりつけることに成功した（Save Andaman Network 2005）。

島民たちの動きは、安全上の理由で居住地を変更するという以上の意味をもっていた。漁民が主に暮らしてきたムック島では、近年、急速な観光地化が進み、地主が土地を手放すたびに、そこを借地していた島民たちが移動を余儀なくされるという事案が続出していたのである。国有地であれば、資本家による立ち退きの圧力を法的にかわすことができる。つまり、人々は既存の借地権という個人的便益を犠牲にしても、みなで国有地の保護下に入ってコミュニティとしての安全な定住を求める方法を選択したのである。

こうした戦術が住民の力だけで起動したとは考えにくい。津波を、支援活動を展開する機会と見て各地の被災地に入り込み、知恵を授けた国際機関やＮＧＯの果たした役割は大きかった。これらの外部アクターは資金面で協力しただけでなく、村人たちをグループ化し、合意形成を促し、法制度の面からも彼らに加勢することで政府との交渉力を底上げする役割を果たした。こうした外部資源を得ることができたという面では、ムック島の津波被災者の経験は不幸中の幸いであったといえるだろう。

このように津波とその後の復興過程は、期せずして投資家のこの地域に対する関心を呼び覚まし、各地で土地紛争の火種をつくっただけでない。証書はもたずとも昔からその土地に暮らしてきた人々の根強い抵抗運動をも喚起した。津波という非日常的な災害の下で展開されたのは、近代化を乗りこえて展開される新しい形態のモラル・エコノミーであり、人々による生活防衛の工夫であった。突然の災害の直後に、保険や家屋の強化といった個人レベルの防衛策ではない、コミュニティとしての集合的なリスク対応を選んだ人々がいたという点は注目に値する。

事例のまとめ

タイの津波被害が環境国家について教えてくれるのは、支援を受ける側の人々も、それぞれの立場に応じた工夫をしながら災害の中にわずかな機会を見出して、新たな連帯と規範を構築していたという事実である。それまで敵視されていた森林局の国有地にもぐり込むという「最終手段」をもって観光地化と市場経済の波から生活を守ろうとしたムック島の人々の動きは特に印象的であった。そこには、伝統的なパトロン‐クライアント関係をこえて、既存の法制度をしたたかに利用しながら、より直接的で手ごわい市場経済の脅威をかわそうとする人々のたくましい姿があった。被災者は津波によって精神的にも物質的にも多くを失った。しかし、その後援助や支配という多様な志向性をもつ外部諸力と対峙するなかで、コミュニティとしてまとまりを強化し、それまでとは異なるタイプの相互扶助の形式を惹起したことは絶望の中の希望であった。

5　先見的国家に備える

ここで本章のまとめとして、環境リスクと国家の関係を考えてみよう。「リスク」とは、一般に「望ましくない危険の大きさ」×「その事象が起きる確率」によって算出される（瀬尾 2005）。国家から見ると「リスク」とは、ある蓋然性の下で生じる科学的な認識である。たとえば大気汚染という環境問題が、誰にとって、どの程度深刻な問題であるかは、その空気を吸う人間の属性（健康状態や年齢など）、場所の属性などさまざまな要素を統計的に処理してはじめて特定できる。このように、リスクは個人の経験とは独立した世界で「問題化」されるという特徴がある。ゆえに一連の視察の前提となる「想定」は、特定の前提に基づくモデルやシミュレーション、専門家による助言などに基づくものが多い。国家は、戦争や災害などさまざまなリスクを想定して、いざというときのために計画と施策を先見的に講じる。気候変動に関連した災害の想定と、それに対する備えについては今後もいっそうの国家による介入が見られるであろう。

一般に、環境リスクに対処する道は二つある。一つ目はさらなる成長が生む技術革新によって、技術的にリスクを抑え込んでいくこと、二つ目は、開発の限界を認識し、現状の延長線上で人が豊かに生きられる経済のかたちを模索することである。後者はリスクと共に生きる道と言い換えてもよい。現実の政策論としては、前者が圧倒的な支持を得る。それは、誰もあからさまには犠牲にしない政策だからである。ゆえに、次の選挙で再選を果たさんとする政治家にとっては安全な道になる。環境保全が主要なアジェンダになった後も、開発主義の時代にインフラ建設など「目に見える」社会政策が重視されたのと同じように、技術的対応を前面に出し、経済成長のイデオロギーは変更しないという前提で開発論的な解決が模索されることが多いのは、このためである（末廣 2000：118）。

環境国家の本格的な到来は、開発が自然界に与える負の影響を社会全体として認識し、そうしたリスクを制度や技術の工夫によって抑え込むことができるという信念の確立と軌を一にする。リスク研究の第一人者であるドイツの社会学者ウルリッヒ・ベックはこれを「未来の植民地化」と呼んだ（ベック 1998）。本書のテーマに引きつければ、リスクへの対処を入口に未来の植民地化を主導するのが環境国家ということになる。

共有地の支配をめぐる問題は、未来の先取りに関する問題である。とりわけ国家の存在感が前景化する非常時には、「本来その土地に暮らす権利をもつ人々は誰か」という認定が盛んに行われるが、そこには排除の論理が内包されている。だが、環境保全政策は人々の関心を森や土地といった自然そのものに向けてしまうので、排除された人々が被る反転の影響がなかなか見えてこない。推計値には幅があるものの、インドネシアやフィリピンといった島しょ国は気候変動にともなう海面上昇の被害が特に深刻であると予想されている（Hernández 2010）。気候変動に関する政府間パネル（ＩＰＣＣ）の報告では、何の対策もとられない場合、二メートルの海面上昇はアジア地域を中心に一億八千万人の人々に移住を強いる結果になると警告している（IPCC 2014：770）。こうした予想をふまえて、国家にはますます大きな裁量と権力が与えられるようになる。

「未来への備え」と聞けば耳触りがよい。だが、それは同時に未来に関する決定を政府や専門家にゆだねることを意味する。それが危険なのは不確実性が隠れ蓑になって、その時々の権力者の利害が「備え」に刷り込まれることがあるからだ。福島の原発事故を挙げるまでもなく、政府と専門家の判断に身をあずけてしまう危うさと、彼らの「先見」の無謬《びゅう》性を過信する危うさは日本人が一番よく知っているはずである。最も大きな被害を受ける地域の人々が想定外の災厄から回復できるようにするためには、彼らを国家の枠組みに取り込んで法的にまっとうな国民として位置づけるか、あるいは身分にこだわらずに一定の自律性を保障するべきかを、両にらみで検討しなくてはならない。実際、権力から距離を置いて暮らしてきた人々は制度のはざまを巧みに立ち回って生き抜いてきた。「備え」という新たなロジックで勢力を拡張しつつある後発の環境国家に対し人々が自己の生活を防衛するうえで、本章で見たような外国の機関やメディアの果たしうる役割は非常に大きい。

国の備える力は、地域の人々の備える力と衝突することで反転を呼び込むことがある。国有保全林への共有地の没収は、その最たる例であった。災害に備えるという国家の営みは、本来、それを構成する地域社会の一人一人の力に依存している。その正当性もまた人々からの支持によって成り立っているはずである。標準化と規格化によって未来の予測可能性を高めようとする国家の計画に対して、現場で政策を受け止める人々は、自らの「備え」のためにその計画をしばしば裏切っていく。国の開発計画を精緻化しても、それが反転して逆効果を生むことがあるのは、国家が地域の人々の側の多様な「備える力」を不当に軽視しているからである。この反転の種は、国家という存在が公益の名の下に力ずくで可視化と画一化を押しつける限り、取り除かれることはないだろう。

第6章 手放す力

――カンボジアの漁業と利権放棄

多様な生業が見られる東南アジアでは、魚の回遊にあわせて居住地を移す水上生活者が存在する。その最大の集団がカンボジアのトンレサップに暮らす人々である。本章ではトンレサップの漁業に注目し、一〇〇年以上の伝統がある排他的な漁区システムを政府がコミュニティに全面開放するにいたった背景を分析する。そこに浮かびあがるのは環境国家が空間の囲い込みだけではなく、いったん囲い込んだ空間を「手放す」ことでも自らの影響力を維持・拡大できるという可能性である。

1 動き回る資源の囲い込み

一七〇万人の水上生活者

初めてカンボジアのトンレサップ湖を訪れたときは本当に驚いた。地平線がはるか彼方に見える東南アジア最大の淡水湖に、推定で一七〇万人以上の人が一、五〇〇以上の集落に散らばって水上生活をしている（Sithirith 2014：597）。しかも、雨季と乾季とで湖の面積は数倍のスケールで伸縮するので、それにあわせて人々は居住地を変え、時期によっては陸地に上がり半農半漁の生活をしている人

図 6-1　トンレサップ湖周辺のコンポンプルックの高床式住居群

出典）Tohl Dina 氏撮影（2012 年 2 月）。

も多い。陸上の定まった範囲で生業を営むことがあたりまえの世界から来た筆者にとって、トンレサップの景色は実に新鮮であった。

湖の上にこれだけの人が暮らしているのには、それなりの理由がある。年間を通じて気候が快適で、豊かな漁業資源に支えられているため食べるものに困らない。高床式の学校や保健所もあるので、ボートがあればたいていのことは事足りる。彼らにとって住む場所も、生業を営む場所も自由に選べるというメリットがあった。

しかし、一見平和なこの地域も、資源の豊かさゆえにさまざまな対立と抗争の舞台となってきた[1]。対立の火種は、魚が多く集まる場所をめぐる縄張りの問題であった。後に述べるように、政府は仏領植民地だった時代に漁区システムという漁労活動の許可制度をつくり、豊かな漁場を区画化して個々の区画における漁業権を競売にかける方式を採用した。生産性の高い漁場を競り落とした漁民はフェンスで漁場を取り囲むなどして権益を守ることに躍起になったが、それでも不法漁業は後を絶たず、農地拡張のための浸水林の伐採、米農家と漁民による水と土地の奪い合いなどもあって、湖の利用に関する対立は混迷を極めてきた（Ratner et al. 2017：73）。

このように経済発展や環境保全の面で重要な位置を占めるトンレサップをめぐって、二〇一二年三月一二日に重要な政策が発表された。一〇〇年以上の伝統をもつ漁区システムの完全撤廃が打ち出されたのである。二〇〇〇年に漁区面積の削減政策が実施されたことはあったものの、完全撤廃が勧告されたのはこれがはじめてである。ところが、施行直後の時点ではトンレサップの零細漁民を喜ばせたこの政策は、資源の急速な減少というかたちでじわじわと人々を苦しめつつあることがわかってきた。頻発するエルニーニョの影響もあってか、湖で収穫できる魚の大きさと種類は明らかに減少しているというのだ（Seiff 2017）。

本章の目的は、この漁区システムの廃止がもたらした影響を環境国家の反転という観点から検討することである。特に、自然の資源化を取り巻く国家と社会の関係を考えてみたい。東南アジアの資源管理について論じる先行研究の多くは、政府が環境保全や民営化による経済開発の推進といった美名の下に諸資源を独占的に囲い込み、それが地域住民との対立を深めるに至った背景を説明しようとしてきた。(2) そうしたなかで、多くの零細漁民が諸手を挙げて歓迎した稀有な事例が、トンレサップの漁区開放政策である。しかし、国家の支配を抑制し、住民の自由を保障したかに見えたこの政策も、一歩引いた視点から広く眺めてみると一種の「反転」として捉えることができる。本事例は、前章までに見た「維持」や「備え」による積極的な介入と囲い込みではなく、あえて「手放す」という環境国家の権力行使に光を当てる。

古典的なコモンズ問題

前章までに見た森林、鉱物、水と比較して、漁業資源は保存がきかないという性質から、長くローカルな消費に向けられてきた。これは遠くに運び出すという前提で伐採・採掘され、保存もしやすい木材や鉱物とは大きく異なる特性である。魚はローカルな指向性をもつという点では水資源に近いが、冷蔵・保存技術が発達すれば商品価値は高まるし、何よりも重要なたんぱく源として人々に直接消費される点で、独自の管理方法を要求する。

漁業資源の管理は典型的な「コモンズ」の問題として、長く議論されてきた。生物学者ギャレット・ハーディンが有名な論文「共有地の悲劇」（一九六八）を執筆する一〇年以上前にコモンズの問題を定式化した研究者らがまず注目したのは漁業であった（Gordon 1954）。前章で見たように「コモンズ」とは、その性質上、潜在的な利用者を排除できないような共有資源である。森林や漁場といった地域に固有の共有資源がコモンズになるのは、共有資源がコミュニティの生存に不可欠であるからだけでなく、特定の人を排除するのに莫大な費用がかかるからだ。他方で、こうしたローカルなコモンズのもう一つの重要な性質は、利用者が増えることによって資源が劣化したり、減少したりしてしまうことである。ただし資源に対する需要が低ければ、利用者同士の競合が生じないので、ほとんど問題にはならない[3]。

国家は、コモンズの持続性を維持するために二つの方法を用いてきた。一つは市場原理の利用、もう一つは政策による規制である。それぞれの課題や問題点については多くの研究者が言及してきた。第一の市場に任せるという方法は、新自由主義的なアプローチのことで、資源の一部を商品化することで地元民の保全意欲を高めようとするものだ（Castree 2008a；Castree 2008b）[4]。東南アジアの文脈ではコーヒーや木工品、キノコやタケノコの商品化が森林保全との関係で注目されてきた（Nevins and Peluso 2008）。二つ目の政策は、国家による資源の「囲い込み」という、より国家の意図を前面に押し出したアプローチである。囲い込みをめぐる議論は、これまで主に森林や土地を対象に展開されてきた（Hall et al. 2011）。

現実には二つのアプローチは密接に関係している。コモンズにおける天然資源の大規模な商品化は政府の承認を前提とすることが多いからである。そして商品化の「成功」は資源の囲い込みと地元住民の排除をともないがちであることにも警鐘がならされてきた（Dove 1993）。

囲い込みを通じた国家権力による排除を捉えた概念が「領域化（territorialisation）」である。これは農村社会学者のピーター・ヴァンダギーストとナンシー・ペルーソが定式化した考え方で、「人々を特定の地理的領域内に包含したり、そこから排除」したりすることで、「その領域内における人々の行動や天然資源へのアクセスの制御」する動きを概念化したものだ（Vandergeest and Peluso 1995：388）。領域化とは国家が自らの国土をいわば内的に植民地化していく過程であると言い換えてもよい。

囲い込みの概念は主に土地と森林を対象に援用されてきたが、これは沿岸地域や湖沼、放牧地、各種経済特区を含めた国土空間全体に応用できる考え方である。[5] そして、これから見るように、漁場の囲い込みはトンレサップで見られた国家介入の最も重要なものであった。領域化の進行は、近年の環境保護運動の高まりとも重なる部分があるゆえに、その背景にある行政の真意を正確に把握することは難しい。だが、こうした政策を通じて、国家権力による資源の支配が各地に浸透しているという事実は異論の余地がない。

2　カンボジアにおける漁業と政治

東南アジア最大の淡水湖——トンレサップ

本章の冒頭ではトンレサップでの生業を「半農半漁」と大ざっぱに特徴づけてしまったが、実際には陸地での農業を基本とする人々、水上での漁業を基本とする人々、そして両方にほぼ均等にまたがって暮らしている人々がいる（Sithirith 2014）。[6] 地元の人が「高台の人々（neak leu）」、「川の人々（neak tonle）」と区別するこれらの人々は、互いに米と魚を交換することで一つの物々交換の経済を形成してきた。生活に欠かせない物資を生産する両者が依存しあう社会関係が、この地域独特の文化を創り出してきたといってよい。

ところが貨幣経済の浸透と、植民地時代に始まった「漁区」の設定にともなう生産的な漁場の囲い込みの拡大によって、米と魚の交換を基盤とする経済は変容を迫られた。交換ではなく、市場に売り出す必要性が生じたのである。これによって、生産活動は村人のニーズよりも、市場全体の動向と仲買人の思惑に支配されることになり、陸地農民と水上農民の相互依存関係は崩壊する。生産的な漁区を手にした有力な漁民は、零細の漁民を雇い入れることでさらに事業規模を拡大し、ここに新しい形のパトロン－クライアント関係が形成された。

漁区システムの詳細について論じる前に、まずトンレサップの地理的な特徴を整理しておこう。トンレサップの保全を目的としたNGOであるFACT（Fishery Action Coalition Team）に長く勤めたカンボジア人研究者モ・シティリットによれば、トンレサップには少なくとも三つのタイプの所有対象領域、すなわち「漁区領域」、「公共漁業領域」、「保護領域」がある。この三つの類型が浸水域の面積の変化にあわせて可変的に規定されるのがこの湖の特徴であるという。三類型の中でも二〇一二年に完全撤廃されるまでの間、最も強い排他性をもって管理されてきたのが漁区領域であった(7)。

図6-2はトンレサップの外観である。ここから読み取れるように、トンレサップの面積は乾季と雨季とで大幅に異なり、そのことが複雑な資源利用形態を生み出している。雨季に入ってしばらく経った六月末から七月上旬にかけてトンレサップ川は湖に向かって逆流し、それが一〇月中旬ごろまで続くことで、湖の面積は乾季に比べて五倍以上に膨れ上がる（図中の「浸水域」が雨季の湖の範囲にあたる）。それにあわせて平均水位も乾季の一―二mから氾濫期の八―一〇mまで上昇する（笠井

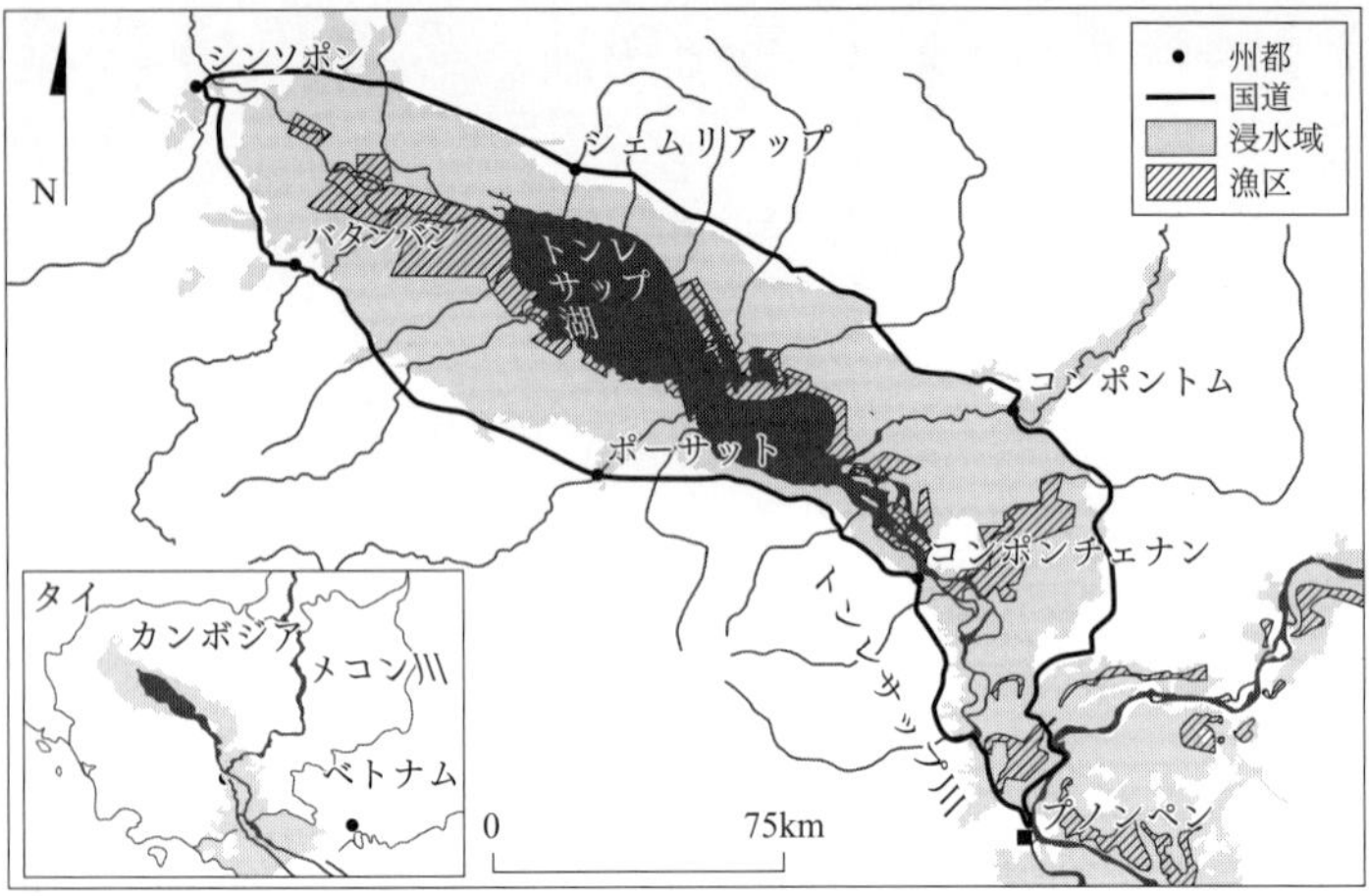

図 6-2　トンレサップの水没範囲

出典）Sithirith (2011).

2003：43)。また、この地域の生態学的な特徴は浸水林とよばれる氾濫湿地帯の植生であるが、これが近年、急速な開発の対象となり著しく劣化している。こうした課題に応えるべく、アジア開発銀行（ADB）や国連食糧農業機関（FAO）、メコン河委員会（MRC）などさまざまな国際機関が入って、この地域の環境保全に取り組んでいる。

研究者は、この地域をどう見てきたのか。カンボジアの漁業資源に関する数少ない社会科学的研究を行ったソケムとスンダラは、カンボジアの漁業セクターに欠けているのは各種の決まりを現場に落とし込む実行力であると指摘する(Sokhem and Sunada 2006)。類似の研究を行ったデガンやラトナーは、零細漁民の視点から、トンレサップにおける漁獲高の低下が湖の資源ストックの減少と密接に関係していることを指摘し、稀少化した資源をめぐる競争が資源の枯渇をさらに早めるのではないかと危惧する（Degen et al. 2000；Ratner et al. 2011）。

こうした生態学的な危機に対処する方法の一つとして推進されたのがコミュニティ漁業であった（Ratner 2006）。これは日本でいう漁業組合のような組織を各地域につくり、漁に関するルールを決めさせて一定地域の漁業権を認めるという政策である。その効果については懐疑的な見解も多いものの、政府は地方分権や民主化のスローガンにあわせてトンレサップを地域のコミュニティにゆだねる方向に舵を切ってきた(8)。果たして、この地域で実施されつつあるコミュニティ漁業は、本当に地域の人々のためになるのだろうか。

この点で大きなヒントになるのがモ・シティリットの博士論文『トンレサップの政治地理学――権力・空間・資源（Political Geography of Tonle Sap：Power, Space, and Resources）』である（Sithirith 2011）。シティリットは政治地理学の視角からトンレサップの「領域化」に着目し、その重層性が呼び込む多様な政治の様相を明らかにした。そこでは地域コミュニティによる漁業の可能性と限界について、フィールド調査に基づく考察が行われている。ただし、この研究は漁区システム撤廃以前の段階で考察を終えているために二〇一二年以降の変化を捉えられていない。また、重要な当事者である漁区所有者《ロット・オーナー》への聞き取りもなされていないという課題を残した。そこで本章では筆者が行った元漁区所有者へのインタビューに基づいて漁区システム撤廃の意味を考察し、そこからこの地域における国家と社会の関係について展望してみたい(9)。

漁区システムの形成

トンレサップの商業化にともなう漁区システムの創設、つまり国家による湖の囲い込み制度の形成は一九世紀にさかのぼる。カンボジアがフランスによって保護領化される一九世紀半ば前後の時点で、すべての貿易に占める割合において水産物は不動の首位を占めつづけていた。塩魚、干魚がその八割を占めた水産物のほとんどはトンレサップ湖で漁獲されるナマズ科の魚であった（菊池 1981：501）。一九世紀後半に保護領政庁の要職にあったルクレール（Lecrèle）の文献によると、アンズオン国王（在位一八四五―五九）の治世下では慣習的に漁場の利用権を無償で提供していたが、一八六〇年に即位したノロドム国王（在位一八六〇―一九〇四）は占有権の賃貸制を導入した（菊池 1981）。その目的は、プノンペンの王宮の造営費確保であった。ただし、トンレサップ湖沿岸の漁場については自由な漁獲を認めていた。ノロドム王は、交易権のやりとりで富を築いたが、その中心的な取引相手は華人商人であった（Cooke 2011）。

漁区システムは一体いつから始まったのだろうか。これまで多くの研究者は仏領インドシナ時代の一九〇八年にフランスが漁区システムを創設し、漁区の割り当て政策を開始したとの暗黙の了解を無批判に受け入れてきた。しかし、パリの公文書館における入念な文献調査を行った菊池道樹の研究を踏まえれば、トンレサップ以外の中小河川や湖沼で実施されていた漁業権の賃貸制度が徐々に周辺地域に拡張したのち、フランスの支配を契機として、それがトンレサップにも持ち込まれるようになったとの説明が説得的である。

フランスが一九〇八年前後にトンレサップにおける区画漁業システムを制度化したのは、税を効果的に徴収するためであった。生産量に応じて課税するのではなく、漁業権そのものに課税をした方が漁獲量の多寡にかかわらず安定した税収が見込めるからである。さらには、土着の徴税請負人に収税を任せるという旧来のシステムを改めて、彼らの中間搾取を抑制する狙いもあった。これによって、競売を通じて漁区の所有者になった少数の者たちが直接納税するという体制の基礎が築かれた。一九〇〇年から一九二〇年の期間、漁業から得られる歳入（輸出税からの収入も含む）は国家予算のほぼ一〇％前後で推移した（National Archive File No. 24105–24086）。

このように仏領インドシナ時代にその骨格が形成されたトンレサップの資源管理システムでは、漁場の区画だけでなく、使用できる漁具の種類によっても課税区分が異なっていた。漁区は、大規模、中規模、小規模の三種類に分けられた。大規模は区画漁業（ロット）によって大型の定置網や簗《やな》などを使用する漁業であり、各区画の割り当ては二年に一度の競争入札で決められる仕組みになっている（榎本・石川 2008）。中規模漁業はライセンス制で、漁民はあらかじめ使用する漁具の種類と数を申請しなくてはならないが、漁区の割り当てはなく、公の漁場で操業する。いずれも商業的な漁業であり、六月から九月末までの禁漁期間が設けられている。これに対して小規模漁業は、家族単位の自給自足的なもので、禁漁期間などの制限はない。ただし、使用する漁具の種類には制限がある。

漁区システムが導入された一年後には、漁業部門の政府予算に対する貢献は総予算の九分の一まで上昇した。しかし、不法漁業は蔓延し、資源の保全という観点ではほとんど実効的な政策がとられることはなかった（Cooke 2011）。フランスは一九三〇年代になって漁業資源の保護を念頭においた政策の実施に踏み切り、さまざまな法律や規制の実施を試みることになる。

その後、カンボジアは一九五三年にフランスからの独立を達成するが、独立後も同じ漁区システムを維持した。一九五六年には漁業資源の体制強化のために水産局が設立され、漁業法も新しい装いを整えたが、漁区の認定など基本的な制度は従来のものが踏襲された。一九六〇年代の様子を振り返ったある老年の漁民は次のように述懐している。

漁区システムと保護区は、一九六〇年代に大人になった私の時代にも見られた。境界線は非常に厳格だった。漁区所有者は自分の縄張りの中で操業し、決して他の境界に踏み入るようなことはなかった。同様に保護区についても厳格に順守され、地元の漁民もそれを尊重していた。漁区所有者が自分の縄張りをこえて公共の魚場に出てこようものなら、人々は苦情を訴えたものである。（二〇一二年一〇月、シェムリアップ州プラサックバコン郡カンポンプルック集落群での聞き取り）

ここでは零細漁民の漁区への侵入ではなく、より豊かな漁民が自らに割り当てられた漁区をこえて「公共」の領域にはみ出すことへの危惧を率直に表明している点が興味をそそる。

一九七〇年から七九年にかけてのクメール・ルージュ時代になると、トンレサップ地域も内戦に巻き込まれ、漁区システムは機能不全に陥った。ポル・ポト政権は漁区システムを禁じ、人々は共産主義の理念に基づく共同体単位で米作等への従事を強制された。コンポンチャナン郡ではごく一部のクメール・ルージュ幹部による操業が継続していたようであるが、この時期の全体像はわかっていない。いずれにせよ制度的な商業漁業は一〇年間の空白期間を挟み、一九八〇年代に再開されたときに、トンレサップは非常に豊かな漁場になっていた。

漁区システムの波紋

漁区システムが再び導入されたのは一九八七年のことであり、これがトンレサップの「領域化」の一つの転換点にあたる。名目上は「競売」を通じて競り落とされることになっている漁区の割り当てであるが、現実にはほとんど同じメンバーが連続して決まった漁区を競り落としてきた。これらの有力な漁区所有者は政治家と強いパイプを築いてきたことが知られている。本来、漁区所有者はバーデンブックと呼ばれる操業規則が書き込まれた漁区証明書に従って操業することが決められている。この証明書には漁区の場所を示す地図とともに、資源を円滑に管理・保全するために順守しなくてはならないルールや、競売価格などが記載されている。しかし、実際の取引価格は額面と異なっていて、ルールについても操業実態からは大きく乖離したものになっている。ある漁区所有者は、筆者のインタビューに対して実際の競売価格が、記載額の「ほぼ一〇倍」であったと証言しているし、漁区を分割して下請けに出してはいけないという規則にもかかわらず、実際には大部分の漁区で複数の下請け操業が行われていた。地域の役人や政治家は漁区所有者に排他的な漁業権を認める見返りとして、多種多様な便宜供与を要求してきた。歴史的に形成されてきた官民の「相互依存」にもかかわらず、二

図 6-3　トンレサップ湖での小型定置網漁業における漁獲風景

出典）八木信行氏撮影（2015 年 3 月）。

〇一二年三月に漁区システムが一方的に撤廃されたことは、オーナーらの目には政府の裏切りと映ったに違いない。彼らから見れば、長年搾取された挙句、捨てられたも同然なのであるから。

カンボジア政府のトンレサップの漁業制度への大掛かりな介入は、二〇〇〇年に漁区の面積を五六%削減するという政策から始まり、最終的には右に見た二〇一二年の完全撤廃にいたった。筆者の水産局における聞き取りによれば、政府は従来、漁区として実質的に私有化されていた地域の半分以上をオープンアクセスの漁区として開放し、その場所の管理を地元のコミュニティに委譲した。具体的には漁区面積の七六・三七%がコミュニティに委譲され、残りの二三・六三%は資源環境を保護するという名目で国の保全地域に指定されたのである。

さて、共産主義政権下で一時的な中断があったとはいえ、漁区システムの一〇〇年を振り返ると、表6-1にあるように、漁区の総面積そのものは徐々に縮小してきたことがわかる。広大な湖を実質

表6-1　漁区をめぐる総区画数，面積，係争件数

年	漁業区画数	区画総面積（ha）	一区画の平均面積（ha）	係争件数
1998	164	390,000	2,378	826
1999	155	953,740	6,153	1990
2000	83	422,203	5,086	1258
2001	82	422,203	5,148	493

出典）Hori et al. (2008).

的に私有資源化する政府主導の動きを領域化と呼ぶのであれば、こうした開放にともなう漁区面積の縮小は「脱領域化」と呼ぶべきであろう。つまり、政府はいったん囲い込んだ資源を手放す方向に転換したのである。たとえば一九一九年に一四三万四七一〇haあった漁区の総面積は、一九九八年には三九万haと三分の一以下に縮小されている。しかし、表6-1に見られるように、総面積が減少するなかでも個別の漁区面積は維持・拡大しており、特定の漁区所有者に資源アクセス権が集中してきたことを表している。

表6-2は一九九八年から二〇〇〇年にかけて、漁区面積が総計で一〇万ha増えたことを示す。この時期、漁区所有者と地元零細漁民との間の係争の報告は多数に及び、対立は暴力的なものに発展する場合もあった。紛争の頻発は、政府に対する調停の請願につながり、行政による介入をさらに後押ししたと考えてよい。たとえば二〇〇〇年三月八日に行われた演説でフンセン首相は農林漁業省に対して漁区を削減する可能性を検討するよう指示し、漁区の一部をオープンアクセスの公共漁場に取り込むよう促した。

一連の漁区開放政策により、どのような波紋が生じたのかを統計的に把

表 6-2　漁区面積の推移

(ha)

州名	1919 年	1940 年	1998 年	2000 年	2001 年	2001-12 年
コンポンチャン	67,667	63,037	NA	62,256	45,084	17,172
コンポントム	248,272	192,571	NA	127,126	69,353	57,773
シェムリアップ	NA	NA	NA	83,941	22,725	61,216
ポーサット	105	NA	NA	55,120	24,848	30,272
バンテイメンチェイ	182,352	189,362	NA	332,756	6,411	26,358
バタンバン	NA	NA	NA	146,532	102,718	43,814
合計	1,434,710	444,970	390,000	507,731	271,139	236,605

出典）Vikrom and Sithirith (2008)（cited from ADF, FAO, and DoF 2003）; FiA (2018).

握することは難しい。数少ない資料として入手できたのは、部分的な開放政策が実施された一九九八年から数年間の係争発生件数に関する水産局自身のデータである（表6-1）。この数字をどのように解釈すべきかは議論の余地があるが、一九九〇年代終わり頃から部分的な開放が始まって以来係争件数が激増している事実には注目してよい。つまり、漁区の数が減り、オープンアクセスが可能になった場所が増えたにもかかわらず係争が増加したということである。この理由については漁区所有者が実際には漁区を開放していなかった可能性や、開放された漁区へのアクセスをめぐって異なる地域の漁民が対立した可能性などが考えられる。

二〇一八年一一月に筆者が行った水産局幹部への聞き取りでは、正確な内訳はわからないものの、「係争」のタイプには、違法操業、保護地区内における砂の浚渫、森林の伐採、観光開発、水力発電所の建設に関するものが含まれるという。これらの多くが経済開発に関するものであることを考えると、経済成長の著しいカンボジアでは漁区の縄張り争いが減少したとしても、その他の領域での係争が増加する可能性が高い。

3 政府はなぜ漁区を手放したのか

政府が漁区を手放した理由としてまず考えられるのは、利権や歳入確保という行政側のインセンティブである（Levi 1988）。つまり、政府の本当の狙いはトンレサップの湖底に眠っているとされる石油やガスの利権独占であり、その手始めに私的な管理権を撤廃するのが狙いであったという説明である。しかし、湖底の資源開発から期待できる収益はあまりに不確実性が高く、現在のところ開発の具体的な見通しは立っていない（Cock 2010）。そもそも、漁区システムの開放が将来の資源開発とどのように結びつくのかも判然としない。また、開放政策によって最も大きな便益を享受する小規模零細漁民の漁労活動に対して政府はなんら課税をしていない[10]。むしろ、漁区システムを現状のままに維持し、そこから得られる漁区の使用料《ロイヤルティ》を継続的に確保するほうが得策であるようにも思える。

そうであれば、政府のトンレサップ介入の動機はどのように説明できるのだろうか。筆者の仮説は、政府が天然資源を介して広い層の人々に利益を再分配し、その見返りとして民衆の支持に裏づけられた政治的な安定を得ようとしたのではないか、というものである[11]。この仮説の新しさは、補助金やインフラなどのわかりやすい便益のばらまきで得票しようとするのではなく、格差の是正や生態系の保護といった大義を掲げることで、その政治的目標に到達しようとしている可能性に目をつけた点である。この仮説をトンレサップの文脈で検討してみよう。

カンボジアにおける漁業は、二〇一五年時点でGDPの八％を占めており、その漁業形態は、産業漁業、家族漁業、水田漁業の三つに分類できる（MAFF 2015）。フンセン首相が二〇一二年三月八日に行った演説によれば、いわゆる産業漁業は一〇〇程度の事業主に集中し、そこには四億ドルの収益が集まっている。繰り返し実施されてきた政府の介入にはこうした経済利益を分散させる狙いがあった。フンセン首相は同演説で「少数の事業者に集中している産業漁業を大衆の満足のために再分配することになんら躊躇はない」と発言している。また、彼はトンレサップ漁業の政府にとっての経済価値が「一五〇万ドル」であることにもふれているが、これは六％以上の経済成長率を維持してきたカンボジア経済にとっては非常に小さい（Hun Sen 2012）。実際、最近の政府歳入に関する統計を見ると、二〇〇〇年代における漁業由来の歳入は国家予算の〇・八％から徐々に低下し、二〇一〇年では〇・一％に過ぎない（Bar Association of the Kingdom of Cambodia 2010）。政府による介入が新たな税収の確保など、経済的な目的に基づいていなかったことは明らかである。

カンボジア政府によるトンレサップへの介入は、単に漁業資源の利益配分だけではなく、ここ十年以上にわたって継続してきた地方分権のプロセスに照らして解釈されなくてはならない。特に一九九三年の国民議会選挙を経た民主政権誕生の動きとトンレサップへの国家介入には強い関連があると考えられる（Öjendal and Lilja 2009 ; Peou 2007）。地方選挙のあり方を新たに規定した法律、およびコミューン行政管理法が二〇〇一年に施行されたことによって地方分権の流れは一段と加速した。これらの新しい法律に基づく地方選挙は、二〇〇二年、二〇〇七年、二〇一二年の三回行われた。いずれの選挙でも与党であるカンボジア人民党（CPP）が勝利をおさめている。

カンボジアが党の指名する自治体首長ではなく、コミューンレベルの代表を決める選挙を初めて全国規模で実施したのは二〇〇二年であった（Slocomb 2004；Mansfield and McLeod 2004；Öjendal and Sedara 2011）。コミューン協議会の議員選挙は、地方分権を象徴する民主化のための重要な選挙であった。コミューン協議会ではさまざまな党に属する議員が、地方の政策事項について広く議論し決定することになっている。二〇一〇年代に入るまで、選挙制度の改変が行われても、圧倒的な勢力をもつ与党であるカンボジア人民党の支配力について疑う声は聞かれなかった。

ならば、ゆるぎない権力基盤があるなかで政府がトンレサップに継続的に介入するのはなぜなのか。トンレサップの漁業に直接・間接に利害をもつ人民は四〇〇万人に上るという（Sithirith 2011）。これはカンボジアの総人口が一六〇〇万人程度（二〇一七年）であることを考えるとかなり大きい。ここで関係者の大多数を占める零細漁民と少数の漁区所有者の対立が大きな政治的火種になることは政府にとって望ましくない。二〇一三年七月二八日に投票が行われたカンボジア国民議会選挙では、野党の救国党が大きく議席を伸ばし、与党人民党による選挙不正が報じられるなど、人民党の支持基盤が盤石ではないことがあからさまになった。なお、その後フンセン首相は第二党であったカンボジア救国党を解党に追い込み、二〇一八年の国民議会選挙では圧勝をおさめている。

先述したように水産局にとって漁区所有者との癒着はさまざまな利権の源泉になっていた。漁区所有者らが政治家や役人の地元訪問のたびにさまざまな便宜供与を要求されてきたことはすでに指摘した通りである。行政が加熱しつつあった漁区所有者と零細漁民との対立の全国的な拡大を懸念し、その火消しを図ろうとしたとしても不思議ではない。たしかに零細漁民の憤りの高まりは、各地で小規模な紛争を頻発させていて、政府が二〇一一年にこの問題の本格調査に重い腰を上げたのも、事態を収拾することのできない水産局に対するフンセン首相の不満が基になっているとされる。

カンボジアでは実質的な一党独裁体制が敷かれているものの、トンレサップに対する見方は政治家・役人の立場や所属部局などによって異なる。トンレサップに関与する行政機関を挙げると、農業林業漁業省、環境省、水資源気象省がある。このうち、区画漁業を管轄するのは農業林業漁業省であり、環境省は保護区を特に生物多様性保全の観点から所轄する。他方で一九九九年に設立された水資源気象省、特にその内局として設置されたトンレサップ公社の長官はフンセン首相と近い関係をもっていることが知られており、閣内における影響力も非常に強いとされている[12]。たとえば違法漁業を取り締まる権限は本来農業林業漁業省にある水産局に与えられるべきであるが、実際にはトンレサップ公社に与えられている。こうした行政機関間の力関係が、漁区システムの撤廃にどう影響したのかについては今後細かな検証が必要であるが、少なくとも農業漁業林業省が漁区システムによって自身が得る利権を十分に守るだけの政治力をもたなかったことは明らかである。

今後の課題となるのはコミュニティと保護区とに振り分けられたかつての漁区が、誰によって、どう管理されるのかである。すでに見たように、多くのコミュニティ漁業集団には管理を行き届かせるインセンティブはもちろん、その能力もおぼつかないのが実情であるし、環境省の所轄に入る「保護区」も名ばかりに終わる可能性が強い。漁民への聞き取りに基づく報告によれば、欧州連合（ＥＵ）の支援で新たに設定された環境保全地区においても、捕れる魚の種類と量は急減しているという（Jones 2015）。零細漁民に歓迎された漁区開放政策はトンレサップの生態系にとって「コモンズの悲劇」の序章となる可能性がある。コミュニティによる資源管理能力、特に不法漁業を取り締まる力には明らかに限界があるからだ。

4 反転する「地域への権限委譲」

コモンズ的な性質をもつ湖の魚を私有資源的に管理するのが漁区システムであるとするならば、国家は一〇〇年以上続いたその私有制度を解体し、コミュニティ主体の共有制度への移行を行ったことになる。この政策はもともと地域共有であった資源が私有化ないし国有化されるという典型的な経路とは逆の動きであるという点で注目に値する。

漁区の全面的な開放政策に対する零細漁民の反応は概ね好意的である。それまで漁区の境界上にはフェンスが敷かれるか、あるいは武器をもった監視員が砦の兵士のごとく目を光らせ、境界をまたごうものなら容赦なく武力で制圧してきたが、そうした脅威はなくなった。しかし、その一方で、電気ショックを用いた不法な漁法による乱獲の事例はこれまで以上に増えていると現場のＮＧＯ担当者は嘆く。乱獲を取り締まるパトロールのためのガソリン代さえ工面できないコミュニティ漁業集団は手をこまねいて見ているしかないという。そうした不法漁業を黙認する見返りに賄賂を受け取る役人の噂も後を絶たない。

前述したシティリットの報告によれば、本給だけでは生活できない末端の役人はつねに賄賂の源泉を探しており、漁区が開放されて以降、汚職の構造はさらに複雑になったという（Sithrith 2014）。漁区の境界線がわかりにくくなったために「不法漁業」の定義があいまいになって、汚職の隠れ蓑が増えたからである。不法な漁業は、一定の賄賂を警察や水産局、環境保護局の役人に支払うことで黙認され、巧妙に法律の網をかいくぐっていく。このようにあいまいな空間をつくり出した漁区開放は、不平等の解消と資源の保全という政府のスローガンを実現から遠ざけている。

排除の論理が働きやすい私有化と、国有化とは異なるコミュニティへの権限委譲は、境界線のあいまいさと、パトロールの不十分さゆえに村人同士の係争と資源の乱獲をもたらした。地域住民にやさしいはずの「地元開放」がもたらしたひずみは、それまで長く続いてきた漁区システムにも一定のメリットがあったことを示している。ギャレット・ハーディンの予言ともとれる「〔合法的な私有化によ る〕不正義は、システム全体の完全崩壊よりもマシ」（Hardin 1968：1247）という理論的な結論は、残念ながら今トンレサップで現実になりつつある。

「資源アクセスの再分配」を通じた懐柔策は、大衆迎合的であるぶん、その本当の狙いを慎重に見極める必要がある。地域住民による漁業資源への日常的な依存度が高いトンレサップでは、こうした懐柔策の効果は大きく、だからこそ政府は歳入の面でも経済生産という面でも相対的に小さいトンレサップの漁業資源にあえて繰り返し介入してきた。数百万の人々がトンレサップの資源に依存している状況が、資源の囲い込みや開放に大きな政治的効力を与えていた。政府による漁区開放の介入が選挙のタイミングに符合してきたことは単なる偶然と見るべきではない。こうした懐柔策の社会的・環境的な効果は、地方分権の推進や民主化というスローガンの陰に隠れたまま検証されてこなかった。住民の支持を目的とするポピュリズム政策は巧妙な統治の技法である可能性があり、これからも注意深い検討が必要である（Dina and Sato 2014）。

伝統的な漁区システムは、共有地の私的管理という排他的な制度ではあったが、それゆえに安定した秩序を保つことに貢献していた。これを解体して、多種多様な能力や規模をもつコミュニティに資源を開放すれば、それぞれの地域におけるさまざまな癒着と混乱を招きかねない。水産局に新たな秩序を取り戻すほどの行政力があるとは思えない今日、ＮＧＯなどによるコミュニティ支援がこれまで以上に重要性を増していると考えられる。

本章は、国家経済にとっての重みが低下した天然資源でも、その利用に従事し、そこに依存する人口の大きさ次第では依然として政治的な意義を失わない場合があることを確認した。とりわけ第一次産業が多くの国民にとって重要な生計手段になっている国において天然資源へのアクセス操作は、課税や補助金以上に大きなインパクトをもちうる。天然資源に直接依存して暮らす人々は、しばしば政治的発言力が弱く、資源アクセスの操作が生み出す分配上の偏りも気づかれにくい。それを承知の政府が、資源アクセスの操作に関心を示さないはずがないのである。

環境保護団体であるGlobal Nature Fundは、二〇一六年にトンレサップ湖を「世界で最も危機に瀕している湖」として名指しし、そこで生じている環境劣化と資源収奪の実態を糾弾した（Seiff 2017）。コミュニティへの権限委譲と環境保全を目的とする新政策は、まさにその名目と正反対の効果を生み出しているようだ。責任関係が不明確で、政策の受け皿となる地域社会に実行力がともなわない場合には、コミュニティへの権限委譲にもとづく資源管理も反転してしまう。カンボジアの政府と人々が一体となり、トンレサップの格差是正と環境保全を見据えた統合的な管理に取り組めるようになるまでには、まだ相当の時間がかかりそうである。

第Ⅲ部　反転をくい止める日本の知

第7章　文明の生態史観

——京都学派と「下からの」環境国家論

環境国家が反転するのは、自然と人間社会の関係づくりにおいて「国家」の枠組みが窮屈であるからかもしれない。国家の影響は国境をこえる。ならば環境国家の本質は、辺境にあり諸国家のはざまに生きてきた人々の営みから明らかにできるのではないか。本章では梅棹忠夫の『文明の生態史観』をはじめとする京都学派のフィールド研究を、ジェームズ・スコットのゾミア論と対比し、東西の脱国家論が環境国家の反転という仮説に与える示唆を明らかにする。

1　京都学派と「下からの」国家論

国家という枠組みは、それとは関係なく存在しつづけてきた自然環境を論じるには、明らかに窮屈である。もともと自然を対象とする学問において、国境を意識する必要はなかった。自然の分布と変化に、人為的につくられた国の制度は本来関係ないからである。だが、経済のグローバル化が進んだ現在でも、国家の存在を無視した自然環境の研究は成り立たない。特に環境政策の研究では、国家の存在は前提とされ、国家間の調整をいかに進めるかが、あらゆるスケールの政策分析で中心的な課題とされてきた。気候変動と二酸化炭素排出をめぐる米国と中国やインドの攻防は、その一端である。それぞれの「国益」をむき出しにした国際政治の駆け引きは無視できない現実であって、それを前提にしない地球環境政策論は、もはや論じることさえ困難になってきている。

一九九二年の「環境と開発に関する国連会議」（リオ・サミット）以降、地球環境政策は日本でも盛んに議論の対象となり、気候変動への対応は国の政策アジェンダに頻繁に登場するようになった。二一世紀最大の問題と言われる温暖化の原因が人為的なものであることに対する科学者のコンセンサスが固まりつつあるなか、地球規模の課題を解決するために国家をこえた取り組みが必要なことは間違いない。とはいえ、ここでひとつ飛びに国家をこえた世界政府を想定するのは非現実的であろう。逆に人々の生活世界に視点を近づけ、あるべき国家を「下から」論じるという帰納的接近が現実的である。

あらかじめことわっておくと、これから見ていく国家の枠組みに囚われない脱国家論は、差し迫った政策判断にじかに結びつくものではない。しかし、より大局的な見地から文明のあるべき姿を紡ぎ出すことには役立つ可能性がある。序章で述べたように、国家が自然との間に構築していく関係は、回りまわって国家と社会の関係、そして社会の中の人間集団同士の関係を規定していく「反転」の契機となる。そうだとすれば、いったん頭の中で国家の枠を取り払って、人々の暮らす生態系の特徴に目を向けるのが有効かもしれない。国家を視野の外に置くことで、地域の特性に応じた自然と人間の本来の関係を考えることができ、それによって「国家の影響」を自然状態からのズレとして捉えられるようになるからだ。

幸い日本には非国家空間について思いおこす価値のある知的伝統が存在する。今西錦司（一九〇二—九二）や梅棹忠夫（一九二〇—二〇一〇）を中心とする京都学派の系譜である。「文明の生態史観」や「照葉樹林文化」など、京都学派から飛び出した仮説群の彩る一九六〇年代から九〇年代までの時期は、アジア環境研究における和製アイディアが実り多く提示された時期であった。研究成果のほとんどが日本語で世に出たために、英語圏の学問的潮流への寄与は限定的であったものの、一連の仮説群には単に「日本発」という以上に見るべき内容があった。組織的な臨地研究の先駆けとなった京都大学のグループによる報告は、国境や領土という概念にとらわれずに、植生や生業の特徴に基づいて世界を区分した。その意味で、京都学派の系譜はフィールドワークに基づく「下からの」脱国家論であった。あるいは、京都学派の系譜は、国家の成立に先立つ生態条件を明らかにしたという点では「脱国家的」というよりも、「前国家的」というべきかもしれない。

本章では、日本で発案された東南アジアの生態環境に関する独自の仮説をいくつか拾い上げ、それらの共通項を明らかにすることを通じて現代東南アジアにおける環境国家論の新たな可能性を展望してみたい。

2　生態学的脱国家論

「文明の生態史観」

戦後、アジア地域を対象にして行われた日本人による組織的なフィールドワークの最初期の例は、京都大学の主導によるヒンズークシ（木原均隊長）、およびカラコルム学術探検隊（今西錦司隊長）である。一九五五年五月から半年がかりでアフガニスタン、インド、パキスタン、イランをまわった一行は、植物学、地質学、人類学の研究者らで構成された学際的なチームであった。生態学的な関心に大きな比重を置き、近代化が未成熟で道路もほとんど舗装されていなかった中央アジアの農村地帯を歩いた探検隊の面々は各地の現場で「国家」の痕跡すら感じなかったのかもしれない。

図 7-1　梅棹忠夫

出典）梅棹淳子氏提供。

だが、これから述べるように、一見すると脱国家的に見える京都学派による一連の研究は、各々の地域で社会制度の基礎にある自然条件を明らかにしたという点で、「国家の輪郭」をむしろはっきりさせた。その可能性を開花させたのは梅棹忠夫の『文明の生態史観』である[1]。梅棹は自らの歴史的アプローチを次のように特徴づけた。

歴史というものは、生態学的な見方をすれば、自然と土

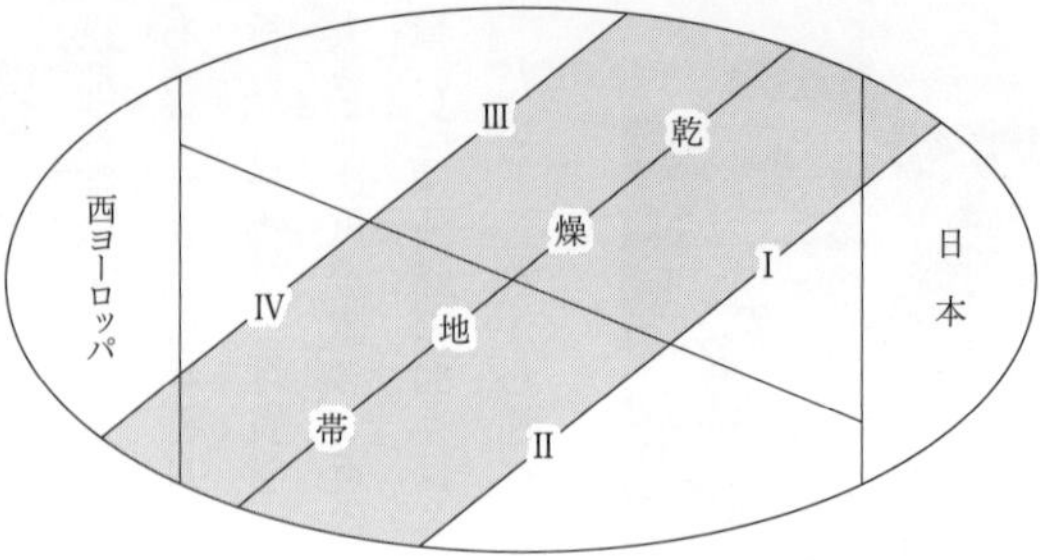

図 7-2　梅棹の地域分類

出典）梅棹（1974：170）。

> 地の相互利用の進行のあとである。別なことばでいえば、主体環境系の自己運動のあとである。その信仰の型を決定する諸要因のうちで、第一に重要なのは自然要因である。そして、その自然的要因の分布はでたらめではない。幾何学的な分布を示しているのである。（梅棹 1974：182）

「人間の歴史の法則」を解明しようとした梅棹にとって、国家というのは自然と人間の関係形成における、ほんの一要因にしか見えなかったのだろう。あるいは、従来の科学的精神に則って文明を構成する個々の諸要素を分析的に扱うのではなく、「もっぱら総合と洞察を武器にしなければならない」（梅棹 1974：115）と考えたからこそ、あえて国家を特別に切り出すことはしなかったのかもしれない。

梅棹の「生態史観」は図7-2に要約されている。梅棹は、共同体の生活様式のデザインを問題にする機能論の立場から、それまでの文化伝播の起源に依拠した系譜論とは異なる地域類型を提案した(2)。

まず、アフリカ、オセアニアやいわゆるアメリカ新大陸をのぞくすべての「旧世界」がこの楕円形の中に収まる。そして左右にある垂直の線の外側（西ヨーロッパと日本）を「第一地域」、その間に地理的に挟まれている地域を「第二地域」と呼ぶ。日本を含む第一地域は中華文明の外側で「野蛮な民」としてスタートし、第二地域の文明を輸入しつつ、社会体制として封建制、絶対主義、ブルジョア革命を経て現在は資本主義による高度近代文明をもつにいたった地域である。

これに対して（中国、インドなどを含む）第二地域は、もともと古代文明を発生させた地域であるにもかかわらず、封建制を発展させることなく、巨大な専制的帝国をつくった。その多くは大航海時代を皮切りに第一地域の植民地になり、数段階の革命を経ながら、近代化の道をたどろうとした地域である。

第一地域の間に挟まれた第二地域は、暴力と破壊の源泉であり、特に乾燥地帯に暮らす遊牧民は「悪魔の巣」であると梅棹は表現した。(3) これに対して第一地域は暴力の源泉から遠く、それゆえに社会制度、宗教、文化など広範な面で第二地域とは異なる歴史を歩むことができた。封建制を経験したという共通項をもつ日本と西ヨーロッパは、地理的に遠く離れていても、似たような条件のもとで平行進化を遂げてきたというのが梅棹の主張である。梅棹の言う「平行進化」とは、「一定の条件のもとでは共同体の生活様式の発展が、一定の法則にしたがって進行する」（梅棹 2002：118）という仮説であり、文明の基層にある「条件」をいかにえぐり出すかがこの仮説の見せ所になる。(4) 日本と西ヨーロッパがアジアよりも「似ている」という驚くべき発見は、条件に注目するから見えてくるものであり、私たちの帰属意識がいかに表面的な印象に支配されているのかを教えてくれる。

一方で、第二地域の中にはいくつかの小区分があり、(I)中国世界、(II)インド世界、(III)ロシア世界、(IV)地中海・イスラーム世界がある。いずれも、巨大帝国とその周辺を取り巻く衛星国という構造を持つ。ここで梅棹が主張しようとしたのは、「アジア」という分類が十分に有効なものではなく、日本はアジア諸国よりも、むしろ西ヨーロッパとの共通性を多く有しているということである。ここからアジアの後発国にとって「日本の近代化は手本にならない」という政策的示唆が導かれる。梅棹の力点は地域間関係を描き出すことではなく、それぞれの地域固有の歴史的成り立ちを解明することであった。

梅棹の真骨頂は、「外国」といえばヨーロッパとアメリカのことしか眼中になかった当時の日本人に、西洋と東洋の間にインドから中近東まで横たわる「中洋」の存在を知らしめ、そこに広大な乾燥地帯が広がっていることを示したことである。和辻哲郎は『風土』の中で、その芸術的な直感に基づいて「モンスーン地帯」「牧場地帯」「乾燥地帯」という三つの地理的区分を見出したが、梅棹は自らの足で訪ね歩き、世界類型を地面から汲み上げ、「日本はアジアの一部」という常識をゆさぶる新たな日本文明の位置づけを行った。(5)このように文明化の「一本道」を想定する進化史観だけでは届かないところに生態史の角度から光を当て「平行進化」という別の説明原理を持ち込んだのが梅棹の貢献であった。

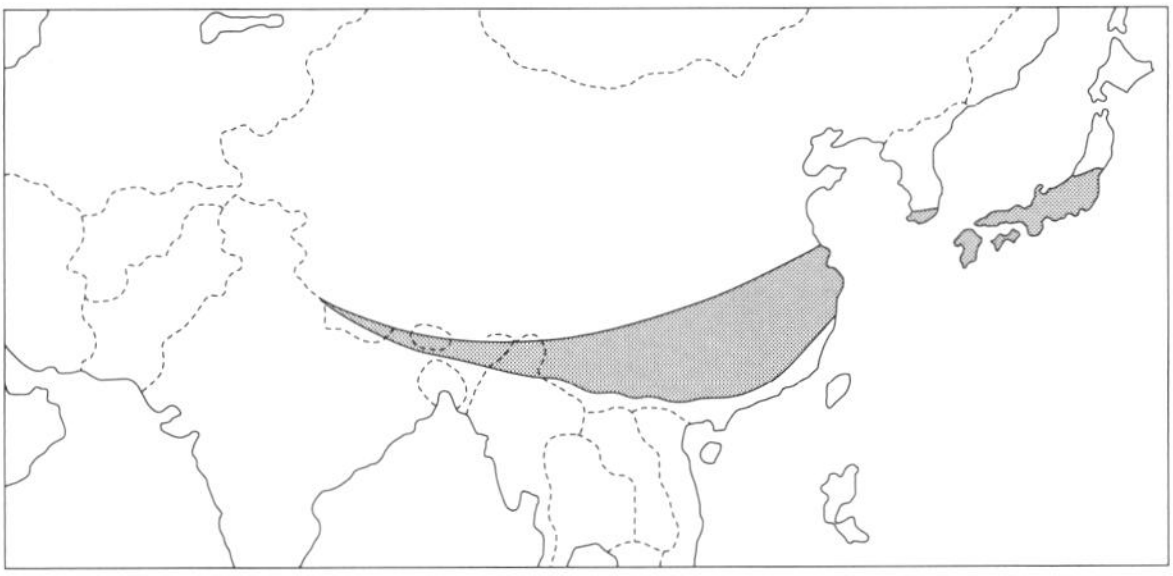

図 7-3　照葉樹林帯

出典）中尾（2006：544）。
注）アミ掛け部分が照葉樹林帯。

中尾佐助と照葉樹林文化論

京都学派の探検から生まれ、平行進化論の延長線上にあるもう一つの重要な仮説が植物学者、中尾佐助による「照葉樹林文化」である（図7-3）。

これは梅棹の探検に三年ほど先立つ一九五二年に、中尾が今西隊によるネパール・ヒマラヤ探検に同行した際に着想を得たものだ。中尾は着想に至る旅の行程を次のように回顧している。その描写は現場の息づかいをありありと伝える。

初めてのヒマラヤ旅行は毎日新しい経験の連続である。自然も人間も文化も、ことごとく新しく、奇異なことの連続であった。……日本ならまわりの植物はたいていピーンときて、なんの種類かたいていわかるのに、ヒマラヤにくるとそうはいかなかったのだ。ところが奥地旅行に歩きはじめて、一週間もたつとカルチャーショックは消えていき、同時にまわりの植物がどんどん見えてきたのだった。（中尾 2006：395）

中尾はこのように振り返って「ヒマラヤの中腹の植物界は、そのほとんどが日本に同類のある植物から成り立っている」という洞察を得る。そしてヒマラヤの旅が終わりに近づいた一二月、最後のキャンプ地となったカトマンズを見下ろすカカニという丘の上で今西との対話を通じて仮説を固める。照葉樹林文化論誕生の瞬間である。

> カトマンズの盆地をとりかこんだ山々は段々暗くなっていく。その山々の相当の部分が、もくもくとした森林になっているのが遠望できた。歩き始めたころにはまるでわからなかったその森林は、三か月たってみると、よくわかってきていた。常緑のカシ類を主体とした照葉樹林なのだ。……ヒマラヤの中腹のネパールの照葉樹林は、東部ヒマラヤ、雲南省、湖北省、九州、日本本土南部へとずっと連なっているのだ。（中尾 2006：396）

梅棹の生態学的な地域区分がフィールドワークに裏打ちされつつも抽象的であるのに対して、照葉樹林文化の概念にいっそうの力強さがあるのは、地表を覆い山を彩る植物の分布を各地に固有の文化と生業の観察から肉付けすることに成功しているからだ。中尾は一連の観察から、照葉樹林文化に含まれる地域が共通して「ジャポニカ型イネの起源とその栽培、あるいはモチ種の雑穀やイネを創出し、それを好んで食べ、儀礼的にもよく利用する慣行」（中尾 2006：545）をもっているという結論に至る。

これを論証するために中尾がとった調査手法は実に入念であった。生態的特徴を軸に仮定した空間上で、ウルシや絹、茶やシソ、家畜や家屋構造といった文化的要素を重ねて、重なりの濃い部分と薄い部分を色分けしていく方法である（中尾 2006：636）。この作業によって、照葉樹林文化の特徴の濃淡が地図上で確認できるだけではなく、色の濃い地域をつなぐことで文化伝播の研究への展開が可能になる。中尾はヨーロッパ地域も視野に入れたムギの伝播を、まさにこの方法で明らかにしていった。

中尾の植物・動物から生業、文化構造に至る観察は広範な幅をもち、人類学者並みの精緻さを備えている。その発想の素晴らしい点は、日本にある植物の類似をヒマラヤや中国で見出したことではない。それらの観察事実が収まる箱として、照葉樹林帯という新たな概念を発想したところである。イネやウルシ、住居の建築様式などは目で観察できる。だが照葉樹林帯そのもの、その全体像は直接観察できるものではない。それは仮説的に想像してはじめて見えてくるものである。このように思い切った仮説をおいてみることで、雑多な事実が振り分けられ、事実の一部が特別な意味を帯びて目前に立ち現れてくる。

梅棹や中尾による一連のアジア生態区分は、国家という単位を超越しているという意味で明らかに脱国家的である。だからといって、それが国家の分析に役立たないわけではない。国家は地域の生態的な特性に順応しなければ持続できないからである。その意味では、彼らがフィールドワークから組み上げてきた地域のフレーミングは、近代以降に成立した国家の枠組みとの間のズレを際立たせる役割を果たしたのである。

川勝平太の「文明の海洋史観」

梅棹や中尾が陸地に焦点をあてて文明の基本分類を提案したのに対して、海の視点から梅棹の生態史観に修正を試みたのが川勝平太である。[6] 川勝は京都生まれではあるが、京都学派の薫陶を直接受けてはいない。だが、今西や梅棹の論考に最も真剣に向き合った一人であり、京都学派の生み出したアイディアを派生的に膨らませることに貢献したのは間違いない。

一九九〇年代に登場した川勝の議論に特徴的なのは、地域間の相互関係に注目する点である。そこには「国家」の顔が見え隠れする。国家との距離感という点で特徴的なのは「海洋史観」にある次の視点である。

一つ一つの島の歴史を、大小の海洋〔海域と大洋〕から眺めれば、海がつなぐネットワークの連関の中で見直すことになるだろう。世界史を島々と海とからなるいわば〈多島海〉という座標軸のもとに見直すのである。それは帝国主義的発想の対極にたつ。帝国主義は、島々を帝国内部にかかえこもうとする、いわば囲い込みの思想にささえられている。帝国は帝国以外の存在に対する排他性の思想を含んでいる。それに対し、ここでいう多島海とは、一つ一つの島が自立しながら、海によってつながっている様をとらえたものである。（川勝 1997：142）

川勝は、それまで支配的だった陸地史観を補完する視座として海洋史観を提示し、その主人公として「船を生活手段にしてきた海民、漁民、商人、海賊などの非農業民、非牧畜民に光をあてる」（川勝 1997：142）。言い換えれば梅棹が打ち立てた地域という「くくり」の間を行き来しながら媒介する人々に着目しようとしたわけである。

海洋史観の要諦は、海からの外圧に対する「レスポンス（反応）」として形成された経済社会、という見立てにある。単に舶来品が海を渡って入ってきたというだけではなく、それらの珍しい文物と交換できるものを自ら作ろうとするレスポンスを島の側に生み出したという視点は見事である。このレスポンスのあり方が、日本と西ヨーロッパにおける近代化の原動力になったというのが川勝の仮説だ。

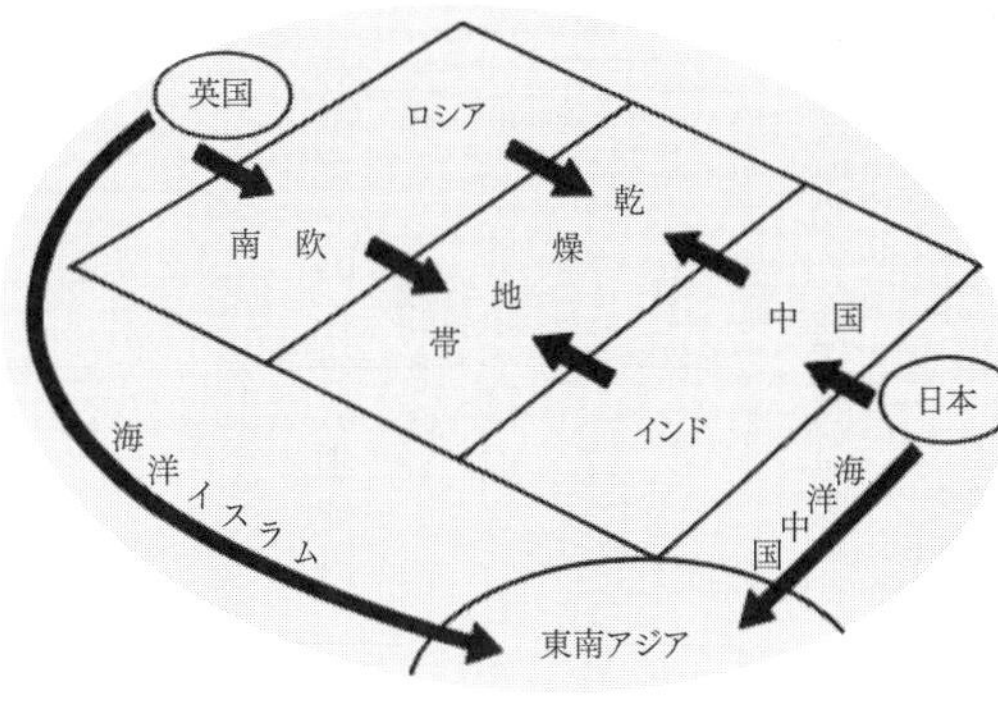

図 7-4　文明の海洋史観（近代以後）

出典）川勝（1997：206）。

図7-4にある海洋史観と梅棹の図式（図7-2）との明らかな違いは、海域に物流のルートが加えられていること、そして陸域内におけるモノや人の流れに付加して、地域間交流に新たなダイナミズムを与えている点である。地域のくくりは、その生態的な特殊性に基づく区分にとどまらない。その特殊性によって可能になる交易が、さらに地域の特殊性を深めるという動きを喚起する。国家の機能を国家の内部で完結する内向きの論理で

のみ了解しがちな私たちに川勝が教えてくれるのは、外部との交渉が内部の構造をつくり出している可能性である。これは環境国家の形成を外部との交渉過程の一環として理解するときにも役立つ視点である。

高谷好一の「世界単位論」

川勝とほぼ同じ時期に梅棹のモデルを発展させたのが、高谷好一の「世界単位論」である。高谷は、世界の秩序や構成を理解する論理として、列強の領地争奪戦の結果として引かれた「国境」がいかに不自然な存在であるかという問題意識から出発した。そして「住民自身にとって意味のある地域単位」（高谷 1997：8）として「世界単位」という代案を示す。高谷が重視するのは地域住民に共有されている世界観であり、その世界観がつくり出す生業や社会構造である。川勝は、それぞれの地域の間の物理的・経済的な関係に注目したが、高谷の諸地域全体をつなぐ「共存」という関係性に注目した。システム全体の機能を前面に置くのが海洋史観であるとすれば、システムを構成する個別地域の独立性を前面に出すのが「世界単位」の発想である。

共存原理としての世界単位は、各地域の生態的特徴を基礎条件にしながら、大きく三つに分類される。特定の場所の生態条件に依拠し、それへの長期適応から生まれる「生態型」、動き回る人々が緩やかに形成する「ネットワーク型」、そしてインド世界と中国世界の大きな思想が地域の生態を抱え込むような「コスモロジー型」である。アメリカやアフリカなど、梅棹の「生態史観」が省いた新世界に正面から向き合い、「世界単位」の類型に含めてみせた点が高谷の新しさである（高谷2010）。ところで、高谷の議論で注目しておきたいのは、彼がそれまでの京都学派の論者にはない国家論をはっきりと視野に入れている点である。高谷は言う。

私は「世界単位」を持ち出して直ちに国家を否定しようとしているのではない。特にアジアのように国家が一見うまく機能しているような所では国家を否定する理由はない。ただ、「世界単位」という考え方を用いて、国家をより正しく理解してもらおう、よりスムーズに運営してもらおう、とそういう気持ちで私は「世界単位」を提唱しているのである。（高谷1997：188）

「より正しく」という表現に込められた想いを筆者なりに解釈すると、生態的な条件に照らして国家が身の丈を知り、それをこえたところまで手を出すべきではないという提言に聞こえる。そこには「国家の身の丈」をめぐる議論には人口や経済成長に対する生態的な許容量や、諸地域のもつ文化的固有性に対してどこまで国家が法律や政策の論理で上書きするのを許すべきか、という議論も含まれてくるのだろう。

世界単位の同定を通じて、高谷は自然条件に立脚した調和と共存の論理が各地域をまとめる本来の地理的区分であることを見出していく。高谷にとっては、そのまとまりを壊してしまう力が近代の論理ということになる。高谷が問題にしたのは、与えられた自然環境に合わせようとするのではなく、文化と自然を対立的に捉えて、国家の都合で自然を変えていこうとする論理の暴走であった。

高谷は世界単位論の政策的示唆を明言しているわけではない。だが、彼の論理からごく自然に導かれる帰結は、国家権力の行使を本来の大きさに抑制する方向を目指すということになろう。東南アジアの文脈では、東南アジア諸国連合（ASEAN）のような諸国家の連合のつくり方や運営方法に「世界単位」の視点を取り入れるのも一つの方向性になる。

このように、梅棹や中尾に端を発する生態史観の系譜は、単純な地域分類から、より複雑な地域の成り立ちへと内容の密度を高めてきた。だが、そこに依然として欠けていたのは川勝が摑みかけた地域の間を移動する人々の戦略、あるいは一つの地域の内部で利害を衝突させたり、共存を選んだりする現場の人々の姿である。こうした人々の視点から国家を描き出すことで、既存の研究からは見えてこなかった国家の姿をいっそう立体的に捉えることができるのではないだろうか。

そこで注目したいのが、国家から見れば厄介な「動き回る人々」の歴史に迫ることで、期せずして京都学派と同じ「平行進化」に近い結論にたどり着いた政治学・人類学者ジェームズ・スコットの議論である。これから見る、スコットの『ゾミア』（スコット 2013）で提唱される概念は、これまでに見た京都学派の到達点を浮き彫りにしてくれるという点で有益な参照軸である。

3　国家が嫌う人々、国家を嫌う人々——スコットのゾミア論

「脱国家の世界史」との副題がつけられたスコットの『ゾミア』(7)は、ベトナム中央高原を東端とし、インド北東部を西端、そして中国南部を北端とする広大な丘陵地帯を舞台とする山地民の歴史である。正確には、山地民側から見た歴史といったほうがよい。もちろん、実際にはスコットが先達の民族学や地域研究の成果を踏まえて山地民を「代弁」しているのであって、山の民が自ら歴史を書いているわけではない。

それでも、二〇世紀半ば以前の東南アジア大陸部で、課税や徴兵を通じた国家への取り込みに抵抗し、それゆえに山に暮らすことを積極的に選んだ人々がいたという事実は、「国家」の存在を当然のものとして受け入れている私たちを驚かせるに十分である。スコットは国家からの逃避を試みた人々に着目することで、国家そのものを見るよりも、かえって国家の動態を効果的に照らし出す。

「国家はなぜ動きまわる人を嫌うのか」——こう問うたスコットは、開発国家の基本的な要件に「シンプリフィケーション」、つまり国家による規格化・単純化への志向性があることを見出す（Scott 1998）。度量衡の統一、住所や氏名が統一的に把握できるような住民登録などは、その例である。こうした規格化のプロセスは、詳細な土地利用地図の作成とゾーニングの実施など生態系保全や景観デザインの設計にも応用できる点で環境国家の基盤になる。逆にいうと、規格化の志向性になじまず枠

からはみ出すような人々は必然的に国家に嫌われるのである。

ミャンマーでのフィールドワークと多様な文献調査を通じてゾミアの政治的位置づけを深掘りしたスコットは、この地域の生業形態が平地国家の権力から逃避しやすいかたちで組み上がっているという仮説を立てた。そのうえで、山地の人々が同じ場所に定住せずに焼畑移動耕作を営むこと、一気に焼き払われる危険性のある地上作物よりも地中にイモ類を植えることを好むのは、平地国家による搾取をかいくぐるためであると主張した（スコット2013）[8]。山の民の暮らしは平地の人々に比べて後れているのではなく、戦略的に先を行っているというのだ。

考察対象の時代に多少のズレがあるとはいえ、環境国家の反転という今日的なテーマに照らしてスコットの『ゾミア』を読みなおすと、「国家」というくくりに収まりきらない多様な利害をもつ人々の姿が見えてくる。この多様性に目をつぶってきたことが「反転」の一つの契機であったと考えられる。「人々」を権力者の都合にあわせて固定的に捉えてしまうと、その枠にはまらない人々は翻弄されたり、政策の便益から排除されてしまうからだ。国家の周辺にいて最も反転の影響を大きく受けるような人々、それゆえに国家による開発を嫌い、別の生き方を求めて独自の生活圏をつくってきた人々を見る意味は、まさにこの点にある。

これまで見たように、反転の大きな契機は国家への権力の過剰な集中である。ゆえに国家に頼らない生き方が国家と「平行して」存在しうるという可能性は、反転の予防という観点からも注目に値する。特にグローバル化の加速にともなう、ヒト、モノ、カネ、情報の流動化傾向は、誰にどのような力が集まっているのかを見えにくいものにする。国家から逃げ出すという選択肢は極端だとしても、いったん枠の外に出て考えることは価値のある思考実験である。

『ゾミア』によると、山の民は決して平地の国家と絶縁した人々ではなかった。むしろ、必要なときに国家と接近して物資を調達するなどして、戦略的な関係を維持してきた人々であった。平地国家と山の民を媒介する税、交易、平地の常備軍の行動、奴隷を含む労働力、文字や文化などの歴史的交流に着目すると、「国家」の正体が浮き彫りになってくる。

国家と山の民を急激に近づけたのは天然資源である。スコットは、こうした辺境の人々が国家によって「発見」される過程に天然資源の分布が関係していた点に注目する。

それまで不毛とみなされ、国家なき人々の避難所であった辺境地に、成熟した資本主義経済にとって貴重な資源が突如として発見された。石油、鉄鉱石、銅、鉛、木材、ウラン、ボーキサイト、航空宇宙産業や電気機器産業に必要な希少金属、水力発電用地、医療品調査目的の自然保護区など、多くの場合、国家財政にとって有益な資源が見つかった。……資源発見の結果、それまで支配が行き届いていなかった辺境の隅々にまで国家権力が投入され、辺境民は確実に統治下に置かれるようになった。（スコット 2013：11）

この洞察は、第3章で見たタイと日本の鉱物・森林政策史からも裏づけることができる。人口が密集していた都市はともかく、人口のまばらな辺境においては、国家の関心はそこに暮らす人々そのものよりも、そこにある天然資源と、資源の支配が国家秩序に与える影響の方にあった。

ここでスコットが秀逸なのは、国家にとって同じ「辺境民」の中にも「好き嫌い」があったという点に目をつけたところだ。天然資源の開発と近代化は、特定のタイプの人間を好ましい存在として包摂し、そうではないタイプの人間を嫌って排除しようとする。きちんと納税し、国家の必要に応じて徴兵にも応じる人々は前者であるし、納税するどころか居場所さえわからないような人々は、犯罪者でなくとも国家に疎まれる。

国家に嫌われた人々は、自らも国家を嫌って逃避したからこそ、独自の論理に基づく山地での生活空間をつくり出したというのがスコットのゾミア論であった。「独自の論理」には、文字をもたない、特定の首長をもたずに平等主義的な社会を形成する、定住せずに移動耕作を繰り返す、といった非国家的な特徴が含まれる。スコットは、これらの特徴が文明に後れた「野蛮」の名残ではなく、むしろ平地国家に対抗し、国家に絡め取られないようにするために積極的に選び取られた戦略であると論じた。

本書のテーマに即して言えば、人々が動き回るのは国家の「反転」を恐れてのことであったとも捉えられる。梅棹の「生態史観」と比べたスコットの貢献は、地域の平面的な区分からは見えてこない地形の起伏に政治的な意味づけをしたこと、そして山地と平地を媒介する人々が二つの世界の行き来によってそれぞれの土地の特徴をつくり上げていく依存関係に焦点をあてたことである。

4　東西の脱国家論比較——スコットと京都学派の共鳴

人類学・政治学に立脚するスコットに対し、生態学に基礎をおく日本の東南アジア生態論者らは、川勝を除けば国家への関心は薄く、むしろ意図的に国家を分析の外においてきたきらいがある。文化人類学や農村社会学では、遊牧や焼畑にともなう人々の物理的な移動が調査課題になったとしても、国家との距離という観点からは人々の振る舞いに焦点をあててこなかった。国家は分析の対象ではなく、暗に迷惑な存在として「所与」とされる傾向が強かったために、いつの間にか「地域住民対国家」という枠組みが固定化することになったと考えられる。その意味では、国家の存在を前提に議論を組み立てるスコットの研究と、国家を必ずしも前提にしない梅棹をはじめとする京都学派の人々による非国家地域の研究には大きな違いがある。(9)

では、梅棹をはじめとする京都学派の研究者らの発想とゾミア論との間には、脱国家的であるという以外の共通項はないのだろうか。今西錦司の思想から、この問いへのヒントを求めることにしよう。筆者が考える両者の共通点とは、①（それまで看過されてきた）新たな主体性の発見、②弱者を基点とした論理展開、そして③事実の収集よりも仮説を重視する姿勢である。

まず一点目の主体性について見てみよう。今西がダーウィン進化論に対抗するかたちで提示した発想は、筆者から見ると国家の分析にも役立つアイディアを宿している。(10) 彼は個体のレベルではなく、種のレベルに注目して動植物の生態を観察し、そこに「棲み分け」という生存戦略があることを発見した。

「生物は無駄な抗争はしない」と考えた今西は、環境からくる選択圧を引き金にして生じるとされた「生存競争」の発想に真っ向から立ち向かい、逆に個々の生き物が環境に働きかける主体性の存在を前提とした理論を組み立てようとした。今西の考え方がよく表れているのが、次の引用である。

……食料の乏しいときには、一インチでも二インチでも背の高いキリンが食物にありついて生きのこり、もう一頭の食物にありつけなかったほうのキリンは、生存競争の敗者となって、餓死してしまうというのであるが、抽象論としては、そういうことも起こり得ないとはいわない。しかし、こんなあほうなことが、はたして現実の自然のなかで、起こりうるのだろうか。私の反論はいつでも、自然に密着したところから出発する。アフリカのサバンナでは、大きくて高いアカシアのような木は、なるほどポッツンポッツンとしか生えない。しかし、一本きりというのではないのである。そうだとすれば、さっきの競争で敗れたキリンは、なにも餓死したりなどしなくても、動いていって、どこかで自分の背丈にあった木の葉を食えばよいのである。

（今西 1993：100）

ここにゾミア的な脱国家論との共通点が見て取れる。生き物はそれぞれの生きる場所を見つけて、そこに動いていくものだという今西流の「主体性」の考え方である。生物の進化を環境要因で説明するダーウィン流の発想方法に対して、今西は個々の生き物に主体性をもたせる視点をとった。

一方、スコットの見方は「山に暮らす野蛮人」が、これから平地文明に取り込まれようとしている段階にある人々ではなく、平地国家との交渉過程でつくり出された人々であること、つまり平地国家との長い交渉の中で平行進化をとげてきた主体的な人々であるとした点で今西の視点に通じる。

生態学の今西が人間社会を初めて本格的に研究した成果としてまとめた『村と人間』を読むと、スコットとのいっそう強い共鳴を感じざるをえない。


農村の成立が古いといっても、今日の都市と共存している農村は、農村としてはもっとも新しい、進化した農村でなければばならない。サルだって、今日このせちがらい日本で、人間と共存し、人間の作物をかすめつつ生活してゆく能力をそなえているかぎり、そのサルは、むかしののんきな時代のサルとはちがって、サルとしての進化、サルとしての近代化を、ある程度までとげているもの、ということができる。　（今西 1952：3）

「サルとしての近代化」という表現には今西のユーモアがにじみ出ている。今西の場合は、擬人化によって自らの思いを対象に投影する。今西にとって「自然」とは、自己の延長として感じるべき対象に他ならなかった（丹羽 1993：40）。動物と人間の相互作用を重視するというのが、今西方法論の神髄であるが、その視点はスコットが平地民と山地民の相互作用・相互依存を見出した洞察に重なってくる。

二番目の共通点は弱者へのまなざしと、それを基点に強者を含めた体系を説明する手法である。今西は、生物が経てきた長い歴史の中で、ダーウィン流の生存競争が働いているのであれば、なぜカゲロウのような一見すると弱々しく見える生物も生きていられるのかという単純な疑問から「棲み分け」の着想を得た。すなわち、強い者が弱い者に置き換わっていくのを自然の摂理とするのではなく、むしろ弱い者が自らの居場所を主体的に見つけていく道に新たな説明の糸口を見出した。その論理を他の生物に敷衍することで、それぞれの生物が自分の居場所を求めて特殊化していく過程に進化の原点を見ようとしたわけだ。

一方のスコットも、山の民という国家から見れば弱者である人々に注目しながらも、山の民が逃避に適した根菜類を選択したり、たたみやすい居住形態を工夫したりするのは国家と戦略的に距離をとるためであると主張する。つまり、山の民を平地国家に従属する人々としてではなく、むしろ主体的に自由を勝ち取った人々として描き出したのだ。

最後の重要な共通点は、本人らがそのように意図していたかどうかは別として、仮説の提示を重んじ、それを足がかりに新事実の地平を開拓したことである。この点は今西よりも中尾の照葉樹林文化論に顕著だ。中尾は事実の収集そのものよりも、それを意味づける仮説から派生的に問いを繰り返すことで研究の地平を飛躍的に拡大させた。彼の照葉樹林文化論は、三日月地帯からどのような経路で植物や生業文化が波及していったのかという問いを喚起したことで、後世の研究者らの道を拓き新たな研究領域を創り出した。対してスコットのゾミア論は、従来、経済合理性や文化的伝統という観点からのみ説明されていた生業や住居の形態を、国家権力との関係から再配置する機会をつくった。山の人々が「野蛮になることを自ら選び取った」という仮説は実に大胆で、賛否両論を喚起する十分な訴求力をもって多様な分野の読者を魅了した。

このように、今西や梅棹を先駆けとする生態学に立脚した京都学派とスコットのゾミア論には、表面的な脱国家的視角以上の共通項が見出せそうである。本章の締めくくりに、これらの議論が環境国家論にどのような示唆をもつのかを検討しよう。

5　環境国家論との関係

京都学派の研究者もスコットも非国家地帯に注目することで、逆に国家の正体に光を当てることに成功した。スコットは「人の動き」を、国家権力との関係から捉えなおした。人々が動き回るのは、単に食料の確保や過ごしやすい気候を求めるためだけではなく、権力をかわすためでもあるという側面を重視した。しかし、スコットの視点の面白さは、それを弱者が権力を嫌って山に逃げたという説明で片づけないところである。「弱者」は必要に応じて平地と交易関係を結び、国家と付かず離れずのしたたかな関係を築いていった。今西流にいえば、もともと平地民であった人々が、国家の手の届きにくい山地にニッチを求め、その場所にあわせて特殊化することで自ら進んで「山地民」になった、というわけだ。

このようにスコットは国家の存在を所与として、そこへの人々の出入りの様子を歴史的に描き出した。それは、文字をもたない周辺の民の主体性を発見する作業でもあった。この発想を逆転させて、国家こそ人民の領域に主体的に出入りする存在であると見れば、そこには新たな国家論の可能性が浮上してくる。近代以降の国家は、近隣国との競争も意識しながら国内のさまざまな資源の開発や保護を行ってきた。こうした政策を介して民衆の領域への「出入り」を繰り返すなかで、国家は中央－地方の間の縦の統治関係や各省庁の横の分業体制を築いてきたと考えられないだろうか。

京都学派の伝統には、競争ではなく共存の発想が底流にある。最適者生存の原理に基づく発展段階論ではなく、棲み分けと平行進化の発想が根本に横たわっている。今西派の地域研究の足跡をたどってみて、筆者がそこに見出すのは、日本人に特有の平等主義が分析の着眼点に影響しているということである。今日の社会を競争の結果として、適者だけが生存している世界と見るのか、それとも弱者は弱者なりに自分の場所を見つけてひっそりと暮らしている世界として見るのかでは世界観が大きく異なる（佐藤 2017）[11]。棲み分けの視点をとれば、いわゆる「後れた」国や地域を近代化の道に無理に引き込むという発想にはならないし、日本を無批判に開発の手本として持ち上げようとする発想にもならない[12]。

資本主義的競争がアジアの各地を覆いつくし、自然環境のあり方を大きく改変している今日、平行進化論の政策的示唆を考えることには大きな価値がある。地域に固有の生態系という身の丈をこえる枠組みの無理な導入が、環境国家の「反転」の一つの要因になっているとすれば、予防策の力点は、個別の環境政策を改良することではなく、そもそも環境政策を呼び込むもととなる開発政策の方を生態的な条件にあわせて変更することに置かれるべきである。エネルギー消費を抑える地産地消への移行は、こうした例である。ゾミア論や京都学派の議論が、地域共同体を主体とした内発的発展と相性がよいのは、まさにこの理由による。

地産地消をはじめとする「内に向かう発展」の可能性が、気候変動などの地球規模の課題解決に対して無力に見えたとしても、グローバル化の対立軸としてその存在を打ち立てておく価値は大きい。地域研究と政策との距離はつねに微妙なものがあるが、関与を拒むことは現状を無条件で肯定してしまうことに等しい。地域研究者は、ゾミアに暮らす山の民がとった「付かず離れず」のしたたかな立ち位置に倣い、必要な場面で必要な政策提言を行うのが正しいように思われる。

第8章　公害原論
——被害者に寄りそう認識論

環境国家の反転が止まらないのは国家に絶大な権力が備わっているからだけではなく、大衆が国家の操る専門的な論理をむしろ積極的に受け入れてしまうからでもある。近代科学の「知」が環境国家の反転を許しているのだとすれば、学問は公害のような現実の課題に対して何ができるのか。本章では一九七〇年代の日本で宇井純が提唱した公害原論を手がかりに、権力と科学知の密接な関わりを解明し、被害者の側に立つ学問のあり方を展望する。

1　公害原論とは何だったのか

宇井純の反乱

一九六〇年代に最も激化した日本の公害問題は、単に開発と環境のジレンマを象徴した事件ではなかった。そこには、特定の知を「真実」として重く見る一方、別の違った知を「虚偽」あるいは「重要ではない事実」として置き去りにする、いわば「知の階級制」をめぐるポリティクスが横たわっていた。その構造に鋭いメスを入れ、公害問題の取り上げ方そのものを問題にした異色の研究者に宇井純（一九三二―二〇〇六）がいる。

まさに公害が認知されはじめた一九五〇年代から六〇年代にかけての日本は、世界が目を見張るような高度経済成長のただ中にいた。公害を高度経済成長のやむをえない副作用として甘受する風潮が強かった一九六〇年代の日本で、宇井は「公害を無視したことが高度成長の要因であった」と断罪し、水俣病被害者の視点から公害の抑止に消極的だった研究者や大学の責任を厳しく問うてきた（宇井 1971：225）。

東京大学工学部というある種特権的な場所に職を得ながらも、二〇年以上にわたって「助手」の身分に据え置かれていた宇井を一躍有名にしたのが、夜間に非正規の授業として開講された「自主講座」であった。「公害原論」とは、正式の講義を行う資格をもたなかった宇井が、夜間に一般公開で始めた自主講座の名称である。一九七〇年から一五年間続いたこの講座は、多いときで一千人をこえる聴衆を集め、公害運動の一つの推進母体となっていった。自主講座は、「御用学者集団」として宇井が批判の対象にしていた東京大学の体制側の目には、まさしく「反乱」と映ったに違いない。しかし宇井からすれば、体制側にあって、開発と経済成長に全幅の信頼をおく「御用学者」こそ反転の元凶と見えていたことだろう。公害原論の第一回で配布された「〝公害原論〟開講のことば」には、次のような刺激的な一節がある（宇井 1971：2）。

個々の公害において、大学および大学卒業生はほとんど常に公害の激化を助ける側にまわった。

図 8-1　東京大学における宇井純の最終講義の様子

出典）桑原史成氏撮影・提供（1986 年 3 月）。

> その典型が東京大学である。……費用と建物を国家から与えられ、国家有用の人材を教育すべく設立された国立大学が、国家を支える民衆を抑圧・差別する道具となって来た典型が東京大学であるとすれば、その対極には、抵抗の拠点としてひそかにたえず建設されたワルシャワ大学がある。そこで学ぶことは命がけの行為であり、何等特権をもたらすものではなかった。立身出世のためには役立たない学問、そして生きるために必要な学問の一つとして、公害原論が存在する。

宇井の仕事についてはすでに多くが書かれているし、筆者は水俣病解明への貢献者や下水道技術者としての宇井を評価する立場にない[1]。筆者があえて注目するのは、宇井が晩年までこだわった「知の階級制」の問題である。ここに注目するのは、国家が重い腰を上げて環境問題に取り組むようになった今もなお、知の格差問題が私たちの社会に深く根を張っているからである。特定の知を価値あるものとみなし、他の知を取るに足らないものとして軽視する知の構造には、人々にとって役立つはずの政策が反転する重要な原因がある。特に学問の中立性を盾に政治や公正さの問題とは無縁とみなされがちである知こそ、暴力性をはらんでいると宇井は見抜いていた。

知の階級制

宇井は絶えず「前例」を持ち出して、「他人の頭で考えた理論」に頼ろうとしてきた日本社会、とりわけ東京大学を頂点とする教育研究の文化を痛烈に批判した。一九七〇年に始まった自主講座は一五年間継続されたが、本章では「公害原論」の題名で出版された初期の講演録（宇井 1971）を主な資料にして、環境国家の無批判な拡大を正当化してきた「科学知／形式知」の問題点を浮き彫りにする。

本書のテーマに照らせば「公害原論」には今も見るべき点が大きく三つある。一つは、宇井が日本の公害を前例のない「誠に光栄な困難」（宇井 1971：232）と位置づけ、日本人が自分たちの頭で問題に立ち向かう好機と考えた点である。災害が生じるたびに「想定外」を言い訳にしてきた関係者らの意思決定構造に根本から問いを発する手がかりが、宇井の試行錯誤に見出せるのではないかと筆者は考えた。私たちが近年の度重なる災害経験から学べるのは「前例」を頼りにすることの危険性である。災害の頻発と不確実性の増大は、安定成長を前提としていたそれまでとは違った知のあり方を私たちに要請している。

二つ目は、宇井が公害運動を「負け戦の話」（宇井 1971：231）としたうえで、負けた経験の方が将来の役に立つと総括している点である。日本に蓄積された負の経験、決して実を結ぶことはなかった運動の意味を宇井のレンズを通して振り返ることは、開発と環境のジレンマが高度成長期の日本と同じくらい先鋭化している今日の後発国を見るうえで有用な参照点になるに違いない。

三つ目は、宇井が権力者の振りかざす形式知と格闘した経験から被害者に寄りそう方法を考え抜いた点である。宇井は公害の被害者を含む一般大衆には上手く言葉にできない経験が多く蓄積されているにもかかわらず、それらの経験にまともな地位が与えられていないと考えた。

不確実性の増す世界の中で、人々の暮らしを脅かす環境問題への取り組みに役立つ学問のかたちとはどのようなものか。学問が時の権力と癒着し、利用されてきた歴史を見るとき、前例のない課題に対する宇井の挑戦を読みなおすことには特別な意味がある。

「第三者」と問題の性質

宇井が遺した言葉の一つに「公害に第三者はいない」という有名なものがある。ここで「第三者」とは被害者と加害者との間を仲介する研究者を指すことが多いのだが、宇井によれば、この「第三者」は、本人にそのつもりがなくても半ば自動的に加害者の側に立つことになる。(2) この論点は、我々の取り組む「問題」が、データの量や質そのものだけでなく、背景にある経験によって何をデータにするかをも規定している可能性を指し示す。次の観察が宇井の問題意識を要約している。

被害が認識されたとき、被害者はその被害を全身で感じているが、それを他人に言葉で伝えるように客観化するのは、これも容易なことではなく、多くの場合十分には表現できない。だが公害の認識は全身的であり、総合的である。これに対して加害者である発生源の認識は、せいぜい汚染物質の濃度や被害者の数といった数字で表現できる部分に限られた、部分的なものでしかない。……もし公平な第三者と称する者がいて、双方の言い分を均等に聞こうとすれば部分と全体の中間をとる認識になり、必然的に加害者と同じ部分の次元になってしまう。（宇井 2000：51）

宇井は、公害のガバナンスに先立って、私たちの公害理解のあり方そのものに「知のガバナンス」と呼べるような問題が横たわっていることを指摘した。宇井の問いかけは公害認識という文脈から出発しているとはいえ、現場の実態に即した総合的・経験的な知識が、より抽象化された部分的・数量的な知識に圧倒されてしまうという深刻なアイロニーを私たちに突きつける。特定の時間と場所に機能を限定されたローカルな知は、現場における実践的な強みや文脈の豊かさとは裏腹に、場所をこえた汎用性をもつ普遍的な知に多くの場面で圧倒され、黙殺されてきたといってよい[3]。

宇井は「全身的・総合的な認識」の特徴を「言葉でうまく表現できない」ことと形容したが、これはいわゆる「暗黙知」の要件の一つである。ここで「暗黙知」をM・ポランニーにならい「暗黙に知ること（tacit knowing）」と定義しておこう（Polanyi 1966 = 2003）。ポランニーは「私たちは言葉にできるより多くのことを知ることができる」として、言葉にできる形式知は我々のもつ知識全体のごく一部でしかないことを示唆した（Polanyi 1966＝2003：18）。つまり、形式知にうまく置き換えることのできない知覚や表現こそが暗黙知である。

ここで重要なのは、知の内容が「言葉にできない」という技術的な意味で「暗黙」なのではなく、「正当に取り上げてもらえない」という社会的な意味で暗黙知化される側面である。何も語ろうとしない人が語らない理由をくみ取る努力を外部の人間がしてこなかったという問題だ。宇井が批判したのも、この点に他ならない。

宇井のいう「総合的・経験的な認識」の無力化は、受益／受苦という枠組みの中で「被害者の声」を公平に扱うことを困難にするだけではない。個別の場面で私たちの役に立つ知識や技能を、必要な場面で看過させる要因にもなる。近代科学的な思考が知の形式として席巻しつつある今日の世界では、暗黙知はますます軽んじられているように思える。特権化された形式知と、無力化され正当性を認められにくい暗黙知との間には、「知の階級制」による格差が存在している。この格差は、形式知の理論からだけでは導かれない「違ったあり方」を構想する機会を私たちから暗に奪い取ってはいないだろうか。ここで、いったん宇井の議論から離れて「知のあり方」の一般的な問題を振り返っておきたい。

「違ったあり方」を論じる知

特定の知が正当性を獲得する過程をめぐる「知のガバナンス」は、ある偏りをもって発達してきた。しかし、科学が定式化される近代以前の長い歴史の中では、暗黙知に形式知と対等の地位が与えられていた時代があった。

アリストテレスは、知のあり方をエピステーメー（真の知、科学）、テクネー（つくる知、技術）、フロネーシス（為す知、知慮）の三つに分類した。この中で、「科学」とは、「違ったあり方が不可能なことがら」の論証を行うものであって、人に教えることができるものを指す。「科学」が「最終的に答えが一つに収束する知の領域」であるのに対して、残りの二つは結論の収束しない「違ったあり方が可能な」暗黙知の領域に属する。テクネーとは「ものを生じせしめることにかかわる制作（craft）」であり、今日「技術」と呼ばれるものがこれである。もう一つが本章の焦点である行為・実践に関する知のカテゴリーで、これをアリストテレスは「フロネーシス」と呼んだ（アリストテレス 1971：225）[4]。エピステーメーとテクネーの二つの知が、それぞれ「科学」「技術」として今日に至るまで発達してきたのに対して、倫理や実践知などと訳されることの多いフロネーシスにはまとまりのある後継概念が育たなかった（Flyvbjerg 2001）[5]。

環境に関する社会科学の系譜で、このようなオルターナティブな知のあり方を考察した例は少なくない。環境社会学の分野における鳥越皓之の「体験知」（鳥越 1989）や、松田素二や嘉田由紀子の「生活知」（松田 1989；嘉田 1994）を取り上げた論文である。これらの論考は科学的な近代知が捉えきれない領域に人々の生活に根ざした知の存在を示すことに貢献した。ただし、科学（エピステーメー）との力関係や、知の階級制が生み出される背景に踏み込んだ研究は少ない。そこで本章では、近代科学が称揚する形式知に代わるオルターナティブな知をさらに分類するのではなく、それらをひとまず「暗黙知」として総称し、その相互関係に焦点をあてながら議論を進めることにしたい。

暗黙知には、形式知とは異なる三つの特徴がある。第一の特徴は、実用に立脚した統合的な性格である。形式知的な科学は、全体を部分に分ける分析に力を注ぐ。分析結果の統合は、統計学的な母集団の推計から、その傾向や相関について知見を提示するにとどまるのが標準的である。しかし、実践の場では統合こそが有用性の前提となる。暗黙知における統合は、その場、その時の個別状況を即座に把握する職人的な知の営みである。農業の例でいえば、その時の土地、気候、水の量、作物の品種などに関する個別の知が、栽培という目的に向けて統合されてはじめて作物はよく育つ。

第二の特徴は、それが身を以って学ぶ知であるということ、つまり経験を通じて体得される個性化された知であるということである。料理を作ったり、自転車に乗ったりといった日常的な行為から、農業や医療といった社会的な活動に至るまで、何気なく実践をこなしているような人でも、あらためてそれをどのようにやってのけたのかと問われると、うまく説明できないことがある。近代科学が汎用性を保とうとしてきたのに対して、こうした暗黙知は個人に内部化された領域で機能し、蓄積される。

第三の特徴は、地域固有の文脈と個別の事例を重視する志向性である。普遍的な形式知が文脈を捨象するのに対し、暗黙知では文脈と状況をくみ取る力が実用的な効果を生む。この特徴をうまく捉えて「知識を有せずしてしかも知識を有する人々よりも実践に役立つ」人の存在を明示したのはアリストテレスであった。次の例がわかりやすい。

もし人が「軽い肉は消化がよく健康にいい」ということは知っていても、「いかなる肉が軽いか」を知らなければ、この人は健康を生ぜしめることはできない。それよりはむしろ「鳥の肉が健康にいい」ということを知っている人の方が体に健康をもたらすことに成功するであろう。

（アリストテレス 1971：230）

鶏肉が健康によいという知識はたしかに個別的（particular）である。あるいは医者による医療行為の場面でも、現場の治療の対象となるのは具体的な「あの人・この人」であって「人間一般」ではない（アリストテレス 1959：23）。このような日常生活の実践の場では、その場を条件づけている固有の文脈を読み取る能力が欠かせないことを私たちは知っている。

こうした特徴をもつ暗黙知が近代化のプロセスにおいて軽視され、捨象されてきたのは、それが形式知と異なり、記録されにくい特徴をもっていたからだけではない。近代科学が称揚する普遍性・論理性・客観性という三つの基準（中村 1992）に照らして、暗黙知のもつ統合的・個別文脈的・実践的な特徴は、まさにその対極にあるからである。固有の経験に基づく事例は、各々が個別にどれほど「総合的」で密度の濃い経験の束であったとしても、それを集計する視点から見れば、良くしても「データの一点」、悪くすると母集団推計の邪魔になる「ノイズ」でしかない。

他方で森林や土地、水や魚といった自然資源の管理に「そこに暮らす人々の知」が不可欠であるとする議論は近年の政策論議の中では共通理解になりつつある。自然環境が実践の対象であり、経験の場であることを考えると、文脈を捨象することで発展してきた科学だけに頼っていてよいのかという疑問も沸く。この疑問に答えるためには、単に科学を批判すればよいのではなく、暗黙知に立脚した別の知を構想しなくてはならない。明らかにローカルの範疇《はんちゅう》をこえる気候変動と、その理解を知的に支える地球環境科学の議論が隆盛を極める今日、環境の分野で地域の固有性を捉えようとする学問はその存在意義をめぐる新たな戦略を迫られているといえよう（佐藤 2009）。

開発国家の知的な基盤であった近代科学は、そのまま環境国家の基盤として継承された。「環境問題が近代科学の矛盾の結果として出てきた」（鳥越 1989：18）とすれば、その矛盾を解きほぐすには、まず環境国家において形式知が特権化される過程を跡づける必要がある。

2　環境国家と特権化される知

特権化される形式知

有史以来の長い間、国家の統治とはごく限られた数の為政者の直観や縁故など、きわめて属人的な暗黙知による政治のことであった。そして、そのような密室での意思決定をできるだけ多くの人に開いていく過程が国の「民主化」であった。効率的でわかりやすい規格を求める為政者にとって、統治される人々の中に存在する実に多様で把握のしづらい暗黙知群こそ、脅威の源泉と映ったに違いない。宇井が問題にした「経験のデータ化」の過程が過去にどのような問題点を孕んでいたのかを知ることは、データを振りかざす環境国家の反転を予防する手がかりになる。[6] 国家が好むデータとはどのようなものだろうか。

前章でも紹介したスコットは、中央政府が離れた場所から自らの意思を伝達・実行できるよう「シンプリフィケーション（画一化、規格化）」という手続きを通じて現実をつくり変えてしまうプロセスに注目した。そこには戸籍制度、言語、度量衡、所有権などを明示的で読みやすい（legible）かたちへと単純化していく過程があった（Scott 1998）。統計技術の発達にともない、首都の執務室にいながらにして全国の情報を集め、操作することが可能になるなかで、把握しきれないローカルな知はその地位を失っていった。[7]「読みにくい」山地民の行動を把握するための移動式焼畑耕作の禁止や定住化政策は、こうした志向性を政策に反映させた典型である。

土地に応じた植生や収量の現状と予測は様式の決まった一覧表に集約され、統治の「成功」は期待される税収と実際のそれとの差によって量的に測定できるようになる。たとえば奥地に広がる「森林」はこうした翻訳を介して、はじめて中央の為政者の頭の中に位置づけられることになる。収量と歳入へと収斂される森林の数値化は、森林を政府による操作の対象に仕立てるために有用であっただけでなく、火災や害虫、地域住民による不法な開墾といった統治の障害を明確に対象化することにも役立った（Agrawal 2005：59）。

森林に見られる諸資源の新たな主体化は、二重の「置き換え」をともなった。まず、従来の森林に対する見方を統計的なもの（面積、種の数、生産物の量、植生の密度など）に置き換え、つぎに商業的価値をもたない自給用の産物などを指すローカルな概念を捨象して、「商品」に置き換えた（Agrawal 2005：34）。統計という新しい統治技術の活用によって、森林は再定義されていったわけだ。より大きな視点から見ると、統計値に収斂された森林経営の合理化は、暗黙知の要件の一つである個別性を除去するプロセスでもあった。抽象や捨象は、複雑な対象への働きかけの糸口をつくってくれる点で実際の行動に役立つものであり、それゆえに広く実践されてきたのである（中村 1992：22）。

暗黙知の黙殺は、暗黙知をどうにかして形式知化することで回避されることもある。だが、そこには暗黙知を「読まれまい」とする人々の抵抗がありうることを見逃してはならない。統治の歴史は、為政者と被支配者の間で繰り広げられただまし合いの歴史であり、そうした関係を通じて互いのアイデンティティがつくり出される歴史でもあった（佐藤 2016）。第7章で見たように、スコットは『ゾミア』で文明の中心から離れて暮らす山の民が、平野部から取り残された人々ではなく、むしろ平野部における国家と戦略的に距離をとりながら自律的な暮らしを守ろうとしてきた人々であることを描いた（スコット 2013）。そこから見えるのは、辺境の人々が文明から落ちこぼれたのではなく、中央に抵抗する一つの手段として、形式知の魔手の届かない山地での生活を選び取った可能性である(8)。

統治する側と統治される側との長い交渉の歴史を経て、近年の統治技術は、かつてのあからさまに高圧的なものから、「住民参加」や「地方分権」をキーワードにした大衆迎合的な「やさしい」政策に変わってきた。この背景には、国際社会、特に援助機関による融資が腐敗の防止や民主主義の促進などを条件にしていることが大きい。国際社会が民主的なガバナンスの観点からこうした権力分散を求めるのは理解できるとしても、国家はなぜそれを積極的に進めるのか。考えられる理由の一つは、統治対象に大きな政治的なまとまりができると、国家の秩序が脅かされる可能性があるからだ。この点に関するブラジルの教育思想家パウロ・フレイレの以下の指摘は雄弁である。

「地域開発」の仕事において、ある地域全体が「たくさんのローカルコミュニティー」へと細分化され、その地域を全体としてとらえられなくなるほど、あるいは、他の全体性（地域や地区など）から切り離されて、ある全体（対立の一部であり全体であるところの国）としての国になればなるほど、疎外感は深まっていく。疎外されればされるほど、分断は容易であり、分断を維持することも容易である。

（フレイレ 2018：281）

フレイレはこう指摘して、「コミュニティ」を過度に強調することが人々の団結や組織化を阻止し、逆説的にコミュニティを弱体化させることにつながる点に注意を喚起した。

このように一見すると現地住民に融和的な政策に潜む反転の契機は、容易に見抜けないことがある。第4章で見たように人々の側から国家の政策に歩み寄る場合には特に権力の働きが読みにくい。たとえば政治学者アルン・アグラワルはインド北部での調査から、かつて森林保護政策に反対していた地域住民が、なぜ比較的最近になって熱心な保護論者に変貌したのかを問うた。そして、その理由を人々の自発的な意識改革ではなく、地方への権限移譲にともなってそれまで対立的な関係にあった政府と地域住民の利害が一致する状況が生じたためである、と説明する。地方分権は、経済的にも政治的にも低いコストでの森林管理を可能にした。一方で、これを権力構造の視点から見ると、地方分権は森林と人々の関係に関する不確実性を低減させ、両者を統治しやすい対象に変えたとアグラワルはいう（Agrawal 2005）。こうした地方分権やコミュニティへの権限委譲には、さまざまに明文化されたルールがともなうことが多い。それまで暗黙に機能していた地元のルールは、暗に解体され、「地方分権」の名目とは裏腹に形式知の支配する国家の論理に編入されていくのである。

経験を無力化する「技術的優位性」

前述のように、政府による中央集権的な統治は、統治対象を標準化し、操作しやすい対象へと変換することを好む。この変換プロセスに公の推進力を与えていたのは「効率」のドグマであった。経済学における「効率性」は、「パレート効率性」と呼ばれる考え方によって説明される。すなわち、「ある資源配分について、ある個人がそれより有利な配分になるときは必ずほかの誰かが不利になるなら、元の資源配分をパレート効率的という」（有斐閣『経済辞典』）。要するに資源配分に無駄がないということである。効率論理の強みは、「みなが得する」論理を仕立てて、分配をめぐる政治的争いから私たちの眼をそらせることである。不公平な分配が不満を生み出しても、効率の改善によって節約できたパイを再配分できると仮定すれば、みなを満足させられるからである。

効率論理は対象集団が交渉力において均質であるという前提で成り立つもので、普遍性を志向する形式知との親和性が高い。ゆえに、効率の論理は分配をめぐる個人的な交渉力に格差がある可能性には目をつぶる。このような効率の原理の絶対的な正当性は、「選択のもとになる経験」（鳥越 1989）や「違ったあり方」への探求を遮断する効果をもつ。効率は、文脈や目的から目をそらし、「最短距離」という手段に執着させることで、面倒な価値の問題を回避するのである。

環境分野において効率性と相並んで暗黙知を無力化する論理が「技術的優位性」である。ある制度や仕組みが採用される理由をその技術的優位性に求める考え方は、エコロジー的近代化論（ecological modernization）、あるいは「環境効率（eco-efficiency）」に具現化されている。「エコロジー的近代化」は、過去から現在に至る文明の推移を基本的な前提に、近代化と技術進歩によって各種の環境問題は克服できると見る考え方である（生方 2017；Korhonen 2008）。この議論で焦点となる「技術」にも、「効率」と同じように、そもそもの介入の目的を忘れさせる効果があることに注意したい。この問題を取り上げたのが科学技術論の専門家ラングドン・ウィナーである。

大きく複雑な技術システムに基礎を置いた社会では、実際的な必要という理由以外の道徳的理由は次第に時代遅れ、「理想論的」、そして不適切と思われるようになっている。自由、正義、平等のための主張を掲げようとしても「結構なことだが、それは鉄道（または製鉄所、航空会社、通信システムなど）を動かす方法ではない」といった趣旨の議論に出会うと、すぐに無力化されてしまう。　　（Winner 1986＝2000：70）

効率や技術的必然という論理には異論を挟みにくい。しかし、それは特定の選択に先立つ人間の経験、特に分配をめぐる試行錯誤の過程を不問に付し、「違ったあり方」への想像力を遮断してしまう。技術的な「必然」と考えられてきた歴史の経路に「別の選択肢があったかもしれない」という可能性を提示することは社会科学の重要な役割である。いかなるガバナンスも、効率に代表される正当化の論理によって、その対象を飼い慣らすプロセスをともなうが、この過程で失われる多様性や固有性といった価値観の救済は誰かが担わなくてはならない。

効率の概念は手段と目的の関係を軸にシステム全体の機能を優先する論理である。つまりそれは少数者の犠牲を「やむなし」とする論理でもある。宇井はこの論理を問題視して「多数の人間にごくわずかに得られる便利さと、少数の人間にかかってくる非常に大きな不利」の対立として定式化した。もちろん、時間の経過とともに有利不利の中身は変わるであろう。しかし、事業を進める論理として、「多数の人間の便利」を優先する発想に私たちが慣れきっているのは事実だ。一元化を好む国家と、多元性の上に成り立つ地域社会との間の溝は深い。

ハリネズミと狐

「狐はたくさんのことを知っているが、ハリネズミはでかいことを一つだけ知っている」。英国の政治哲学者アイザイア・バーリンは、古代ギリシャの詩人アルキロゴスの詩を引用して芸術家や思想家の類型を二つに分けた。第一は、一つの基本的ビジョンや体系を真ん中において、自分の作品を求心的に構築してゆく一元的な「ハリネズミ」タイプ。第二は、遠心的に拡散した多様な対象を、自分固有の心理的・生理的脈絡の中にとらえようとする「狐」タイプである。

環境国家の振る舞いを見ていると、場所に応じてさまざまなローカル知をもっている民衆という狐に対し、中央政府というハリネズミが一元的に政策の方向を定めているように見える。その傾向は、資源や危険物質等の許容量をめぐる攻防の過程で、政府と科学者が全権を握る傾向と表裏をなしている。こうした国家に強大な権力を付与する一元化への道をそのままに放置すると、再び分権化できなくなるおそれがある。

近代化の時代に芽生え、開発国家の時代に全面化した知は没個性化された形式知であった。これが環境国家の時代にそのまま継承された。極端にいうと、科学的知見に基づくマニュアルさえあれば資源や環境は円滑に管理ができるという発想である。ただしその影響は、開発国家と環境国家とでは違ったかたちで現れる。開発主義をとるアジアの後発国では、ナショナリズムに裏づけられた国家単位の工業化と経済成長が重視され（末廣 2000）、先進諸国ではここに最終的に個人の利益につながる「富の分配」が理念として加わった。一方、環境国家においては個人レベルでは比較のしにくい「リスクの分配」が争点になる（ベック 1998）。リスクが見えにくいのはそれが近代化と開発という「良い社会変化」の副産物として生じるからである。水俣病の原因をめぐってあれほど論争が長く続いたのも、チッソ工場が副産物として生み出していた有害物質の人間の健康に与える影響が、工場の経済効果に比べて捉えにくいものだったからである。

形式知化は、問題の発見から解決までの重要事項を専門家に任せる方法で進んできた。それは開発と環境のどちらに軸足があるかを問わない。ただ、その効果は、特定の専門家や科学的な知見にお墨付きを与える国家の強大化であった。すでに指摘したように、抵抗する市民社会やNGOなどが無力というわけではない。しかし、環境保全そのものに反対する強力なNGOの存在を筆者は知らない。国家に対する抵抗勢力は、こと環境分野については国家権力の一部に包摂されてしまうのである(9)。

ところで、こうした対立を、統治するもの／されるものという対立軸に置き換えた場合、両者の関係には「二つの知の併存」以上の根深い問題が横たわっていることに気づく。それは忘却、すなわち人の忘れやすさである。どれほど深刻な社会的課題も忘れられてしまえば、知の性格なども はや関係がなくなる。

3　忘却と暗黙知の回復

公害の起承転結

ここまでの議論では、潜在的に有用な知が「つねにそこにあって、使われることを待っている」ことを前提にしてきた。環境問題がより大きな統治の課題にはみ出してくる、もう一つの大きな要因は、過去の教訓を忘れて、ないがしろにしてしまう社会の習性である。これから見るように、特定の歴史を教訓として心に刻み、他のものを忘れる過程には人間の恣意的操作が入り込む。

中国・北京市の大気汚染のように日常的な環境リスクは、千年に一度の自然災害に比べれば「問題」として認識されやすい。つねに経験されつづけることで慣れることはあっても忘れられることはないからである。逆に発生頻度が少ないほど、人はその存在や痛みを忘れていってしまう。不幸な記憶を忘れられるのは人間の強みであるが、そこで得た教訓もあわせて忘れてしまうのは人間の弱さに違いない。

過去の教訓を忘却の彼方へと追いやるのは、単なる人間の記憶力の限界、記録する力の欠如ゆえではないだろう。専門家が問題を記憶させるどころか、逆に忘れさせることに加担した事例は数多くある。宇井は、自ら権力と向き合った経験を振り返って、公害問題が等しくたどる忘却への道を「公害の起承転結」と総括する（宇井 1971）。話の流れはこうである。公害が発覚し（起）、その原因が解明しそうになる（承）と「本当の原因は別にある」という「中立な第三者」が現れ（転）、それによって真の原因が置き去りにされて、いつしか問題そのものが忘れられてしまう（結）。ここでの重要な点は、過去の教訓の不活用や忘却は、人間の物覚えの悪さに由来するのではなく、それらは積極的・意識的に消されていくことが多分にあるということだ。

災禍と忘却

同時代に生きる人間からすれば忘れようもないと思える出来事すら、時間の経過にともなう風化の力には抗えない。私たちは忘却の恐ろしさを東日本大震災で痛いほど思い知った。過去の災害と人々の居住の歴史を振り返る過程で、沿岸に集落を構えることの危険性を警告する古い石碑が次々と「発見」されたからである。一九三三（昭和八）年の三陸沖津波を目の当たりにした物理学者の寺田寅彦（一八七八―一九三五）は、たびたび繰り返されてきた津波という自然現象に対して人間側の備えがいつも後手に回ってしまうのはなぜかと問うた。寺田はその答えを「忘却」に見出し、それを「人間界の人間的自然現象」と呼んだ。死者・行方不明者三千人の犠牲者を出した昭和三陸沖津波は、一八九六（明治二九）年六月一五日に同じく二万人以上の死者・行方不明者を出した明治三陸沖地震による津波から三七年しか経っていない時点での出来事だった。「三七年間」という時間は人間が過去の災害の痛みを忘れるのには十分であり、被災地域の住民たちも利便性をもとめて再び沿岸地帯に住みつくようになった。私たちはこの人間的自然現象を織り込んだうえで、自然環境との付き合い方を計画しなくてはならない。

たしかに、災害の兆候をとらえるための科学的な知識は向上し、地震が起きてから津波が襲来するまでの時間予測の精度は格段に高まった。しかし、そうした情報を受け取る側の人間社会が、どれだけ進歩しているかは別問題である。二〇一六年一一月二二日に発生した福島県沖地震では宮城県沿岸部に津波警報が発表された後でも、実際には避難しなかった人が半数以上であったという調査結果は示唆的である（市報いしのまき 2017）。東日本大震災の記憶が生々しく残っていたはずの時期でも「警報」の効果は十分ではなかった。「自然災害のリスク」は、確率として存在していても人々の頭の中に実感として刻まれていたわけではなかったのだ[10]。

もちろん、どの時代にも先見性をもち、時代の一歩先を見据えている人はいる。だが、そうした人々の知見が政策に反映されるわけではないし、そもそも、その人々の知見が実証的に妥当かどうかもわからない。しかし、いわゆる環境被害を歴史的に見ると、発見から対策までの時間があまりに長かったために被害が拡大したものが大多数である。たいていの問題は広く知られるようになる以前に一部の人々にははっきりと認識されていた。一部の人々（その多くは最初にリスクを背負わなくてはいけない弱者）による問題発見と、解決の力をもつ人々による働きかけの時間をいかに縮めることができるかは、環境リスクそのものを低減する努力に勝るとも劣らず重要である。

4　公害原論の教訓

学問の軌道修正

暗黙知は形式知より幅広い裾野の実践的有用性を付与されながら、科学的な言説の中では決してしかるべき地位を与えられてこなかった。暗黙知を過信することには注意しつつ、その地位を回復して個々の環境問題の解決に向けていくにはどうすればよいか。「公害原論」の教訓には三つの方向性が示されている。

第一は、学問の志向性を個別科学の再生産から、問題志向（problem-oriented）に軌道修正していくことである。知の断片化は、反転の一つの契機となる。問題志向的である限り、知の生産者たる研究者の評価は論文数だけではなく、現場の問題の診断や解決への貢献という観点から行うこともできる。従来のような理論的な検証だけでなく、実践の結果によりいっそうの重みをもたせるのだ[11]。実学偏重が基礎研究を危うくする可能性はある。だが、そうした批判が想定している「実学」は往々にして新技術の開発などのビジネスの手段として役立つものを指し、貧困問題や環境問題など、現在や未来の弱者を対象とする学問が対象になっているわけではない。いずれにせよ、学問を社会的課題の解決に向けていくには、学問の世界における評価と報酬システム全体の改変を視野に入れなければならないだろう。

第二に、暗黙知の領域を積極的に認め、その活用を支える制度を整えることである。暗黙知は個人に内在化した知であるがゆえに、文字化されたマニュアルのかたちで組織的に知の再生産を行うことが難しく、市場経済による自由取引に任せておくと駆逐される可能性が高い。ゆえに、暗黙知は再生産ではなく、相互の連帯によって、その地位を強化するしかない。たとえば特定の問題をインターネット上に投げかけることで、あらゆる角度から解決に役立つ知見が呼び起こされて集まるという「集合知」は、意思決定の中枢にはいないという意味で暗黙知化されている知の新たな活用可能性である。東日本大震災のときは、二〇一一年三月一一日から短文テキスト投稿型SNS「ツイッター」で情報発信を始めた研究者の書き込みがきっかけとなり、放射線モニターデータに在野の研究者らが次々と投稿をして、政府の発表情報に不信感をもった人々に別の独立した判断材料を提供する貢献をした（福島原発事故独立検証委員会 2012：137）[12]。

第三に、形式知の独占を打ち破り、暗黙知の捨象を防ぐことである。ここにはテクネー（技術）の暴走を未然に防止するという重要な役割も含まれてこよう（塚本 2008）。形式知との橋渡しができる暗黙知の理解者を育成するだけでなく、宇井のように現場に共感的な科学者同士の連携を促して問題解決を支援することも大切だ。宇井は一九九六年に発生した杉並病の事例で、被害者の中にたまたまプラスチック摩耗の専門家がいて原因物質の特定に繋がった例に着目し、「公害の普遍化が結果として知の独占を破る結果をもたらしたという皮肉」を指摘する（宇井 2000：65）。各地の現場に眠っている知が正しいタイミングで発見され、うまく活用された事例を研究していくことも、学者の重要な仕事であろう。

被害者に寄りそう学問は可能か

宇井は権力に対する自身の挑戦を振り返り、「立身出世に役立たない学問」を再評価するうえで公害が大きな素材になると考えていた。宇井が発した次の言葉は、専門分化が進んできた大学という場所に職を得た人間として、実に考えさせられる一節である。

今の大学から特権と立身出世を全部抜いてしまいますと、どういうものが残るであろうかと考えたときに、公害問題についていえば、出す側の技術あるいは出す側の対策ではなくて、日本の公害の被害者はどのように抵抗したか、なぜ負けたか、どうやって勝ったか、あるいはこの百年間の歴史の間にどれだけの進歩をしたか、そういう共通の諒解、共通の経験がここに一つの学問として成り立ちうるのではないか。（宇井 1971：9）

歴史的に見ると、体系化された形式知は特権化され、それになじまないオルターナティブな知は徐々に無力化されてきた。学問の出発点となる「現状」が既得権益の集積結果であるとするならば、完成された形式知が自ずと「強者のための学問」（宇井 2014：345）になってしまうのは当然である。「弱者に奉仕する学問を目指すこと」は、宇井が未完の公害原論で理想としたものであったのだろう。

暗黙知の復権のためには、学問を問題志向へと転換すると同時に、暗黙知を無力化する議論を批判する知が必要である。暗黙知が劣勢を強いられているのは、それが形式知と比較して無意味だからではない。形式知が暗黙知の価値を見えにくくする性質をもっているからである。よい医師は目の前の患者の必要を、幾多の事例の一つとして見ることもできるし、その患者に固有の特性を見ることもできる。医学研究者としての医師は、人間一般に関する形式知を論文にして評価されるが、それが治療者としての医師の暗黙知を軽んじることにつながってはならない。

形式知はたしかに環境問題の多くの側面に鋭い分析の光を当て、私たちの理解を助けてきた。しかし、第1章で見たように、そもそも何を測定や分析の対象にすべきか、想定や結果を社会としてどのように重みづけすべきかについて科学は多くを教えてくれない。これは判断の領域に属するからである。科学が判断を助け、技術がその判断を実現可能にする手段を提供してくれるとしても、判断の正しさや「違ったあり方」を探求する必要性は消滅しない。判断そのもののあり方、データになる前の経験の取り上げ方を追究する努力は変わらず必要である。

環境国家は、特定の知的営為によって支えられている。個々の政策や組織ではなく、環境国家そのものを批判の対象にするためには、宇井が問題にした知の階級制という課題を再び議論の俎上に載せなくてはならない。「立身出世に役立たない学問」は、宇井という行動力に優れた人物ゆえに提唱できた面が強い。しかし、形式知で捉えきれない知を大事なものと認め、それを積極的に育むことは私たちにもできる。環境国家を運営する人々の多くも高等教育機関で教育を受けることを考えれば、大学は「立身出世に役立たない学問」を排斥するのではなくむしろ守っていく責任を負っている。それは、宇井が公害原論を始動させたその日に「学問の原型への模索」と呼んだ知的営為の最も原初的な態度である。経済成長と開発にまい進していた時代の日本に芽吹いたその態度こそ、今、環境国家の時代に生きる私たちが倣うべきものである。

第9章 資源論
——縦割りをこえた「総合」論

環境国家が反転する要因の一つには、自然環境のさまざまな部門を縦割りで扱う行政機関相互の牽制から生じる不作為がある。戦後の日本には、この課題を先取りして「自然の一体性」に即した総合的な資源論を実践した「資源調査会」と呼ばれる組織があった。「開発即保全」をモットーに、時代に先駆けて縦割りを克服しようとした資源調査会誕生の背景とは何であったのか。本章では反転への対応ではなく、そもそも反転が生じないようにするために行政ができることを考える。

1 「何もしない」という反転

環境国家の反転には、環境保護の名の下に諸資源を人々から取り上げる場合のほかに、自然環境を守る責任を負う政府が、それをあえて行わずに放置するという場合もある。とるべき政策や行動に気づいていながら、それをやらないという不作為は、間違った政策を実施するのと同じくらい有害である。政府が何もしないのは問題の存在を認めないということに等しく、それが人間環境と自然環境の悪化を放置しているのであれば、それは本書のいう「反転」の一形態とみなしてよい。日本の戦後史を振り返れば、政府が本来行うべき環境規制を「あえてやらなかった」典型的な理由は、開発を推し進めようとする産業界への配慮であった。

開発国家だった時代の日本の水質汚濁対策の例を見てみよう。水俣病もイタイイタイ病も一九六〇年代に公になった日本を代表する公害病であるが、政府は公害病発生の一〇年以上前から工場廃水を主たる原因とする水質汚濁を規制する機会をつかみかけていた。(1) 一九四〇年代から被害が確認され、一九五六年にようやく公式確認された水俣病を政府が公害病として認定するのが一九六五年。裁判は最高裁が結審する二〇〇四年まで続くが、その後も未確定患者による集団提訴があるなど、完全な収束は見られていない。被害が確認されてから五〇年以上が経過する間に、公害認定を受けることができないままこの世を去った被害者の数は計り知れない。政府は何もしてこなかったわけではなかった。国の経済成長を維持するために地域住民ではなく、企業の利益の方を守っていたのである。

公害による被害の存在を認めておきながらも、具体的な行動をとらないという「反転」は、原因の解明に時間を要したことや、それに基づく対処の遅さにだけ起因するわけではなかった。一九七六年から五年間にわたって水俣に通い、被害者の声を聴き続けた社会学者の鶴見和子は、水俣病の被災者を救済するために投入された補償金が地域社会を分断してしまった事実に注目する。鶴見の問題意識はこうだ。「不知火海の汚染のために、漁業補償や、認定水俣病の補償がなければ、漁民は暮らせなくなった。しかし、補償金が逆に人間同士を対立させた」(鶴見 1998：182)。そこには水俣病と認定された人とされなかった人の間の溝、かつて認定された者と新たに認定された患者の間の溝など多種多様な不和だけでなく、公害によって国家に頼らなければ生きられない人々がつくり出された事実が端的に指摘されている。

鶴見はこう結論する。「水俣病によってではなく、お金によって、人間関係が崩されたことは一つの逆説である」と（鶴見 1998：184）。前章で見たように、経済的な自立という戦後復興の中心課題にまい進していた日本は、その過程で公害を拡大してしまった。だが、その公害に対応するための被害者救済手段が、地域社会にもともと存在していた相互扶助の関係をいびつなものにしたとはなんという皮肉であろうか。

水俣を含めて日本各地で問題になっていた水質汚濁に、もっと根本的な対処の方法はなかったのか。いや、過去に根本的な対処の機会があったのに、それを逸していたのではないか。明治期から局所的に顕在化していた水質汚濁を軽減するための技術的な処方箋がなかったわけではない（加藤 2010）。下水道の設置から工場廃水の規制に至るまで、当時の技術水準でもできることは多々あった。地方の水質汚濁問題の多くは技術的な理由というよりは、むしろ政治的な理由によって放置されていたのである。水質汚濁の問題が全国的な課題として取り上げられるには、戦後の民主化の時代まで待たなくてはならなかった。ここで注目したいのは、占領軍総司令部（ＧＨＱ）の肝入りで総理府（現在の内閣府）に設置された資源調査会が水質汚濁に関して果たした先駆的な役割である。

政府レベルにおける水質汚濁への本格的な対応は、ＧＨＱからの強い要請によって一九四八年七月に経済安定本部資源調査会の中に衛生部会がつくられたことに端を発する。日本各地の水質を調査したGHQは、屎尿を肥料として土壌に還元利用する日本式の慣習はある面では優れているものの、処理が不完全であるために近い将来に「水質汚濁による重大な公共衛生及び産業用水のトラブルが生起するであろう」と警告した（資源調査会 1960）。この警告を受けて資源調査会は検討を重ね、一九四九年五月に水質基準の明示、当局の責任の明確化と罰金の設定、汚濁問題の調査と判定や勧告を行う権限をもった水質防止委員会を厚生省内に設置することなど、その当時としてはかなり踏み込んだ規制策を議決していた。

ところが一九五〇年代に入ると、鉱工業界とそれを支える通商産業省（現在の経済産業省）などによる規制への抵抗が激しくなり、結局、勧告案は修正を迫られて立法には至らなかった。資源調査会が一九五一年に出した水質汚濁に関する勧告は、一九五八年に制定された水質二法として制度化されることになるが、実は資源調査会はこの法律が産業界との妥協の産物になり下がってしまうことを予見し「不当に政治的に走ることのないようにすべきこと」とあらかじめ忠告していた（資源調査会 1960 : 6）[2]。せっかくの勧告が、科学技術の観点から離れ、政治的な利害に基づいて改悪される懸念があったからである。

とはいえ開発国家にとって経済開発の欲求は抗いがたい。結局、吉田茂内閣に提出された一九五二年の勧告では、排出処理をあくまで「努力目標」とするという大幅な後退を余儀なくされた。「わかっている問題」を政府が取り上げきれなかった理由について、資源調査会は報告書の中で農民や漁民の声を聴く民主主義的な風土の欠如を指摘した（資源調査会 1960）。この指摘が最初に公表されたのは勧告と同年の一九五二年、まだ「公害」が全国的に知られる前のことであった。この事例を見ると、やがて一九六〇年代になって日本各地で本格的に被害を拡大した公害は決して想定外の出来事などではなく、むしろ政府においてもはっきりと想定されていた可能性が高い。後年、「水質汚濁防止に関する勧告」が不発に終わった経緯を詳しく調べた、政治史が専門の平野孝は「この法律が制定されていれば、水俣病もイタイイタイ病も有効に規制されえた」と指摘している（平野 2003）。

一九五〇年代前半という、まだ公害問題が広く認知される以前の段階で先見的な対策を政府に勧告しようとした「資源調査会」とはどのような組織だったのか。その組織が実践した「資源論」には、現在の後発国にも役に立つアイディアが含まれているのではないか。日本が対外貿易に依存しながら目覚ましい経済成長を達成する過程で、国内資源の開発方法に注目していた事実は今となっては忘れ去られた過去である。だが、資源調査会と、この組織が育もうとしていた資源論のエッセンスを思い出すことは、さまざまな事情で「（すべきだが）あえてやらない」という不作為がもたらす弊害を抑えるための手がかりになる。

2　アッカーマンの挑戦

「資源の有効利用を図れば日本の将来は明るい」

旧い考え方はよそから吹き込む新しい風に当たって一新されることがある。近代以降、「国家のために」存在した日本の資源論は、第二次世界大戦終戦後に米国からの風にふかれて一気に「人々のための」ものに変わった[3]。戦後の日本で構想された資源論は、資源を単なる原料ではなく、自然の有機的な一部分とみなして、社会生活の長期的向上のためにその利用のあり方を議論する場として生まれ変わった（佐藤 2011：Ⅳ）。

石油や石炭といったモノの安定供給を論じる従来の原料論ではなく、「自然の一体性」の中で資源を再定義するきっかけをつくったのは、ハーバード大学地理学部からGHQの顧問として日本に赴任してきたエドワード・アッカーマン（一九一一―七〇）であった。終戦直後、新たな経済のかたちを模索していた内務省や外務省、大蔵省などの主要官庁の若手

図 9-1　海洋調査中のアッカーマン博士

出典）American Heritage Center, Ackerman Papers.

官僚たちを魅了してやまなかったアッカーマンとはどんな人物だったのか(4)。

一九四六年七月、焼野原となった東京に降り立った三五歳のアッカーマンは、母国へ帰国する一九四八年一月までの間に日本各地をくまなく歩き、果たしてその国土が当時八千万人をこえる勢いであった国民を賄うことができるのかどうかという大問題に答えを出そうとした。

アッカーマンを日本国内で一躍有名にしたのは、占領軍着任後まもない一九四六年一〇月に行われた記者会見での「資源の有効利用を図れば日本の将来は明るい」という希望に満ちた発言であった。「日本は国際的に見てとくに資源に乏しいわけではなく、人口を調節し、科学を発達させれば十分に国民を養うレベルに到達できる」と彼は主張した（資源協会編 1986）。この記者会見は、食糧難に苦しみ暗い雰囲気に包まれていた当時の日本を明るく勇気づける役割を果たした。

アッカーマンが楽観論の根拠としたのは下記の三点である。(1)天然資源に関する限り、日本は乏しい国とはいえない。日本よりももっと資源の乏しい国々が世界にはある。(2)日本の資源はまだ十分に開発されていない。またその財もその真価を発揮するまで活用されていない。(3)日本の国民は最近まで、国家の経済的発展を器用さと非常な勤勉さとをもって推し進めてきた。今後もこの特性を発揚していくことができる（資源協会編 1986）。この新聞発表は、「日本側関係者の資源問題に対する動きを一層促進する契機となった」（科学技術庁 1978）と評価されている。

アッカーマンの卓見は、官僚にありがちな「上から目線」で計画を立てるのではなく、徹底的な現地の踏査に基づいて資源の総合計画を組み上げるところにある。アッカーマンという人物を知ることで、彼が提案した資源委員会(5)が何を目指していたのかを知る手がかりをたぐりよせてみたい。

アッカーマン対日本農民――「ここの開拓者は何を食べている」

アッカーマンは東京丸の内に置かれたGHQ本部の机で日本の資源計画を構想していたわけではない。むしろ、強烈なまでの現場主義者であった。彼が日本滞在中に踏査した地域は全国各地四四都道府県に上った。「一連の旅路は私の人生の中で最も見返りが多く、勉強になった時期であった」（Ackerman 1949b）と後に本人が振り返るように、当時の交通事情を考えると、氏はとてつもない熱意をもって各地の農村漁村を回ったに違いない。通訳を同伴してジープ一台で東奔西走したアッカーマンを待ち受けていたのは、母国アメリカでは口にしたことのなかった、ウニやタコ、コンニャクやゴボウなどの食材であった。どこにいっても「乾杯」を強要されて閉口したそうである。

彼の調査は緻密であった。ワイオミング大学にひっそりと保存されているアッカーマン文書には、訪問先の集落の手書きの地図があり、そこでどのような作物が植えられているのか、あるいは季節ごとにどのような労働が必要で、その結果、どのような収穫が得られるのか、といったカレンダー式の観察記録も保存されている（図9-2）。

「アッカーマン文書」の中で特に目を引くのは、アッカーマンの訪問に感激した日本の農民が友人に翻訳してもらって彼に送った手紙である。そこには、長野県の開拓村でアッカーマンの訪問を受け入れたときの思い出がつづられ、自身の写真も添えられていた。この手紙の差出人は、後に「内城土

図 9–2　ワイオミング大学 American Heritage Center. ここでの調査で印象的だったのは日本の便箋の紙質の悪さである。戦後の日本の貧しさとたくましさが，触ると壊れそうな低品質の紙に体現されているようであった。

出典）筆者撮影。

壊菌」と呼ばれる植物の育成効果の高い混合菌を開発した内城本美（一九一二—八五）である。彼の手紙に添えられた自著書の抜粋から、一九四七年のアッカーマン訪問時の詳細が『再び拓く』という内城の自叙伝に記されていることがわかった（内城 1950）。これはGHQ関係者の訪問を出迎える側から記録した資料としてきわめて貴重なものだ。

そこには、「司令部の天然資源局から開拓と牧野の視察に来る」という突然のニュースに触れて、開拓村の小さな組合がGHQの役人を迎えるにあたって夜を徹して「対策」を練った様子や、アッカーマンが約束の時間を大幅に遅れて、雨の中ジープに乗ってやってきたときの様子などが詳細に描かれていた（内城 1950：117–126）。少し長いが、珍しい記録なので印象的な場面を以下に抜粋してみよう。

内城の暮らす長野県美ヶ原をアッカーマンが訪問したのは一九四七年の春先であった。村に降り立ったアッカーマンはまずクローバー、スズラン、オオバコなどの数種類の草を集めさせ、それらを一本一本念入りに見て、「海抜二千メートルの場所としては割合に草の出来はよいが、こんなに荒らしていたのでは牧場としての価値がない。開墾でもして萩かチモシーかここに適した牧草を栽培してはどうか」と言った。ここで内城は「私流の〔土を舐めるという〕土壌検査」をして博士に、「ここの土壌成分はカリ肥料が欠けていると思う。そして酸が強すぎると思う」と言って持っていた土を手渡す。博士はその土をじっと見つめて何回も捻って「私はあなた方のように口の中にはいれてみないが、直感的に見て全く同感である。何とかして石灰か、もしくはタンカルを撒き、新しい牧草を計画的に栽培しなくてはならぬ」とやりとりは続く。

雨が降ってきたので高原を下った一行は、牧場の休み場で焚き火に傘をさしながら休憩した。そこで内城はアッカーマンに食事として山羊乳とモロコシとを出すと「〔博士は〕非常に喜んで、これは大変うまいうまいといいながら食べてくれたが、折角牧野組合がもっていった肉や魚にはさっぱり手をつけない。〝このモロコシはとてもうまい〟などと言いながら二本も三本も食べ、モロコシを食べながら〝ここの開拓者は何を食べている〟とアッカーマンが質問をした」そうである。

内城は正直に、現在はこのモロコシと山羊の乳が主食であると答えると「それは結構だ。日本人はどんな山の中にいても米を食べたがるが、大きな世界から見れば米を食べている民族はわずかで小麦粉や馬鈴薯やモロコシを食べているところが多い」と言われる。内城はこの会話に続けて米に依存しない食生活への改革論をアッカーマンに披露し、日本の資源政策を批判して「政府や役人が縄張り争

図 9-3　調査地での人々と（後列一番左がアッカーマン，撮影時期と場所は不明）

出典）アッカーマン家所蔵写真。

いをしていて、あらゆる面においても生産を鈍らせている。総合的に考えて開拓も牧野も観光もすべきである」と言い、「全く同感」というアッカーマンの同意を引き出す。この場面で内城が暮らしを少しでも向上させたいと考える開拓農民の願望を伝えているだけでなく、それを阻む要因として「役所の縄張り争い」を看破している点は見逃せない。

また、「ここの農民は何を食べている」というアッカーマンの問いかけには、食べるものに困っていた当時の日本の事情が反映されているだけでなく、食料供給という最も原初的なニーズに基づいて「下から」資源計画を構想していこうとする姿勢が読み取れる。

縦割りの文化的問題

アッカーマンは、これに似たようなやりと

りを日本各地で数多く展開したのだろう。彼の地道な踏査の結果は『日本の天然資源――包括的な調査』という大著として刊行された。多部門にわたる日本の天然資源に関する報告書を一人で書き上げたのは、後にも先にもアッカーマンをおいて他にはいない。

この報告書は、食糧、農業、森林、漁業など部門別の分析を行ったうえで、最終的な政策提言を行う(6)。農業では、「日本の農民ほど地形、土壌、排水、その他の物理的な悪条件に見舞われている農民は少ない」として、台風や地震の頻発という日本独特の環境条件が、本来は必要不可欠な灌漑や排水設備の発達を妨げていると指摘する。また日本に貴重なタンパク源をもたらす漁業が、津波によって周期的に打撃を受けてきた点もきちんと捉えている。日本の経済自立という一つの目標に向けて、国内の可能性へと目を向けさせ、日本にとって何が資源であるのかの再認識を促した本書は、森林や漁業といった部門を横断する真に総合的な報告書であった。

外国貿易の可能性をひとまず除外し、日本の国土がもつ可能性を追求することは、一見すると的外れな前提である。というのも、戦前も戦後も日本の経済的繁栄は外国との貿易に依存してきたし、とりわけ戦後復興は朝鮮特需を重要な契機とする貿易の飛躍的回復によって達成され、必ずしも国土資源の有効利用に起因してこなかったからである。しかし、だからといってアッカーマンの国土と向き合おうとした努力が無意味であったとはいえない。彼の現場重視の姿勢と、放置すればバラバラになってしまうものを「資源」の下で一体的にとらえる「総合（integration）」の試みは、後述するように今も生きるメッセージ性をもっている。

報告書の中で特に目を引くのが日本の研究者コミュニティについてのアッカーマンの苦言である。アッカーマンは日本の学界について「日本の研究者は全く同じ、もしくは類似の問題に関心がある人々の有無にかかわらず、孤立して研究を行う傾向がある」と指摘して、たとえば阿蘇山をめぐる気象予報台、京都大学の観測所、地質調査所がそれぞれ数㎞圏内にありながら、お互いが何をしているのか全く把握していない点を批判した（Ackerman 1949a : 514）。日本における批判精神の不在が関係者同士の建設的な議論を難しくしているのではないかというのがアッカーマンの見立てであった(7)。

今の私たちにとっても耳の痛いこの批判が彼の集大成である『日本の天然資源』の一部を構成している意味を考えないわけにはいかない。アッカーマンは、批判を避けて体面を重んじる日本の習慣がアイディアの生産を抑え込んできたと指摘したのである。こうした彼の問題意識は、以下に取り上げる資源委員会（後の資源調査会）がつくられた際、いかにして自然環境の多様な側面を扱う部会同士の連携を密なものにするかという点に政府の力を向けさせることにつながった。

3　縦割りへの挑戦——資源委員会

「計画は下からつくれ」

アッカーマンの功績は、日本の政策担当者らの資源認識を変えたことだけでなく、より総合的な制度をつくることにも及んだ。具体的には、復興計画の中枢であった経済安定本部の中に「資源委員会」（後の資源調査会）を新設したことである。アッカーマンは自らの調査に基づいて「日本は近代科学の成果を取り入れることに積極的な努力を払い、かつ総合的な計画を立てるために整備された機関をもつべきである」と提言した（経済安定本部資源委員会事務局 1948a：2）。科学技術の合理的な利用に基づく復興計画立案の必要性は、GHQの助言を待つまでもなく、すでに多くの政策担当者らの念頭にあった。アッカーマンと頻繁な会合をもっていた内務省の安芸皎一や外務省の大来佐武郎、農林省の大野数雄、経済安定本部の杉山知五郎などが中心メンバーとなって経済安定本部の中に資源委員会が設立されたのは一九四七年一一月であった。

経済安定本部の幹部らとアッカーマンとの対話を記録した貴重な資料「アッカーマン博士との会談要旨」（経済安定本部資源委員会事務局 1948b）によると、アッカーマンは米国における国家資源計画委員会が政局に巻き込まれ、設置から一〇年で廃止にいたった原因を、「上から」演繹的に作られた計画を水、土地など現場の個別問題に降ろそうとしたために議論倒れになって具体的な成果に結びつかなかった点に見出した(8)。彼は米国での苦い経験をもとに「資源計画を下から自然科学的基礎に立って積み上げていくことで、政治的勢力の変化に影響を受けずに永続的に仕事をしていける」と提案したのである（経済安定本部資源委員会事務局 1948b：5）。自然科学と技術的対策を資源計画の柱にすることで、政治的利害の介入を防ごうとしたわけだ。

資源調査会の特徴

経済安定本部の廃止にともない総理府の中に移された資源委員会は一九四九年に資源調査会と改称する。この資源調査会は、現在から見ても特筆すべき次の三つの特徴を備えていた。すなわち、(1)経済政策機関から半ば独立して、自律的な課題設定を行う権限（経済安定本部長官を会長に据えながらも、組織としては同本部から独立していた）、(2)省庁横断的な活動範囲、(3)多方面の専門家を委員や専門委員として招聘する学際性である。いずれの特徴も先駆的であったが、行政から諮問を受けてそれに答申を出すのではなく、自らが自律的に課題を設定し、その解決のために必要な調査研究を行い、政策を直接総理大臣に勧告できるところが際立っていた。

当時の資源調査会に通底する考え方について、組織の発足当初から事務局スタッフとして勤務した石井素介は次の三点を特筆する（石井 2008）。第一に、資源＝モノという先入観からの脱皮、第二に、科学技術の重視、第三に、資源の多面性への注目である。これらの力点はいずれも、国民生活をないがしろにし、客観的な実態から目を背け、資源＝原料という単眼的な視野から軍事力の強化に没頭した戦前の日本への批判にもなっていることは間違いない。

土地、水、地下資源、エネルギーの四部会で発足した資源調査会は、一九四八年五月に衛生部会、九月に繊維部会、一〇月に地域計画部会、続いて一二月に防災部会、四九年一二月には森林部会を矢継早に加えていった（図9-4参照）。これらの部会活動を統合するのが「本会議」と呼ばれる意思決定のための最上位の審議会である。この審議会には、都留重人、蠟山政道、平貞蔵などさまざまな分

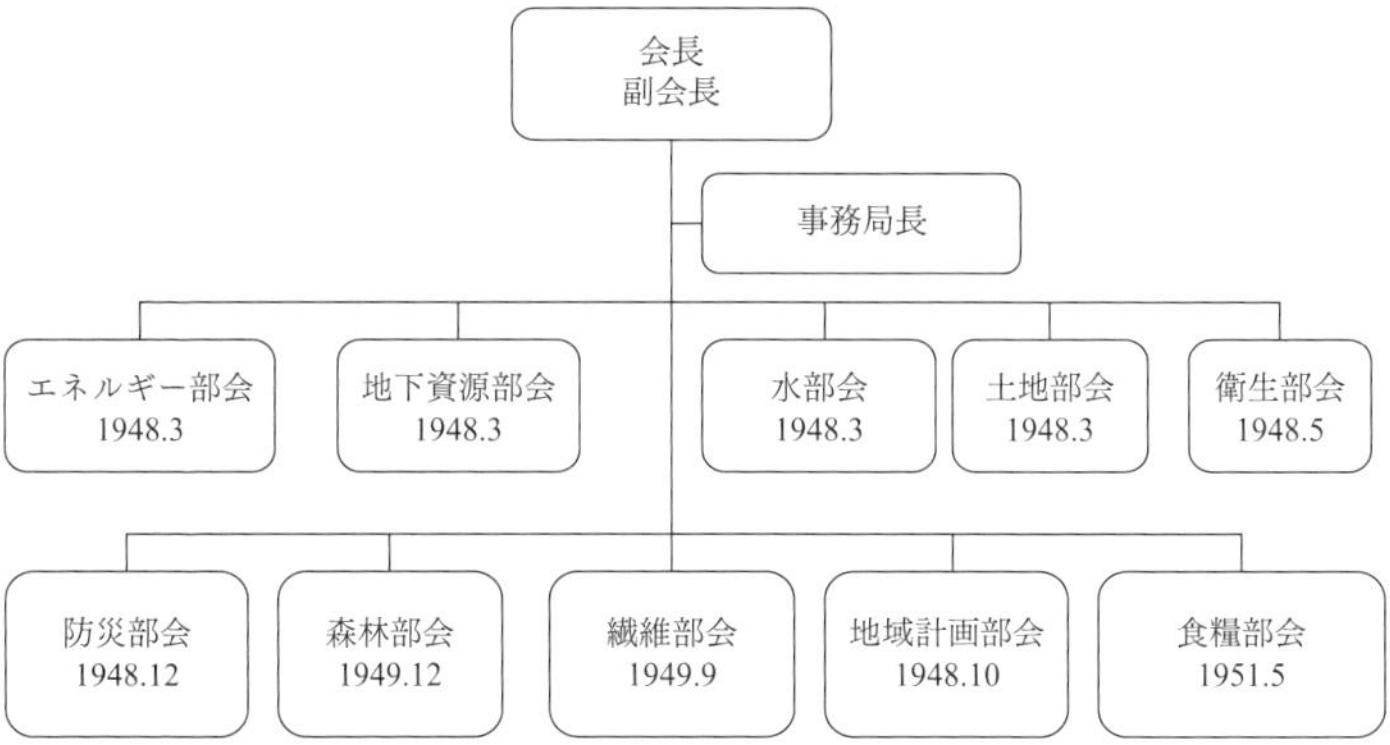

図 9-4　資源調査会の組織図（1952 年 6 月 30 日現在）

出典）科学技術庁（1978）を基に筆者作成。
注）部会名の下の数字は設置された年月を指す。1949 年 12 月時点でこれらの部会の下部機関として 30 の小委員会と 15 の分科会が設置された。

野の大物が二〇名ほど名を連ねており、各部会はそれぞれ数十人の専門委員によって支援されていた。こうして資源調査会は一九五一年の段階で委員二三名、参与八名、専門委員三五〇名、事務局員三五名の合計四〇〇名以上のスタッフからなる大組織へと発展したのである（資源調査会 1952a）。

官庁の縦割りがすでに問題になっていた日本で、GHQへの権力集中と、終戦まで大きな権力をもっていた内務省の解体は、科学技術に基づく政策づくりを理想としていた技術官僚らの目に大きなチャンスと映ったに違いない。だが、資源調査会の船出は容易ではなかった。たとえば国土計画審議会のような守備範囲の広い既存組織との縄張り争いがまず問題になった（経済安定本部資源委員会事務局 1948a）。資源調査会がその活動の範囲を政策の実施まで広げず、あえて調査と技術的助言の側面に限定することになったのは、既存の政府機関の脅威となって縮小

図 9-5　日本の資源計画展示会（1949 年 10 月，日本橋三越デパート）

出典）スタンフォード大学フーヴァー図書館 Schenck 文書。

に追い込まれないようにするための一つの生存戦略であった。

一九五一年発行の内部資料『資源調査会の方針及び運営について』には、資源調査会がさらされた圧力と縦割りを打破することの難しさが端的に記されている。特に注目すべきは「自然（natural）」と「人工（artificial）」について述べられた次の文である。

> 自然に存するものは一つでありながら、artificial な要因で個別的に孤立化されて、全体の位置が見失われて部分のみが拡大され、いわば遠心的活動に陥った傾向があること、並びに、資源調査会に対する外部の相当きびしい批判があることも事実であって、この際謙虚に反省する機会に到達していることを率直に認めねばならない。
>
> （資源調査会 1951：1）

土地やエネルギーといった資源利用に力点をおく部会にあわせて、防災や衛生といったリスク管理を専門とする部会が組織の最初期から設置されていたのは面白い。これらの部会の構成は、経済復興において切迫した課題が何であったのかを示すものでもあると同時に、資源調査会の関心が資源の利用面に偏らず、災害や衛生といった経済開発のマイナス面にまで行き届いていたことを表している。こうした守備範囲の拡張が「遠心的活動」につながってしまったのであろう。

それにしても日本政府がこうした資源の総合的な利用に力を入れて各地の現場で実践しようとしていたのはなぜか。そこには、国内資源の有効利用しか復興の道がないという切迫した経済事情に加えて、とりわけ技術官僚たちの間に、海外のアイディアを積極的に取り入れようとする、戦時中はほとんど許されなかった開かれた態度があったことを指摘しておきたい。

地域計画部会による現場のくみ取り

資源調査会は具体的な成果の期待できる技術的課題を優先しようとしたが、いざ現場で事業を行うとなれば、どうしても地域固有の社会的文脈に配慮せざるをえない。この課題を解消する方策としてつくられたのが、「地域計画部会」である。資源調査会が、その創成期である一九四八年の段階ですでに地域計画部会を設置していた事実は注目に値する。その背景にはやはり現地の事情をくみ上げる必要性を資源委員会のスタッフが痛切に感じたことがあるだろう。石井素介は資源調査会の問題の立て方が、彼が「地域住民の生活視点」と呼ぶものを含んでいたと回顧する（石井 2010）。具体的には、ダムなどの水資源の開発にともなう水没被害への補償については財産の補償だけでなく、生活保障と現物補償を明確に含むという先見性である。

この部会の設置の必要性をめぐる議論で、各委員が地方のまなざしをもった資源計画をつくらなければ資源の「有機的一体性」を確保した政策が実行できないという指摘を相次いでしていたことは、当時の議事録から確認できる（資源調査会 1952c）。水や土地、エネルギーをそれぞれ技術的に検討すると、まとまりがなくバラバラな勧告になる危険性がある。それを回避するために、特定地域に事業対象地を絞ることで共通の目的を定めて求心力を得ようとしたのである。その後、地域の選び方に関する優先基準や開発方式についての詳細が議論され、熊野川、只見川、石狩川をモデル地区として選んで詳細な研究へと進み、開発にともなう水没補償のあり方に関する勧告へと結実していった。

この部会でつねに意識されていたのが資源の「総合利用」という考え方である。当時の「総合」の定義は、資源調査会の職員の次のような考え方に基づく。

> ここで資源の総合利用とは、自然の一体性をもとにしてこれを主として科学技術的観点から資源の開発、保全、利用を、全体として、統一した意思のもとに組み合わせていくことをいうのである。ここでいう自然の一体性とは、例えば山にふる雨、治山に役立つ山林、河川に流れてくる土砂、洪水等、上流から下流まで一貫して見た時の種々なる水利用形態とその相互間の有機的関係の如きことである。
>
> （資源調査会 1952b：17）

ここには、利用の高度化としての「開発」、資源の永続的な維持としての「保全」、そして経済的な価値の向上としての「利用」という三位一体の思想が提示されている。創成期の資源調査会事務局で勤務していた笹生仁氏へのインタビュー（二〇〇八年九月）によれば、発想の底流にあったのは「開発即保全」、すなわち開発事業の段階から環境保全に配慮した工夫を織り込んでおくということである。これは開発を進める組織と環境を守る組織が別々に存在して、後者が事後的に環境面を手当てするという現在の一般的なやり方とは大きく異なる。

環境国家は、水や大気など一体的な自然をパーツに分けて、それぞれに対応する部門組織をつくる。これによって、それぞれの資源・環境に対して専門的で個別的な開発・利用・保全政策を打ち出すことが可能になる。だが、それゆえに部門同士の予算や権限をめぐる争いは避けられず、自然の一体性を見失わせることにつながってしまうことも多い。仮に「総合」を目指して法律や制度を定めても、産業界への配慮から「開発」が優先されて、環境保全の視点は後回しにされがちだ。そこで「総合」を地域になじませる工夫を開発の中にあらかじめ織り込むことで、資源調査会は「開発即保全」の発想を現実的なものにしようとしたのである。

国内資源の放棄と資源調査会の衰退

一九五〇年代までの一時期には輝きをもって国内開発のあり方を論じていた資源調査会も、やがてグローバル化の波にさらされる。一九五〇年代後半から目立つようになった資源政策の断片化は、国際的な動向と強く連動していた。たしかに終戦から一九五〇年代前半にかけての短期間とはいえ、資源調査会は国土の総合利用に情熱を傾け、その可能性を真摯に検討した。しかし、一九五〇年六月二五日の朝鮮戦争の勃発は日本を米国の支配する国際分業体制の一部へと再編し、戦地への物資供給地へと変貌させた。これは経済面から見れば明らかな「特需」であり、車両修理や軍服需要に応える繊維産業の興盛に牽引されて日本経済は戦後の疲弊から大きく息を吹きかえした。ガリオア（占領地域救済政府資金）やエロア（占領地域経済復興資金）といった米国による対日援助とあわせて、「朝鮮特需」は戦後日本の苦境を救った出来事として総括されている。

その一方で朝鮮特需をきっかけとして高度経済成長へと向かった日本は、国内資源のもつ可能性を置き去りにして、石炭から石油へのエネルギー転換を進め、本格的な資源依存構造を変革していった。原料の調達先を市場原理に基づいて外部化していくことで、それまで農村で求心力をもった資源産業は衰退し、都市に人口が凝集した。日本のエネルギー自給率は、原発政策が大きく転換した二〇一一年の東日本大震災以降一〇％に満たない数字で推移してきたが、こうした状況が導かれたのは国内資源が枯渇したからではなかった。国内の資源は経済的な理由で放棄されてきたのである。

国土の七割が森林で覆われているとはいえ、日本の木材自給率は、二〇〇〇年代以降、二割から三割前後に過ぎない（林野庁ＨＰ）。また、日本は世界第三位の面積当たり海岸線延長を誇る海洋大国であるにもかかわらず、二〇〇〇年代の食用魚介類の自給率は六〇％前後にとどまっている（水産庁ＨＰ）。そして、日本のエネルギー自給率は一九五〇年の九六・九％から一九七三年にはすでに九・二％に急落していたのである（小堀 2017b：106）。

石炭から石油への燃料転換は、単なる原料の入れ替えではなかった。経済発展のフロンティアにあった日本の炭鉱は、エネルギーや雇用を生み出す源泉だっただけではなく、新技術の実験場でもあり、なおかつ労働運動の現場として国家と対抗できる民主化の拠点にもなっていた。石炭は地下にあったが、それを掘り出す労働力は地上で炭鉱社会とよばれる独自のコミュニティを形成していた。「炭鉱という閉ざされ、かつ危険をともなう環境は、人々の間に強い心情的連帯と互助精神の必要を生じさせ、〝炭鉱社会〟という独自の世界を築きあげるに至った」（バイオッキ 2008：165）。地下に眠る石炭の放棄は、地上で石炭を資源たらしめていた地域社会の放棄を同時に意味していたのである。資源の支配は人間の支配に転化することがあるが、資源の放棄もまたそれに依存する人間社会をゆるがすことがあるのだ。

あれほどまでに本来的な意味での総合を目指した資源調査会も、経済のグローバル化と専門分化の力には抗えなかった。政府の各省庁が戦争のダメージから立ち直り、米国による占領統治の終了とともに資源調査会の後ろ盾となっていたGHQがいなくなると、勧告機関としての資源調査会はその求心力を失った。伝統的な省庁は息を吹き返し、それぞれの縄張りを再び張りめぐらすなかで、資源調査会のような省庁横断的な組織の事務局は総理府から科学技術庁へと移され、行政改革の圧力の中でますます縮小していった。

日本国内の資源利用の変化は、貿易や投資などの日本の海外活動にも影響を与えた。原材料を海外に求める勢いは一九七〇年代に加速し、第2章で触れたような国際的批判を浴びるようになる。外国における活動は一般国民の目にはつきにくいために、国家間というレベルでは「経済協力」とみなされるような活動でさえ、現場では労働搾取に反転してしまう場合もある。所得の向上に資するはずの生産工場が児童労働に支えられているような事案はその例である。こうした反転を予防するために、フェアトレードや各種の認証活動が活発化しているが、こうした動きは国内資源の放棄と無関係ではなかった。貿易立国となった日本は、海外の資源環境とそれを取り巻く地域社会にますます大きなインパクトを与えている。国家の影響を国内要因に限定できる時代は過ぎ去ったのだ。

4　現代環境国家への教訓

戦後初期の資源調査会は、国家の都合で切り取られた部分を「あとから総合」するのではなく、天然資源を「はじめから総合」されたものとしてとらえ、資源政策に一体性をもたせようとした。それは「開発即保全」という理想を追求した結果というよりは、終戦後の荒れ果てた国土に次々と襲いかかった台風や水害にバラバラに対応している余裕がなかったからもたらされたと見るべきだろう。より大きな視野から見れば、資源の総合利用は、「お国のために」あらゆる犠牲を強いられ、資源管理も国家に一元化するという究極的な反転を経験した日本人が二度と同じ過ちを繰り返さないために、真に民主的な資源管理に向けて行われた未完の試みであった。

このように戦後の資源論は過去の反省の上に立ち、民主的な議論の風土と現場重視、科学技術の尊重を掲げて再出発したが、日本の富裕化とエネルギー消費の急激な増大にともなって挫折した。あの頃の資源論が一九六〇年代以降も健在であれば、そして資源調査会がそれなりの権限をもって維持されていたならば、日本はあれほどの公害に苦しめられずに済んだのかもしれない。あるいは海外の天然資源に全面的に頼ることなく、国内資源の有効利用に基づいた発展の道筋をもっと積極的に模索できていた可能性もある。貿易立国として急速な復興をとげた戦後の軌跡を振り返るとき、そのような仮定はあまりにナイーブに聞こえるかもしれない。だが、一時期に限定されていたとはいえ、資源論が縦割りの弊害を打破し、国家の中枢にあって多様な角度から問いを投げかける土壌をつくることに成功したのは確かだ。

ここで現代アジアの環境国家に対して戦後資源論の経験のもつ示唆を二点に絞って示しておきたい。第一は、反転の一因になる行政の縦割り問題についてである。後発国の環境制度が整うまでの速度は先進国のそれよりも格段に早かったとはいえ、本書の第2章でも見たように、すでに開発利権が敷き詰められた後に環境政策を「総合」的に実施するのは現実的には難しい(9)。ここでは中央政府による総合を期待するよりも、地方政府や現場に近い地域社会が自ら「開発即保全」の発想を実践する可能性を考えていくべきだろう。地方団体という現場に近い主体に権限を委譲し、個別の実情に合わせた開発・環境政策を志向すれば、反転も多少は緩和できるはずである。

第二は、政府の上流で政策がつくられるときに、それを現場に降ろす前に「地域計画部会」が果たしたような社会・経済面でのチェック機能を働かせることである。資源調査会による総合的な国土利用の試みは、部分を組み合わせた国家レベルでの生産という「プラスの最大化」よりは、現場の生活者の視点に立って災害を未然に防ぐなどの「マイナスの最小化」に主眼があったといえそうだ。下流の環境問題を考える以前に、上流の開発政策のあり方に自然の一体性と地域社会による受容という視点を導入しようとした資源調査会の工夫は、現代の後発国における反転の緩和措置としても十分役立つと考える。

米国の後ろ盾による国家体制の根本的な再編という戦後日本の時代性に特徴づけられた資源調査会の経験を、文脈の異なる現在の後発国にそのまま当てはめようとするのは危険である。また資源調査会のインパクトが、日本においてすら限定的であった点は留意されなくてはならない。だが、かつての日本がそうだったように、行政の縦割り、開発主義の暴走、批判的な精神と政策論争の不在といった「反転」の種が随所に蒔かれている現在の後発国にとって、日本の経験は大いなる思考の糧になるに違いない。

終　章　反転をほどく

統計学の最初のコースで、学生は第一種の過誤（本来は正しい帰無仮説を棄却するという誤り）と第二種の過誤（本来は間違っている帰無仮説を採用するという誤り）のバランスをつねにとらなくてはいけないことを学ぶ。実践家が第三種の過誤に陥りやすいと指摘したのはジョン・テューキーだった。第三種の過誤とは、そもそも間違った問題を解決しようとすることだ。ここで私は第四種の過誤の候補として次のような誤りを提案したい。正しい問題を解くのが遅すぎるという誤りである。

（Raiffa 1968：264）

1　再びラオスの村を考える

本書は序章で、ラオス奥地のまだ電気も届いていない村で日本の政府開発援助（ＯＤＡ）による気候変動対策の事業が行われる様子を見た。小学校もないその村で地球環境教育が行われていることのぎこちなさは、筆者だけでなく当の村人たちも感じているようだった。本書は要するに、あの村で起きていることを自分なりに整理する試みであった。

頭の整理のつもりで始めた考察には思いがけない奥行きがあることがわかってきた。あの村の出来事は大げさに言えば国家と社会の関係をめぐる新たな地殻変動の兆候であり、そこにはこれからの環境政策を考える大きな手がかりが埋め込まれているのではないかと思うようになった。それを掘り起こすために、まずはあの村で本来何をすべきだったのかを自分なりに考えてみたい。

現地に歓迎されない森林保全事業など、はじめから持ち込むべきではなかったと言うのは簡単だ。だが、それは現実的ではない。ＯＤＡや国際協力の枠組みが存在する限り、日本が実施しなくても、どこか別の国が実施する可能性が高いからである。現場の実情とは別に、気候変動の深刻化にあわせて今後も類似の案件は世界各地で増えていくに違いない。そこで、本書の第III部で扱った三つの知的資産を作業の出発点として未来への指針を展望してみる。

文明の生態史観も、公害原論も、資源論も、終戦後から一九七〇年代という時代背景の中で生み出された日本産のアイディアではあったものの、環境国家の骨格をなす思想にはならなかった。むしろ、主流となる考え方を批判する側に回ったアイディアである。「批判」の立脚点になったのはアジアの経験であり、周辺から眺めたときの国家や統治のあり様であった。本書で事例として取り上げた東南アジア諸国は長く権威主義政権下におかれ、民衆が声を上げる機会は限られていた。政治体制の特性は環境国家の反転を止められない大きな原因であった。翻って戦後の開発主義の中で権利主張の方法を体得していった日本の民衆の経験は、人々と国家の距離の取り方を模索している現在の東南アジアの参考になる。経済成長への渇望の中で、資源不足と公害に悩まされ、やがて少子化や格差の問題を抱え込んでいった日本の軌跡には、モデルとすべき正の経験だけではなく、真似すべきではない反面教師としての材料も多分に含まれている。だからこそ、あの時代から生まれた発想は現在にも響くメッセージ性をもつのである。

まず、「文明の生態史観」（第7章）である。これは他の二つの論と比べても明らかに政策志向的なアイディアではなかった。しかし、京都学派の提示した平行進化と棲み分けの発想は、開発を方向づける根本的な指針になりうる。各々の文明や国の発展程度に優劣があることを前提に、劣位にある者が優位にある者に取り込まれるとする単線的な発展思想とは異なり、棲み分け論は、それぞれの文明を成り立たせている基礎的な条件に目をつける。そして競争による勝ち残りではなく、弱い者は弱いなりに居場所《ニッチ》と役割を見つけていくとの考え方を土台とする。

この発想は日本に対して、後発国の村での事業を増やす前に、まずは自国の森林再生、木材資源の有効利用の徹底による気候変動対策を強化し、自らの地球益に向けたニッチを探すことを要請する。それでも海外で事業を実施する場合、棲み分けの論理は現地の村人たちがオーナーシップを損なわない発展を模索できるよう、彼らの日常生活に供する土地を、いわば村の保護区として制度化するなどの方向性を指し示す。ラオスの場合には、現地で森林利用のあり方を条件づけている国家と社会の関係に踏み込んだ考察が欠かせない。たとえばプロジェクトに取り込む政府の領域とそうでない領域とを区分けして、人々が自らの発意と工夫で管理できる土地や森林へのアクセス権を保障する方法がある。二酸化炭素の削減目標に到達するためにプロジェクトに取り込む森林をできるだけ確保しようとする現行の志向性を抑制し、段階をつけるという発想だ。このアプローチは些細に見えるかもしれないが、人々が新しい秩序に取り込まれる速度を緩め、変化に適応する時間をかせぐという意味で効果を生む。「先発」「後発」といった単線的な進度に囚われず、条件が似ている国や地域を見つけて相互の技術交流を促すというのも平行進化論の政策的な示唆である。

次に「公害原論」（第8章）のアイディアを応用するならば、プロジェクトを実施する側に知の独占が生じないように、村人たちの中に森の専門家を発見し、彼らの伝統的な知識を活用する仕掛けを考えてみるのが一案だ。「公害に第三者はいない」という宇井純の主張に則り、事業内容そのものを地域の人々主体で提案してもらい、特に森林がなくては生きていけない人々の事情を把握し、政策に活かすという手もある。従来「参加型」と呼ばれたこの方法は、政策の実施主体である行政の側に参加の本質的な意味が理解できておらず、現場に徹底されることが少なかった。すでに決められた国家目標に人々の参加を促すのではなく、そもそもの課題の設定や問題の分析についても人々が行う政策の「市民化」まで視野に入れることもできる（宇井 1996）。「公害の起承転結」という宇井の指摘は、時間の経過とともに環境国家の反転の弊害が中和され、忘れられてしまうパターンを予感させる。それを回避するために、長期的な視野でラオスの現場を見守る地域研究者のネットワークを構築するのも有望であろう。

最後に、自然の一体性に基づく総合を目指した「資源論」（第9章）の発想を生かすとどうなるだろうか。資源論の基盤は、「そこにあるもの／可能性を生かす」という発想である。これは、そこにないものを発見して解決策を外から持ってくる従来型の開発援助の思想とは大きく異なる。気候変動に対する先進国の強い関心は、都市の人々による辺境への新たな依存構造をつくり出した。他者が自分に依存しているという事実は、依存されている側にとっての交渉力になる。ラオスの場合、中国の農業資本、タイの電力資本、世界銀行やアジア開発銀行などインフラ支援を行う国際金融機関、農村開発や山地民開発に関連する省庁が現場に熱いまなざしを送る。ラオス政府にとって、こうしたまなざしは経済的な好機になる。

他方で読み書きのできない村人たちから見ると、外部組織の介入は搾取の契機になりかねない。搾取を防ぐには、これらの外部組織の間で利害関係がズレている状況を「資源」に変えることが有効だ。地域の利益になるように外部勢力同士を巧みに競わせることができる村人が出てくれば、利害のズレは村人たちにとって有利な交渉を引き出す材料になりうる。世界が注目する土地に暮らしていることの利点を村人たち自らが享受できるようにするためには、経済面での支援だけでなく、人権の次元での下支えが必要になろう。

加えて、資源調査会による「縦割りの克服」という試みから学べることもある。気候変動事業として森林部門だけに議論が偏らないように、教育や保健といった他のセクターの重要課題をあわせて扱い、地域計画の中で優先順位づけをしていくという方向性である。もちろん、森林の専門家が集まる会議で、森林以外の事業（たとえば村人にとってはより切実である小学校の建設）に議論が及ぶことはまれである。しかし、こうした縦割りの発想が、受け手となる人々にとって援助の「反転」となるのであれば、せめてその地域にとっての優先課題について行政の他部門からの進言や異議申し立てができる仕組みの整備は欠かせない。

ここまでをまとめると、「ラオスの村で本来何をすべきだったのか」という問いに対する端的な答えは次のようになる。外部からの介入の影響を人々が理解する時間的な猶予をつくり、変化を受け入れられる体力を養うこと、そして、彼らが「違ったあり方」を実現できる回路を確保することである。それは単純に村人の願いを叶えることではない。人々の願望は無視してはいけないが、それを叶えることに外部者の努力が集中してしまうと、ローカルな思考の枠から抜けられなくなり、外から提示される選択肢に流される傾向がかえって強化されてしまうからだ。たとえば、東南アジアの農村各地では中国企業が契約栽培による農地を次々と拡張し、弱小な農民から土地を買い叩くという事案が頻発している。短期的な所得向上という点で契約栽培は農民にとっても魅力的である。しかし、長期的な土地の支配という点では、村人の従属は深まる方向に進むであろう。そこで人々が、正確な地図に基づいて土地への権利意識を高め、理不尽な土地の買い叩きから自らを守る道筋ができれば「違ったあり方」の回路は確保されることになる。

ヒト・モノ・カネが場所を問わずに活発に流通するグローバル化の流れは、容易に方向転換できそうもない。国家の監視能力の高まりによって、その枠から外へ逃げ出すという選択肢も、ますます現実的ではなくなった。全面化する国家権力の網の目の中で個人が自由な空間を確保するには、現場で環境国家の影響を被る人々が、その過程に主体的に立ち向かい、場合によっては巧みに利用できる力を養わなくてはならない。外部者にできることがあるとすれば、各地の地域社会に存在する資源や環境利用に関する固有の制度や営みを記録して守ること、人々の読み書きの能力を培うこと、現地の法律に関する理論武装を手助けすることなどを通じて、グローバルな圧力を好機へと変換できるよう下支えすることである。また、急激な変化が起こす軋轢を調整する専門的な第三者組織による支援も、これからますます必要になるだろう[1]。

2　問題をつくらないために

本書の結論をさらに一般的な「開発」＝豊かさの追求という次元に広げて考えてみたい。序章では、開発国家が環境国家に変換される速度が、アジア地域をはじめとする後発国ではとりわけ速いことを指摘した。「経済発展」とは、あらゆる経済活動に関わる時間と距離を短縮することであり、環境問題への対策をも開発計画の中に引き寄せる働きをした。

経済開発を環境保護が間をおかずに追いかける傾向にはもちろん望ましい面もある。環境問題に「あとから」配慮するよりも、安く効果的に対策ができる可能性があるからだ。しかし、第２章で見たように、開発国家時代の組織や制度の遺産をそのまま引き継いでいる「環境国家」は、どうしても先行する開発の発想や流れに優先順位を支配されがちである。社会変化が急激な後発国における開発政策と環境政策は、実は同じ土壌に生育する二本の木に他ならない。

近代社会の文化に深く染み込んだ「開発」はつねに「解決」であって、それ自体が問題になるとは想定されてこなかった。後から打ち出される環境政策が機能しなくても、「新たな計画」が打ち出されて、「失敗」はいつの間にか運用の一部になっていく。こうした開発国家の発想方法が維持されている限り、反転を呼び込む悪循環からは抜け出せない。第9章で論じた政策の分断も、環境政策を無力化することがある。エネルギー価格を下げるために化石燃料に補助金を出して消費を増やしておきながら、そこから生まれる二酸化炭素排出に規制をかけるのは、わかりやすい例である。開発が今ある問題の解決策として提示される以上、問題が生み出される構造がそのままであれば、対になる開発も変わらずに続いていく。手段があるから、予算があるから、政治的にウケがよいから、という打算的な基準で繰り出される政策の多くは、問題をつくるタイプの政策である。

では、どうすればよいのか。そもそも「問題をつくらない」という方策をとることで、複雑に絡まった反転の縄を「ほどく」という新たな方向性を考えてはどうか。開発国家に特徴的だったのは「足りないもの」を探して、それを新たな開発で埋め合わせようとする姿勢であった。これに対して「ほどく」アプローチは、過去を反省し「そこにあるもの」を生かす姿勢へと私たちをいざなう。何かが「足りない」のは、問題解決をもちこもうとする外部者の都合でそう見えるだけではないのか。見方を変えると、問題が「つくられている」ようなことはないのか。あらためて第III部をふり返ると「生態史観」「公害原論」「資源論」の三つの知的資産から見えてくるのは、環境政策を下支えしている「問題の立て方」を地域に生きる人々の視点から民主化していく方策である。

本書で論じてきた環境国家の反転の緩和・予防策を再度振り返ってみよう。第一は、開発の規模拡大にともなって大きくなる環境政策を反転させないために、事業主体と求心力を現場に近い場所へと降ろしていくことである。すなわち、開発そのものを自律分散的な営みに変えていくのである。事業規模が地域のレベルに収まる程度であれば、反転も地域の力で押し戻せる可能性が高くなる。後発国の農村に普及しつつある太陽光発電を含む小規模発電技術は、大規模なダムに比べて人々の手に負えるタイプの開発の例である。そうした地域密着型の事業を担うことのできる、地元に根ざした中間組織の育成は最も重要な課題である。

第二は、反転をくい止める地域社会の対応力そのものを養うことである。外部からもたらされる変化や刺激に対し、適応する地域社会の側の力が十分ではないときに反転は生じる。宇井の公害原論は、被害者の立場を為政者に伝わるように翻訳し、為政者側から押しつけられる科学と政治に抵抗する意識を人々に与えることで反転を和らげる効果を狙った。地域社会の結束は、外部者が容易に促せるものではないが、その声を正しく汲み取ることはできる。そうした汲み取りは、地域の対応力にあわせて外部からの介入を調整することに役立つ。宇井らが先導した日本の草の根環境運動が、権威主義的な政権下にあった一九八〇年代の韓国、台湾などに大きな影響を与え、やがて世界で活躍する民間の環境団体を育てることになった事実は、「地域社会の対応力」が横の連携を通じて国際的な広がりをもちうることを示す（寺田 2001）。

第三は、政策の縦割りを克服し、開発政策に環境保全政策を内包させていくことである。これは後発国の環境行政の強化と同じではない。第2章で見たように開発行政と環境行政は往々にして対立関係にあり、規制を担う後者は前者に対して劣勢である。よって既存の開発行政の中に環境保全の仕掛けをいかにして内部化していくかが問題になる。戦後日本の資源論には「開発即保全」の思想があった。自然環境と人間の経済を一体的なものと見るこの発想は保全を考えない開発を認めないのである。残念ながら、こうした資源論が支持を得た時代は日本が国内資源の開発に注力した一九五〇年代前半の一時期に限られていた。当時の原料資源の不足と災害の頻発は、「そこにあるもの」を活用せざるを得ない圧力をつくり出していた。他方で、制度面の充実とは裏腹に「資源の一体的な開発」と社会的配慮が遅れがちな後発国では、類似の圧力をいかにしてつくり出していくかが課題となる。

環境国家が学習し、自己修正するメカニズムの推進力は、透明性と情報公開によって生じる外圧であろう。逆にいえば、環境国家が暴走する背景には、政策の実施プロセスが不透明であることや、その帰結に関する情報公開が少ないという課題がある。たとえば政府直轄の国有地内で何が行われているのか国民が知らされていなければ、批判のしようもない。より深刻なのは、情報が公開されていても、それを重要な情報であるとして取り上げる人がいない場合である。ここではメディアや研究者の役割も大きい。行政関与のアピールとして環境分野に予算がつくことと、それが観察可能な範囲の外で及ぼす効果との間には大きなズレが生じる。私たちは政策の「帰結」にもっと関心を払わなくてはならないし、物事がどうあるべきだったのかを実証的に問うために、歴史への関心を研ぎ澄まさねばならない。

本書は環境政策の社会的帰結に光を当てたが、そこに提示したいくつかの考え方は、自然環境の質を改善するための政策そのものにも応用できる。不確実性を所与として受け入れ、間違いがあればそれを軌道修正していくための圧力の回路を確保することが大切だ。そして必要に応じて、圧力そのものをつくり出し、使いこなす人々を育成しなくてはならない。

3　環境ガバナンス論の限界

環境問題の解決が求める幅広い主体の関与は、利害の異なるその人々を「どう束ねるか」という点に世界的な関心を集め、一九九〇年代に「環境ガバナンス」という概念の誕生を促した。環境ガバナンスとは、政府だけでなく企業や市民社会などが多様なかたちで参画、交流しながら民主的につくり上げる環境管理のための実践である（松下編 2007）。「上からの統治と下からの自治の統合」がガバナンスの内実である。「ガバナンス」をどう定義するかは別として、論者らの力点は、政府が環境管理を独占してきた側面に注目して、政府以外の主体に主導権を拡張し、環境保全に向けたネットワークをいかに構築するかという「手段の改良」に集中してきた（Bodin 2017）。そこではガバナンスのパフォーマンスに注目が偏っていて自然環境を守るという目的そのものの是非を問うことはもちろん、自然保護が現場となる地域社会に何をもたらすかを考えようとする志向性は見られない。

環境問題の脅威はすべての人に均等に降りかかってくるわけではない。自然災害のように、同じ地域に等しく降りかかるように見える災厄でも、もともと住んでいる家の構造や経済力などに応じて、災害対応力は大きく異なる。ゆえに手段を改良して自然環境への働きかけを充実させることは、すでに存在した格差をさらに固定化するような結果を招くこともある。すでに指摘したように、後発国の貧しい人々がアクセスできる自然資源を権力の都合で規制することは不平等の固定化につながる。環境政策とは、本来きわめて政治的なものなのだ。

ここで従来の環境ガバナンス論には何が足りなかったのかを明示して本書の貢献をはっきりさせてみたい。「ガバナンス」の視角は手段の新しさに関心を寄せ、新たに参画する人々を通じて自然環境そのものに働きかけようとする。それに対して、筆者が本書で提示した環境国家論は、自然環境への介入が、国家と社会の関係をどのように変えていくかを問うた。つまり、環境ガバナンス論は「意思決定の入口」、物事の決め方に強い関心を示すのに対して、環境国家論は「行為の出口」、特に環境政策が人間社会に与える影響に注目する。この違いは大きい。人間社会への影響を政策の効果とみなす福祉政策や教育・保健政策に比べて、環境政策の人間的帰結は因果関係があいまいで見えづらいために、議論の対象になることすら少ない。政策の効果は自然環境そのものの質の変化に求められるからである。

もう一つ本書で強調したのは環境国家の「はじまり」をどのように捉えるかという時間軸にかかわる点であった。この問題意識は通常の環境ガバナンス論が自らに先行するガバナンスを特に意識して

表終-1　開発国家から環境国家への軸足の移動

介入の軸足＼資源のタイプ	←　開発国家の軸足　→ 生産 （利用の促進）	←　環境国家の軸足　→ 保全 （節度ある利用）	保護 （利用の禁止）
土地	私的農地／所有地の開墾	ゾーニング	国有地の囲い込み
森林	伐採	保続林業	保護区の設定
水	灌漑，輸送，発電	取水制限，水源地管理と水質保全	水源地の保護
鉱物	鉱山採掘	採掘権のライセンシング	再生可能資源への移行

出典）筆者作成。

いない点に比べて対照的である。本書では環境国家が突如として立ち現れる存在ではなく、それに先立つ開発国家に促されて登場する点を強調した。

表終-1は、開発国家が環境国家へと軸足を移す際に、介入の力点が移動する様子を、人々の生活に密接に関連する資源に注目して表したものである。軸足が生産（production＝利用の促進）から保全（conservation＝節度ある利用）、保護（protection＝利用の禁止）へと移っていく過程で、政府が打ち出す政策がより専門的・排除的なかたちで権力の集中をともなっていくことがわかる。このような時系列に沿った理解の仕方は無意識に政策を左右する「ガバナンスの癖」を読み解き、「新しい解決策」を意味のあるものに仕立てるうえで有用である。

すでに指摘したように、開発国家と環境国家は明確な基準をもって区別できるわけではない。国家が環境や持続性を国家計画の中心に据えて、その実行に必要な体制を整える段階で線を引くことは可能だが、国家の影響力が及ぶ範囲は意図や計画であらかじめ把握しきれるわけではない。環境国家か否かは末端の人々の生活に現れる変化が重要な基準となる。環境国家が客観的に定義しにくいのは、その影響の出方が時代によって、また国や地域によって大きく変わるからである。

従来の環境ガバナンス論が不十分なのは、開発国家時代の問題解決手法と、それを支える制度を、そのまま環境に投影しているところである。「環境部門」だけを切り出して見かけ上の対処に視野を限定してしまうと問題の本質に迫ることができない。一般に、気候変動対策として緩和策よりも適応策が好まれるのはよい例である。防波堤の建設や水利用の高度化など新たな技術とインフラ構築をともなう変化は、雇用機会の増大に貢献する点で開発の観点からは好まれる「対処」であるが、温暖化の原因となる二酸化炭素の排出量そのものを減らす対策にはならない（Keohane 2014）。第4章から第6章の事例で見たように、資源環境政策への介入がことごとく反転してしまうのは、現場に何らかの不足を見出し、外からその不足を埋め合わせるための資源を持ち込むという開発国家のエートスで国家が環境政策を上塗りしていくからである。開発から環境への軸足の移動が特にすばやく起きている後発国では、環境国家に先立つガバナンスの様態を分析の中に含めていくことが欠かせない。

4　「良い依存関係」へ

環境国家の時代に求めるべき思想は、かつての開発国家が求めた競争に基づく経済的自立ではなく、バランスのとれた良い依存関係の構築ではないだろうか。筆者がそう考えるようになったのは、深刻化しているテロや難民問題、地球温暖化や不平等などの今日的課題の底流に、私たちを競争と自立へと駆り立ててきた開発国家の価値観が依然として横たわっていると感じるからである。競争への過度の傾斜が問題なのは、それが競争を下支えしている協力や依存構造といった社会の基礎条件を見えにくくするからである。格差や不平等が見えなくなれば、その存在は過小評価され、看過されてしまう。

競争は手段の稀少性を前提として、その奪い合いに焦点を置く。経済人類学の大家カール・ポラニーによれば、究極的に自然への依存で成り立つ人間の経済において「手段の不足」という現象は、市場経済が成立して以降にだけ当てはまるロジックである（ポラニー 2009）。にもかかわらず、競争は自然の支配へと拡張し、人間と自然の関係を取りもっていた各種の秩序を崩壊させるにいたった。本書の第II部で見たように、多くの伝統社会がもっていたコモンズ管理のための秩序が、貨幣経済と国家経済への編入の過程で崩壊するのはその典型的な例である。

開発国家の歴史には「悪い依存関係」があった。それは、従属と支配に基づく関係であり、いわば不平等に立脚した依存関係であった。国際的な舞台では、とりわけラテン・アメリカ諸国の一次産品特化にともなう貿易依存が問題視され、国内では価格競争に勝ち抜くための児童労働の強制などが問題になった。力の強い者の利害に自らの発展の方向性を条件づけられてしまうという「依存」の状況は、自立を通じて脱却すべきものであると考えられてきた。

経済発展の過程で自立が孤立を招く可能性に多くの人々が気づくようになってからも、競争と自立の理念が色あせないのは、欧米流の開発思想が自らを修正するメカニズムを備えて、取りこぼした項目を次々と回収しながら拡張することに成功してきたからであろう。この観点からすると、開発の歴史とは華々しい技術革新の歴史というよりは、さまざまな依存関係が再発見される歴史でもあった。たとえばジェンダーへの注目は、性別に基づく依存関係への認識を呼び覚まし、環境問題の発見は、それまで無償だと思われていた自然がそうではないことを教えてくれた。頻発する自然災害は、人間の自然への依存だけでなく、第5章で見たように、国家と地域社会の相互依存の再発見につながった。だが、持続可能な開発目標（ＳＤＧｓ）として結実する開発思想は、人間が互いにどのような関係を築くべきかについて踏み込んだ価値を示すものではない。良い依存関係の模索は、それぞれの国や地域で追求されなくてはならない。

「良い依存関係」とは何か。環境国家を受け止める側に重きをおく本書では、良い依存を、依存先が適度に分散されているために、一つしか依存先がない場合に比べて極端な支配や専制に結びつきにくい状態を指すと考えておこう。依存先の数が問題なのではない。それぞれの関係が問題なのである。人間は複数の社会や制度に同時に帰属しているが、そのどれかが支配的になるとバランスが崩れてしまう。複数の帰属先のそれぞれがもつ制度や文化の間に生じる摩擦や齟齬が「反転」の原因になる。特に環境問題においては国家や地球の単位で議論が先行するので、生業集団や地縁組織といったローカルな帰属先は絡めとられてしまうことが多い。アマルティア・センは複数のアイデンティティから重要なものを選ぶ過程を公正な社会の前提とみなす（セン 2011）。しかし国家が制度の枠組みをつくる自然環境（何をどう使ってよいか）について、ほとんどの人はそのどこに収まるか全く選択権をもっていない。人々が自ら選ぶことのできる、そして生活レベルで依存関係の焦点となる中間的な組織（地域に根づく組合や地域をこえる市民ネットワークなど）を重層的に育むことは、国家が特定のアイデンティティだけを強調して暴走してしまうのを防ぐうえでも重要なのである。

今必要なのは、競争と自立を優先して依存を克服の対象と見る開発国家の時代から、依存関係の質を問う環境国家の時代への転換ではないだろうか。「生産する労働者」として社会的な空洞に放り込まれて孤立してしまうよりは、生存を守ってくれる良い依存先を探すことの方が貧困削減への近道であると主張する論者も出てきた（Ferguson 2015）。少子高齢化が進むわが国でも、政府に依存せざるをえない国民は今後もさらに増えるであろう。実は、自立はいざというときに頼りにできる依存関係の上に成り立っている（鷲田 2019：64）。相互に依存しあえる関係こそ自立を支えているのだ。競争から依存への価値転換がまず求められているのは、先進国である日本の方だといえるかもしれない。

エネルギー大量消費社会への移行にともなう汚染や災害の頻発は、自立よりも依存へと考え方の修正を迫っている。それは自然に対する国家の態度だけでなく、自然をめぐる国家と社会の関係のあり様についての問いでもある。第3章で見たように、近代化の中の国家は地域住民への依存の質を変化させながら発展を遂げた。国家と地域社会は、かつては賦役や税、特産品の献上というかたちで「収奪」を行うという色合いの濃い地域が多かったが、民主主義の発達した現在では、納税の見返りとして教育や保健医療といった行政サービスが提供される。つまり、国家の側の人々への依存は税や物品、労働力というかたちで顕在化する。国家間の競争も、国内にあるこうした依存関係に立脚していると考えてよい。

ここで競争の理念に裏づけを与えた「最適者生存」という概念を生み、進化論を社会学へと発展させた張本人であるハーバート・スペンサー（一八二〇―一九〇三）が依存に触れていたことを思い出しておきたい。「最適者生存」は近代化と欧米流の開発観に思想的な推進力を与えてきた中心的な思想である（佐藤 2018）。スペンサーは社会進化の重大な特徴として、社会構造の複雑化＝異化（differentiation）を指摘したことで知られているが、それは同時に人間社会が相互依存を深める過程でもあるとした。

> しかしながら、〔文明の進歩に伴う〕個人化の最も高度なものは、最も深い相互依存と同時に進むものである。この主張はいっけん逆説的なものだが、進歩というものは完全な分離（separateness）と完全なる融合を同時に伴うものなのだ。
>
> （Spencer 1972［1851］：25）

このように、近代化にともなう個人化と相互依存は表裏一体となって文明の進歩を形成するが、相互依存の大部分は無意識の分業の領域に属するために、後景に追いやられることになったのではないか、と筆者は考える。今こそ、この依存関係を前景に取り戻し、開発と環境政策が社会をどのような依存関係へと導いているのかを問わなくてはならない。

自立と相互依存の関係は国際関係の文脈では盛んに議論されてきた（山本 1989；Keohane and Nye 2000）。しかし、そこでは国家を分析単位と見る伝統に縛られているために、国際的な動きと国家内部の依存関係の連動に視野が及んでいなかった。環境国家の歴史が教えてくれるのは、国家が経済的に自立する過程そのものに国家と社会の依存のメカニズムが潜んでいることである。たとえば気候変動対策は、気候変動のモニタリングから適応のための技術に至るまで、専門家と国家に頼らなくては成り立たない。後発国では、自然環境と経済発展が生活圏で表裏一体をなしているので、自然環境への介入がただちに経済に影響する。自然への依存と、外部経済への依存を理解したうえでその両者を活用するしたたかさをもたなければ、反転は止まらない。

5　想定される反論

本書では環境国家の問題性を正面から指摘した。しかし政府が何もしなければ、森は荒れ、空気は汚れ、ゴミは散乱し、水は劣化するであろうことは誰にでも想像がつく。第9章で見たようにすべきとわかっていることをしないのも反転の一種である。こうした状況を回避しようとする環境国家の正《プラス》の側面について本書で積極的に言及しなかったことには批判があるだろう。

環境保護に熱心な活動家や研究者なら、さらにこう批判するかもしれない。政府が率先して環境対策を行うのは称賛すべきことで、それが一部の人々を苦しめていたとしても、それは環境を守る「コスト」として甘受すべきではないのか、と。これに対して本書が問題にしたのは、そうした人々の痛みについて議論しないどころか、多くの場合「コスト」として認識すらしない権力の構造であった。たしかに本書では、国家権力の浸透によって人々の身動きがとりにくくなる事例を数多く取り上げていたために、「環境国家は悪いもの」という印象を抱いた読者も多いかもしれない。だが、環境国家の影響がもつ性質は、その影響を受ける側によって規定される。本書が提示する環境国家論の政策的含意が、末端の人々の適応力をどう高めるかという点に集中したのは、これが理由である。

すでに見たように、環境国家のフロンティアとなっている国内外の自然豊かな土地では、開発国家の恩恵に与れなかった人々が肩を寄せ合うように暮らしている。一九九〇年代以降、アジアでは天然資源管理における分権化の流れが加速し、各地で「コミュニティ林」、「コミュニティ漁業」、「コミュニティ灌漑」と称する政策が実施されている。しかし、二〇〇〇年代に入ってからのこれらの政策をレビューすると、少なくとも東南アジアの現場においては一連の権限委譲がほとんどうまくいっていないことがわかる（Kurauchi et al. 2006）。失敗の最も大きな理由は、地域の人々が積極的に関与したいと思えるような経済価値の高い資源に対する権利が委譲されていないこと、そして国家の枠組みに入れられることで生じるさまざまなルールを疎み、人々が資源を引き受けること自体を拒むからであった。このように資源の持続的な保全は、現場におけるルールや実行可能性だけに注目していては十分に議論できず、国家が社会との関係においてどのような資源を誰に分配するのかという視点が必要になる。これは本書が現代の環境問題にもつ重要な政策的示唆である。

本書の主張に対して生じうる反論は他にも考えられるが、特に手厳しいと思われる次の二点を加えておこう。一つは、「地域住民に任せさえすれば、そこで選ばれる目的や手段が間違っていてもかまわないのか」という批判である。どのような地球的規模の対策も、現場でそれを引き受ける人々がいる。自然環境の変化と環境対策の最終的な影響をともに引き受けることになる人々に、彼らの未来に関する一定の決定権は保障されてしかるべきだろう。序章で見たラオスの事例に筆者が違和感を抱いたのは、人間と自然の関係について、ある側面の知識だけが伝達され、医療や基礎教育にかかわる切実な知識が置き去りにされ、外発的な介入に対して「ノー」という権利をもたない人々に「援助」が持ち込まれていたことであった。地域住民が十分な情報を得たうえで行った選択は、その帰結を引き受けるのが彼ら自身である以上、たとえその目的や手法に多少の問題があったとしても尊重されるべきである。だが奥地における環境国家の介入の多くは十分な情報の不在はもとより、そもそも選択権をもたない人々を対象に対して行われている。

二つ目は、「反転」は必要悪ではないか、という議論である。環境劣化は、議論する猶予さえ与えないほど差し迫っており、民主主義を犠牲にしても人類の生存を優先して取り組むべき課題であるという主張がある。また中国やベトナムといった権威主義的な国家の方が効果的に環境問題を解決できるのではないかという「環境権威主義」の立場にたつ議論も現れてきた（Beeson 2010）。筆者は、局面に応じて権威主義的な接近方法が民主主義的な方法に優越する可能性を否定しない。中国の気候政策で実証されつつあるように、統合的な政策をすばやく打ち出すという面で権威主義的アプローチには利点がある（Gilley 2012）。しかし、反転の歴史を振り返ってわかるのは、国家が国益を振りかざして押しつける規律には排除と包摂が不均等に含まれており、人々の間に見られる格差がさらに拡がる可能性が高いことである。自然環境に接しながら暮らしている人々が排除されるとなれば、彼らの国家に対する信頼は崩壊し、環境政策そのものが実効性を失ってしまう。そうであれば、ときに民衆をあおるかのごとく繰り出される「環境の危機」の言説を慎重に吟味できる市民社会の育成こそ、国家にとって急務の課題となるべきである。必要悪として看過するのではなく、そもそも「悪」を生み出さないような努力が必要なのである。

6　手段と目的をつなぐ依存構造の解明

本章では、環境国家の政策が引き起こすさまざまな反転のパターンを見た。その中には、森林や生物多様性保全という大義の下に、奥地の人々を強制移住させるといった明らかにそうとわかる反転の事例もあれば、国家による灌漑水路に住民が依存するようになった結果、水への自律的なアクセスが集落単位で不可能になるという、一見して反転には見えない事例もあった。本章の冒頭で引用したライファの「四種類の過誤」は、反転の類型を見事に言い当てている。反転は「仮説（解決の方法）が間違う」ことで生じることが多いが、それは「問題設定そのものの間違い」に由来することもあれば、「解決が遅すぎる」場合もあるのだ。

開発国家が、権力構造はそのままに、環境問題を含む開発の負の側面を技術的に解決しようとしてきたのと同じように、環境国家もまた「効率改善」や「技術革新」によって、問題をすり抜けようとする。もちろん、効率改善や技術革新によって環境保全が前進する側面は大きくある。しかし、個別技術の効率が上がっても、資源消費の総量が増えれば地球環境への負荷は低減しないし、反転の負担を引き受ける人々が声を上げられるようになるわけではない。やはり、開発と社会制度のあり方そのものを見直す必要が出てくる。

「手段を開発することが、目的の選択を一方的に決めてしまう」と警告したのは適正技術論で有名になったエルンスト・シューマッハー（一九一一―七七）であった。彼は著書『スモール・イズ・ビューティフル』の中で次のように指摘する。

目的よりも手段を尊ぶことの欠点は、人が本当に望んでいる目的を選びとる自由と能力とを失わせる結果になることである。手段を開発することが、いってみれば目的の選択を一方的に決めてしまう。そのよい例が超音速機の開発であり、月に着陸するための厖大な努力である。このような目的を思いついたのは、人間が本当に必要とし、望んでいるものが何であるかについて熟考した結果ではなくて、ただ技術的手段ができたからなのである。（シューマッハー 1986：67）

かつて「巨大開発への批判」として提示されたこの論点は、いま新たに環境国家批判として読みなおすことができそうだ。環境政策においても、強力な手段が方向感覚を失い、人の暮らしをよいものにするという国家本来の目的を絡め取ってしまっている場面が多いからである。

富の生産が重視された開発国家の時代、私たちは「いかに豊かになるか」に忙しく、「豊かになるとはどういうことか」、すなわち開発の目的そのものを問う機会をもたなかった。開発国家の時代に犯した過ちを繰り返してはならない。持続性と環境保護が大きな課題である現在、その推進力に水を差すつもりはない。本書が強調したのは、その大きなスローガンの風圧に翻弄されている現場の人が大勢存在すること、そして問題解決にまい進するあまり、別のところで問題がつくり出され続けている状況を放置することの危うさである。

いま必要なのは手段と目的の結び目に注目することである。その結び目を繋いだり、ほどいたりするための条件を明らかにすることである。開発の時代を下支えした「自立」や「競争」という価値観は、目的でもあり手段でもあった。自立は権利を、競争は効率をもたらすことで資本主義の両輪を成していた。これらの開発の時代を代表する価値は、いずれも私たちの「自由意志」を大前提としている。だが、近年の脳神経科学や実験心理学の研究から、自由意志は私たちが考えるほど「自由」ではないことがわかってきた（Cave 2016）。私たちが自ら選んだつもりになっている食事、住居、職業などの選択肢は、資本主義社会の中で「商品」として見せられるものである。その選択はかなり直観的なもので、選択の判断に資するはずの豊かな情報も実際にはわずかしか用いられていないことがわかっている。だが、自由意志などないと断定してしまえば、後には暗い運命論しか残されない。否、そこに唯一の希望の光があるとすれば、それは手段でも目的でもなく、その両者をつなぐ依存構造の解明という新たな扉である。

人々が環境を守る義務、守る権利を国家に預けることから立ち現れる環境国家は、この新しい課題を考察するための恰好の機会となる。自然環境の変化や災害の頻発という圧力は、人間社会の適応を否応なく求めてくるからである。そこにおける「選択肢」は、国家と社会、あるいは自然と人間の関係の中でつくられていく。環境国家の問題は、環境に配慮した未来を選ぶポーズをとりながら、人々にとっての実際の選択対象は国家によって狭められてきた。環境政策を真に民主化していくには、与えられたものを選ぶという行為を重視するよりも、選べる対象の幅を広げることが重要である。

環境国家は、政府の主体的な選択というよりは、さまざまな圧力への反応の集合体として立ち現れる。これからの国家の構成員に求めるべきは、他の主体の助けによって生かされているという弱さの自覚である。それこそが、自らが世界から離れて完全に自立していると錯覚し、自己中心的な「国益」を勇ましく連呼する指導者が跋扈するこの時代に必要な思想ではあるまいか。より良い依存関係をめざし、人と人、人と環境をどのように関係づけていくべきか。この問いへの回答は、本書で強調したように、聞こえのよい政策が相互に糾《あざな》える反転の縄をほどくことであり、問題対処ではなく問題をつくらないような国の体質を整える民衆の努力の中にある。そこに向けた最初の作業は、制度によって新たな結び目をつくるのではなく、「反転」を支えてしまっている私たちの固定観念そのものを「ほどいていく」という発想の転換である。

注

序章　環境国家の到来

（1）ＧＩＳ（Geographic Information System）とは、多様な情報源から大量の地理情報（位置の属性をもった情報）をデータベース化し、コンピューター上で統合的に管理・分析・表示するためのシステムである。

（2）ラオスの気候変動事業に携わったある日本人専門家は、国際的な二酸化炭素取引について、村人から「ビニール袋に空気を入れて売るのか」と問われたという。

（3）反転に類する現象への関心は社会科学に限っても古くからあったことを認めなくてはならない。最も著名なのは経済人類学の巨人カール・ポラニーによる「囲い込み」の検証である（ポラニー 2009）。一六世紀の英国チューダー朝時代の開放耕地に対して行われた囲い込みによる牧地への転換は、土地の価格を上昇させるという「成功」をもたらした一方で、それまで開放耕地や共有地に依存していた小作人らは排除され、浮浪化して都市へと流れ込み、貧困や社会不安の大きな原因となった。自由市場の導入が国家による統制を取り除くどころか逆に増大させ、「自由放任の確立のために必要な新たな権力、機関、組織を、当の国家に負託せざるをえなかった」（ポラニー 2009：254）という逆説をとらえた彼の洞察は、本書のいう反転の着想と同根である。

（4）制度の装いが整うことと開発国家として経済発展に成功することとは同じではない。ゆえに、一般に開発国家として認知されてきたのは日本、韓国、台湾、シンガポールであり、タイをリストに含むかどうかは議論が分かれる。

（5）その意味で、本書の議論は、開発の名の下に行われていたことの全体的な効果を読み取ろうとした「ポスト開発論」（たとえば、Ferguson 1990）の環境版であるといってよい。

（6）著名な開発経済学者メグナド・デサイはこの点について、二〇〇三年の英国貴族院に参考人として証言を求められた際、「貧しい国に多少の援助を供与するからといって、それほど高飛車な態度をとってよいのだろうか」と述べ、援助する側が自らの歩みを顧みようとしない態度に警鐘を鳴らしている。

（7）一九八七年にノルウェーのブルントラント首相（当時）の率いる委員会が打ち出した「持続可能な開発（sustainable development）」という概念は、現在の開発が未来のそれを危うくしてはならないとの考えを明確にした。こうした国際社会の努力は、現代世界に渦巻く利害対立から人々の目をそらし、未来の希望へといざなう効力をもつ。しかし、異なる速度の開発を経験してきた先進国と後発国とを同じ線の上に位置づける努力の仕方は、「時差」の視点が抜け落ちているため環境国家の「反転」を捉えづらいものにしてしまう。

第1章 「問題」のフレーミング

（1）ここでは、「はじまり」に限定して議論をしたが、問題が解決した状態としての「おわり」のイメージが問題の定義を規定する可能性も検討すべきだろう。たとえば事業評価の項目に「持続性」が含まれることが多いが、永遠に継続する事業は存在しない。そうであれば事業の性質に応じた「有効期限」を明示的に設定する必要性も考えなくてはならないはずだ。

（2）このように、とりわけ資源・環境問題の文脈で別々に扱われがちだったスケールを相互に関係させるアプローチを「ポリティカル・エコロジー」と呼ぶ（笹岡 2017）。

第2章 環境を介した人間の支配

（1）日本の江戸時代には「色高」と呼ばれる雑税が存在した。そこでは、田畑以外の野山、河海から得られる収穫を野高、海高、山高などと呼んで米を基調とした税に換算する仕組みがあった。自然環境の重要な構成要素を租税との関連で「色」と呼ぶ例が日本にあったことは示唆的である。

（2）「カーボン・ニュートラル」（炭素中立）とは、温室効果ガスを燃料消費の過程で排出しても、それが植物が生長過程で吸収した二酸化炭素と同量であれば環境負荷にはつながらないという考え方である。

（3）経済学の父と呼ばれるアダム・スミス（一七二三—九〇）は一七七六年に出版された『国富論』の中で、「農業部門が工業部門にくらべて進歩が遅いのは、前者が分業しにくい性質の仕事であるからかもしれない」と指摘している（Smith 1976［1904］: 10）。

（4）bureaucracy（官僚制）の語源である bureau は「記録机」を意味する。

（5）ウィットフォーゲルの議論は、人間の能動性を過少評価する環境決定論的な印象を与えたために多くの批判が寄せられた（湯浅 2007；石井知章 2008）。筆者は、水力社会論の妥当性や説明力そのものではなく、自然と社会との絡み合いに迫る視角を提示したという点で彼の貢献を評価したい。

（6）この問題は本書の第8章で集中的に扱う。

第3章　包摂と排除

（1）シャムと明治日本の近代化プロセスを比較した先行研究には、たとえば土地所有権のあり方に着目した Larsson（2008）や Feeny（1989）がある。

（2）土地を付与された農民には開拓精神を発揮して土地の潜在力を引き出すことが期待されていたが、外国人は付与の対象にはなっていなかった。外国人による土地の占有は明治期の段階ですでに懸案となっていた（丹羽 1989）。

（3）一八八四（明治一七）年から九八（明治三一）年にかけて産出された銅の八一％は海外に輸出されていた（朝日新聞社編 1999：1221）。

（4）ここで後の議論にかかわる重要な論点は、地域の旧慣や社会状況に大久保が早くから配慮していたことである。それは森林区分の案の中に明確に、人々に供する共有林を設けていたことからも窺える（西尾 1988：38-39）。

（5）この過程は国家主導の税制改革だけに起因するわけではない。大量の華人労働者への賃金支払いや、米の商品化の流れは現金によるやり取りを不可逆な流れにした（Feeny 1989）。

（6）二〇世紀初頭のシャムでは華人労働者が港湾などでの人夫、造船夫、商人、鉱夫の大半を占め、農業外部門における全労働者の七〇％近くを占めたという（Thompson 1947：217）。

（7）シャムにおける「公共地」の法的な認定は、一九三二年の民商法の制定を端緒とする（重富 1997）。そこでの公共地としては、道路、湖沿岸地帯などが想定されており、森林は含まれていなかった。シャムの公共地の歴史的背景については北原（2012）を参照。

（8）足尾銅山では鉱夫の八割が友子のメンバーであった。また、尾去沢鉱山での事例調査では六〇％の労働者が二年以内に別の山に移動していたという記録があり、鉱山労働者の流動性の高さを裏づけている（土井 2010）。

（9）労働者の安全と保護について規定した工場法は一九一一（明治四四）年に制定されたものの、労働現場ではほとんど無視されていたようである。たとえば一九二五（大正一四）年に出版された細井和喜蔵『女工哀史』（改造社）は当時の過酷な労働環境を今に伝える貴重な記録である。

（10）専門知識をもった職員の不足は、海外留学組が帰国を始める一九二〇年代まで一貫してシャム政府を悩ませた。シャムにおける外国人アドバイザーの役割については南原（2000）に詳しい。

第4章　維持への力

（1）もちろん、自然と対峙する人間の工夫は灌漑に限らない。水田耕作、斜面での移動耕作なども、長い時間をかけて発達した人間の環境適応の工夫であったと見てよい。

（2）水を最終受益者に届ける方法は末端水路の設計と材質、集落の水番の判断が大きくかかわる問題であり、政府よりも受け皿となる地域の水利組織に裁量があることが多い。

（3）もちろん国家が関心をもつことと、その関心に基づいて行動することの間には距離がある。よほど国家秩序を乱すほどの大きな紛争にならない限り、この距離が縮まるのは人々の側が調停を求める場合のみであろう。

（4）「倫理政策」の概念は、オランダ女王ウィルヘルミナ（在位一八九〇―一九四八年）が一九〇一年議会開院式の演説で、東インドの住民に対して倫理的義務と道徳的責任とを負うと述べた際に出されたもので、キリスト教普及、権力分散、そして住民の福祉重視という三つの原則を内容とした（Boomgard 2003）。

（5）一般に大規模ダムの便益は下流に偏る傾向があるが、いつもそうとは限らない。筆者が二〇一八年九月に現地調査を実施したインドネシアのビリビリ・ダムでは、ダム湖における漁業が近隣住民の大きな収入源になっており、そのために政府の漁業局が乗り出してさまざまなルールをつくりはじめたという。また上流の砂防ダムに堆積した土砂がセメントの材料として良質であることから、土砂を運ぶトラックから「通行料」をとることで経済的に潤っている村人も多いということだった。

（6）東南アジア地域における水力社会論の可能性についてはStott（1992）を参照。

（7）こうした伝統的な水利組織は必ずしも時の権力から独立していたわけではなく、むしろ利用される対象であったことは最近の研究で明らかになっている（鏡味 2016）。

（8）村に出かけて行って村人たちと協働することに金銭的な報酬は伴わないし、オフィスに居座っている職員の方が先に出世するという認識はインドネシアやタイで広く見られるとリックスは言う（Ricks 2017：5）。

（9）これは同じように地方に出先機関をもつ森林局の職員にも当てはまる議論である。森林をめぐる中央—地方のインセンティブのずれについては、Kaufman（1967）の古典的な研究を参照。

（10）灌漑管理がうまくいかない理由の一つは、灌漑局職員たちに、地域の農民と共に働く意識が欠如していることである（Ricks 2015：204）。タイで行われた調査によれば、灌漑局の末端職員の大部分が土木工学を専門としていて、コンピューターシミュレーションなどの技術分野は得意でも、村人たちとの直接交渉は苦手とする人が多いという事情もある。

（11）公共財供給における非国家主体の役割に関する研究は、とりわけ後発国の文脈で注目されるようになった。たとえばPost et al.（2017）の研究では、国家が財の支配的な供給を行う場合に加えて、国家が規制はするものの供給は非国家主体が行う場合、非国家主体が国家を補完しながら供給する場合、そして、国家からは完全に独立して非国家主体が供給する場合を、都市における衛生と水に関するサービスを事例に分析している。

（12）他方で、先述したビリビリ・ダムにおいて、二〇〇〇年のダム完成から二〇年近くが経過した現在、出稼ぎが圧倒的に減少したことは、この地域の経済的な自立を表象している。ダムが地域住民の生活に与えた影響のより包括的な調査については、Yoshida et al.（2013）を参照。

（13）石井はタイで灌漑のもつ統治的な機能、特に農業に与える影響力は水力社会と称するほどの専制的な決定力はもたないとしながらも、北タイで見られる灌漑を基盤とした社会を歴史的には王権の関与なしには成立しえなかったという意味で「準水力的」と名付けた（Ishii 1978：23）。なお、東南アジアの水と社会の関係をめぐる理論については福本（2012）のサーベイが有用である。

(14) 政治学者フランシス・フクヤマは、政府が退行する重要な要因として任務の過剰な重複を挙げている。彼は米国の森林局(Forest Service)を例に、その主要任務が木材の伐採から消火、環境保護へと拡張していくなかで組織の衰退が進んだと分析する。この過程では「どの古い任務も捨てられることがなかったうえに、一つ一つの任務にそれぞれ異なる外部の利益集団が結びつき、森林局の中の分派を支援した」ために組織の統合が妨げられた(Fukuyama 2014 : 459)。

(15) インドネシアに関する調査では、南スラウェシのハサヌディン大学ドロチア・アグネス・ランピセラ教授にお世話になった。この現地調査は、トヨタ財団の研究助成「ODA失敗案件の「その後」にみる開発援助事業の長期的評価」によって可能になった。謝して記す。

(16) たとえばフィリピンの中部ルソンを調査した梅原(1996)を参照。

(17) 先進諸国における環境国家の退行を論じた文献にアーサー・モルのものがある(Mol 2016)。モルは環境官庁の人員や予算の頭打ち、新しい政策や規制の不在、民間勢力と比べた相対的な存在感の低下などを理由に「退行」が生じている可能性を示唆する。ただし、グローバル化の進む世界では先進国の動向を後発国のそれと切り離して考えるべきではない。環境基準の緩い後発国に先進国から公害が輸出される事例は、後発国の分析においても先進国だけを見ていてはいけないことを教えてくれる。

(18) 金属や木材は軍事や経済上の原材料としても重要で、利権争いの対象にもなることも多いので、国家の介入を呼び込みやすい性質をもっていた。

(19) 二〇一八年九月七日のインドネシア、南スラウェシのマリナオ地区における地元NGO職員へのインタビューより。

(20) 人口の集密化が進むアジアにおいて、大規模なダムの建設はほとんどの場合、住民移転をともなう。日本はODAを通じて一九八〇年代から九〇年代に数多くのダムの建設にかかわってきた。住民訴訟にまで発展したインドネシアのコタパンジャン・ダムを典型例として、アジアのダム建設地の大部分ではNGOや市民社会の支援を受けた地域住民が移転や補償をめぐる運動を起こし、その抑え込みを図る行政とさまざまな形の妥協や係争を繰り返してきた。この過程で移転を強いられた人々は新たな権利意識に目覚めて、仲間と結束するメリットを体感し、その経験を別の場面でも応用することで国家にとっては手ごわい存在になっていった。
(21) 二〇一八年九月六日のドロチア・アグネス・ランピセラ教授へのインタビューより。
(22) このアイディアはKeohane and Ostrom (1995) によるところが大きい。

第5章　備える力

(1) 世界のコモンズを研究してきた秋道智彌は「コモンズは自然を支配しようとする思想とは対峙する極に厳然とある」と述べた（秋道 2014：8）。
(2) もっとも、こうした植林事業から人々が便益を得ていないわけではない。一九九〇年代に始まった国際協力機構（JICA）による東北タイ造林事業の「その後」を二〇一七年に現地調査したときに、配布された苗木が各地に点在する村の共有地や学校林に植えられて、村や学校の現金収入になっている事例を見た。特に国内の紙の需要が増大してからパルプ会社によるユーカリ等の早生樹の買い付けが盛んになり、私有地に苗木を植えて畑のように樹木を栽培している村人もいた。
(3) チリの経済学者ヘルナンド・デ・ソトは、この点を資本主義の発展の核であると考える。すなわち、貧しい国が貧しいのは、土地や家屋が資産として登録されておらず、せっかくの資本が「死んでいる」からであると見る（De Soto 2000）。
(4) 近代化が進むにつれ、土地分配の偏りはいっそう顕著になった。いわゆる「土地なし農民」の顕在化である。二〇〇〇年代に入ると八七％の農民が五ライ以下（〇・八ha以下）の土地しかもたず、五％の人が一〇〇ライ以上の土地をもっているという格差の実態も明らかになってきた（Land Institute Foundation 2003）。
(5) 二〇一七年時点での統計による。なお、タイの法律では地券の発行される私有地以外は、森林の有無にかかわらず「国有林地」と定義される（佐藤 2002）。
(6) 一九八八年の南部における大洪水を契機に商業伐採は禁止となり、二〇〇二年に天然資源環境省が新設されてから森林局は、国立公園・野生動物・植物局および海洋・沿岸資源局を切り離して三分割され、主に国有保全林での活動に限定した保全業務を担っている。

（7）スマトラ沖地震でタイ以上に甚大な被害を被ったスリランカでは、「災害ナショナリズム」とでも呼ぶべき、国家による先見的な施策が徹底された（Choi 2016）。

第6章　手放す力

（1）カンボジアは本格的な開発が始まったのが一九九〇年代ということもあり、東南アジアでも森林、土地、魚といった自然資源が豊富な国として知られている。しかし、近年は土地と森林を中心に急速な開発が進みつつあり、とりわけ森林は軍や多国籍企業の利害が錯綜した資源乱用の主戦場になっている（Le Billion 2000；Global Witness 2007；Cock 2013）。

（2）たとえばHall et al.（2011）を参照。

（3）もっとも、日本の山林のように、放置されてしまうことで資源が劣化するケースは十分にありうる。これは資源の過少利用問題であり、通常のコモンズが想定している過剰利用とは異なる新たな課題である。

（4）東南アジアの文脈における代表的な研究としては、Nevins and Peluso, eds.（2008）がある。これは、いわゆる新自由主義的な政策が東南アジアの農村経済に与えている影響を多角的に検討した論集である。特に天然資源を商品化することの社会的影響が考察対象になっている。

（5）森林に当てはめた論考として生方（2012）を参照。

（6）Sithirith（2011）によれば、比率としては陸地を基本的な居住地にしている人々が圧倒的に多い。

（7）二〇一二年三月七日、政府勅令三七号（Government sub-decree 37 Or Nor Krar Kar）。

（8）集団行動に対するポル・ポト時代のアレルギーはいまも民衆の間に残っており、「コミュニティ」を組織化することに強い抵抗感をもつ人々がいる（堀 2008）。

（9）調査の方法は、漁区システムの完全開放以降の時期におけるトンレサップ周辺漁民と漁区所有者への聞き取りを中心とし、そこに公文書館でのデータやフンセン首相の施政方針演説などを含む文献資料を総合した。現地調査は、トンレサップに隣接するコンポンチャン州ボリボ区チャノックトゥルー集落群、コンポントム州カンポンスヴェイ郡パットサンデイ集落群で二〇一二年二月二一日から二八日の期間に実施し、二〇一二年九月四日から八日にかけてはシェムリアップ州プラサックバコン郡カンポンプルック集落群で追加調査を実施した。なお、問題の政治性ゆえに元漁区所有者の具体的な素性は明らかにできない。

(10) カンボジア政府が得る漁業資源由来の収入は、水産物の輸出に一〇％課される輸出税と漁区のライセンス料である。フンセン首相のスピーチによれば、こうした収入の総計は一五〇万米ドルに過ぎない。

(11) この考え方はアッシャー（2006）がかつて定式化したものである。

(12) トンレサップ公社は乱立する行政機関の総合調整を任されており、漁業セクターの「抜本改革（deep reform）」を先導する旗手とみなされている。

第7章　文明の生態史観

(1) 生態系の単位に基づいて文明を類型化する風土論の系譜は、和辻哲郎の『風土』（和辻 1935）が重要な端緒であるが、和辻はアジアの実証的な踏査を行ったわけではない。それゆえに、その観念的な地域分類には批判もある（内田 1999）。ただし、地域の特殊性を重んじ「風土的に異なる諸国民にそれぞれの場所を与えなくてはならない」という和辻の発想は、のちの平行進化や棲み分け論にも通じる認識として注目すべきだろう。

(2) 梅棹は『文明の生態史観』の中で、この図に東欧と東南アジアを加えた「修正版」を提示しているが、ここでは最もシンプルな原初図だけを掲げておく。

(3) 和辻流に言えば「草地や泉を自然から戦い取る」必要性が生まれたのが乾燥地であり、この戦いにおいて人間はさらに他の人間との対立を強いられるようになる（和辻 1935：57）。

(4) 生物学における「平行進化」は「共通の祖先から生じた複数の種において、よく似た特徴が独立に進化すること」（石川統ほか編『生物学辞典』〔東京化学同人、二〇一〇年〕）であり、梅棹の定義とは若干異なっていることを注記しておく。

(5) そもそも梅棹はなぜ新たな史観の提示にこだわったのか。それは彼自身がアジアを自分の足で歩いてみて、当時、世界的な影響力をもちつつあった歴史家アーノルド・トインビー（一八八九—一九七五）の文明区分に不満を抱いたことが大きかったようだ。日本を朝鮮と同じような中国の衛星国と位置づけようとしたトインビーに対して、梅棹は日本文明に新たな位置づけを与えたかったのである。

(6) 海域世界への着目は、川勝が最初というわけではない。たとえば家島（1994）を参照。ここでは梅棹の議論と正面から向き合ったという理由から川勝を特に取り上げる。

(7) インド、ミャンマー、バングラデシュ地域で「山の民」を意味する現地語 zomi から派生させたヴァン・シュンデルによる造語である（van Schendel 2002）。スコットがこれを『ゾミア――脱国家の世界史』（スコット 2013）で全面的に取り上げたことで有名になった。

(8) かつてフーコーが「ならず者」を論じることで「正常な人間」の姿を浮き彫りにしたように、あるいは民俗学者の柳田国男が「漂泊民」に注目することで「常民」をはっきりと捉えることができたように、国家のふるまいを検討するにあたっては、それが何を求めるかという包摂の側面だけではなく、何を嫌うかという排除の側面から迫るのが有効だ。戦前期までの日本では、支配者の都合によって土地を収奪され、けものの皮はぎなどの仕事を強制された人々は、やがて村々を漂泊しながら職人工人、猿回しなどの芸能者集団、山人、旅人などになっていった（鶴見 1998：247）。こうした人々は、国の「正史」には登場しなくても間違いなく歴史の一部を構成した人々である。

(9) 梅棹によれば、農耕社会が灌漑を取り入れた穀物の大量栽培という農業革命は、そのあとに続く都市と国家の誕生に先立つ大前提である（梅棹 1976：36）。つまり、梅棹らが熱心に調査対象とした「中洋」地域の遊牧民は、このような農業革命を経験していない、独自の発展をした地域ということになる。

(10) 今日の生物学界では今西の議論に対する支持は少ないが、本章では、あくまでその思想や哲学に環境国家を捉えるためのヒントを見出す目的でその検討を行う。

(11) 高谷は今西の共存論を換言し、「優劣といっても、いろいろの条件下での優劣がありうる。ある条件の下ではAが有利かもしれないが、条件を変えればBが上なのかもしれない」（高谷 1997：212）と述べ、普遍的な優劣を定めようとすることの不毛さを論じた。

(12) 一九五〇年代に東南アジアを旅した梅棹は「日本は急速に近代化した。その秘伝を教えてくれ」という問いかけをしばしば受けたという（梅棹 1974：64）。梅棹の答えは「日本は違う」というものであった。

第8章　公害原論

（1）宇井の仕事については、宇井の死後、弟子や関係者らの手による『ある公害・環境学者の足取り――追悼宇井純に学ぶ』（宇井紀子編、亜紀書房、二〇〇八年）が包括的である。また宇井が残した膨大な資料は立教大学共生社会研究センターに「宇井純公害問題資料コレクション」として保管されている。

（2）本章で取り上げる「第三者」をめぐる問題については特に船橋（2007）の批判的な検討を参照されたい。

（3）環境社会学と科学技術論との接点を論じた藤垣（2004）問題意識は、これに近い。ここで、藤垣の「科学技術社会論においては、地域住民の知は、必ず科学技術の専門家の知識との比較において議論されるのに対し、環境社会学では、その対比がほとんど前面にでず、圧倒的に地域住民の知が信頼性と正当性のあるものとしてとらえられている」（藤垣 2004：26）という指摘は、暗黙知の無批判な称揚に対する警鐘としてしっかり受け止めておきたい。筆者は経験知や暗黙知が理論知や形式知に対して無条件に優れていることを主張したいのではなく、それが無力化され、不活用にいたる権力構造を問題視している。

（4）社会科学は自然科学のように普遍的法則性を目指すのではなく、文脈に応じたよい判断に資するために、価値の問題を積極的に取り上げるべきとの、アリストテレスの議論を継承する主張もある（Flyvjerg 2001）。

（5）ポランニーのいう暗黙知とフロネーシスは必ずしも同じではない。前者は知の入力に観察の力点があり、後者は逆に知の出力に焦点を置く。しかし、いずれも言葉にしづらい暗黙の次元を主題にしている点で共通する。

（6）本章の草稿段階でこの論点を教示してくれた松本悟氏に記して感謝する。

（7）もちろん人々は上からの規格化をいつも黙って受け入れていたわけではない。たとえば徴税業務の簡便さから二〇世紀初頭のフランスで投入された「窓とドア税」（窓とドアの数に応じて税額を決める方式）は、建て替えの際に窓とドアの数を著しく少なくするという人々の抵抗戦略を招いた（Scott 1998：47-48）。

（8）課税や人口動態の把握のしづらさという観点から政府が嫌う「焼畑移動耕作」も、奥地へと侵出してきた中央政府に対する辺境の人々の抵抗戦略と見ることができる（Li 1999）。

（9）ここに関連するのは「専門家の知る科学的知識はすべての知識の総和のごく一部にすぎない」と指摘した、オーストリアの経済学者フリードリヒ・ハイエク（一八九九―一九九二）の洞察である。今から半世紀以上も前の論考

「社会における知識の活用」の中でハイエクは、社会主義計画経済よりも自由主義の資本主義経済が優れているのは、後者のほうが情報を集約した「価格」を介して「その場、その時の状況に応じた知識（knowledge of the particular circumstances of time and place）」を活用できるからであると主張した（Hayek 1945：521）。ただし、こうした知を社会が拾い上げて社会全体として活用するためには、誰かが中央で計画を立てるのではなく、「現場の人（man on the spot）」にしかるべき裁量権が付与されなくてはならない、とハイエクは釘を刺す。社会主義計画経済に対する市場経済の優位性を訴えようとしたハイエクは、自由市場における価格を通じて個別の知を汲み上げることができると考えた。

（10）その意味では暗黙知に対する過信もまたリスクを増す要因になる。

（11）ただし、これらの活動を相対的に評価したり、評価の材料を調える段階で形式知的な科学の活用は必要である。

（12）もちろん、ネット情報にはノイズが混じっており、つねに有益な集合知が導かれるわけではない。放射能モニタリングでは、研究者のコミュニティが政府情報とは異なる参照点を集合的に提示した貢献が大きかった。集合知に関しては寺尾忠能氏の示唆によるところが大きい。

第9章　資源論

（1）これらにまつわる経緯の詳細や、公害問題と資源論との関係については寺尾（2009）を参照。

（2）この忠告の背景には専門家の助言を無視して突入していった先の大戦の苦い経験もあったに違いない。技術官僚が中核を占めた資源調査会が科学技術をもって政治的な操作に抗おうとしたのは、この反省があったからであろう。

（3）戦前から戦後にいたる資源論の変遷については佐藤（2011）を参照。

（4）アッカーマンに関する同時代的述懐としては大来（1949）や石光（1986）を参照。

（5）米国では一九三三年のニューディールの時代に、国家資源計画委員会（National Resources Planning Board）が設置され、国家の総合的な資源計画の立案に携わったが、太平洋戦争が本格化した一九四三年に廃止された。

（6）報告書の主要な提言のひとつである「産児制限による人口の制御」が米国カトリック教会の反感を買うことになるとはアッカーマンも予想していなかったことだろう。出産という「神の領域」への介入は保守的なキリスト教徒にとってはタブーであり、批判の火の粉はＧＨＱのトップであるダグラス・マッカーサーにまで及んだ。この一件で『日本の天然資源』は発禁処分に追い込まれてしまうのである。

（7）日本人の立場から推測すれば、「関心をもたない」のではなく他人の専門領域に首を突っ込むことへの遠慮が先立つのであろう。周囲との摩擦を避けようとする保守的な思考の傾向が、戦争を不必要に長引かせる原因になったことは、戦時期の意思決定研究から次々と明らかになっている（たとえば山本 1983）。

（8）米国の国家資源計画委員会の設置から廃止にいたる顚末については Warken（1979）を参照。

（9）日本の環境行政の形成と縦割りの弊害については今村（2006）を参照。環境政策史を分野として確立する可能性については喜多川（2015）を参照されたい。

終　章　反転をほどく

（1）土地に対する各方面からの需要が増えれば、対立が増すことは容易に想像ができる。競合が熾烈な社会では「何を誰に与えるか」もさることながら、与える手続きと、与えたあとの権利保障が重要になる。この点については、ラオスの森林保全事業で専門家を務めた名村隆行氏の示唆に負うところが大きい。

あとがき

文明論に関して数々の世界的ベストセラーを送り出しているイスラエルの歴史家ユヴァル・ノア・ハラリは、その最新作『二一世紀のための二一の教訓』(Harari 2018) で、歴史学者の貢献は「明晰さ」であると言う。情報があふれ、研究者ですら「調べて、考える」という時間に窮している今日、複雑な議論をわかりやすく明晰に示すことは、人々の関心の喚起につながるというわけだ。

ハラリは言う。「Clarity（明晰さ）は力だ」と。その通りである。たしかに研究者には「当たり前を問う」ことで、物事を複雑に語る悪い癖がある。だが、ハラリのような歴史学者が対象にしてきた過去の史実を見ていくと、明晰さの「力」が悪用される例が目につくのも事実だ。明晰さは人類の科学を確実に豊かにしたが、だからといって社会全体としての判断が賢明になったわけではない。それどころか明晰さは、その単純化の力ゆえに社会を間違った方向に誘導することもある。国家運営の局面では、これが特に暴力的に働くことが多い。自由、平等、解放などのスローガンを国家が勇ましく唱えた世界各地の場所で、その後実際に何が起きたのかを調べれば、それがわかる。

演説力に定評のあったアドルフ・ヒトラーは著書『我が闘争』の中で、忘却力に優れた大衆には「最も単純な概念を一〇〇〇回繰り返して」心の中に入り込まなくてはならない、と自らの演説の秘訣を惜しげもなく披露した。近年、わかりやすいフレーズを連呼することで当選を果たした某国の大統領の手法に似たものを感じるのは筆者だけではあるまい。心理学者は、単純なメッセージほど、それを受け取る側の処理が簡単になり、信頼される傾向が強まると警告する。複雑な議論は真実に近いとしても「わかりにくい」という理由で信用されないことが多いのだ。だからこそ、権力者が単純で魅力的なスローガンを振りかざすときには、その背景と効果の意味をじっくりと考えてみる必要がある。

本書は「環境をいかに守るか」と単純なかたちで提示されることの多い議論を、相当に複雑にする内容である。不必要にややこしくしている心配もないわけではない。問題は、ありうる議論の地平の中で、単純化すべき部分と、単純化されている議論をあえて複雑化すべき部分をどのように判断するかである。

筆者の選択は、自然界の複雑さを所与とし、国家や地域コミュニティといった主体をあえて単純化する一方で、自然資源の特性に応じて変わるアクター間の「関係」を複雑化することであった。「反転」という概念を用いることで、美しいスローガンとは裏腹に現場で政策の風圧にさらされる人々に光を当てるとともに、人々もまた戦略的に反応しながら国家との関係を構築していく様子を描いてみた。その実態こそ、手放しで支持されることの多い「環境保護運動」で見過ごされてきた部分であると考えたからだ。環境分野に限らず、社会的な課題やその解決方法をシンプルなものに向かわせる力は、往々にして権力の側が発動する。シンプルと思われている現象の奥深くに内在する複雑さを明るみに出すような社会科学による現状批判はやはり必要である。

もちろん複雑な現実をそのまま見せるだけではいかにも芸がない。本書で何か明晰にできたことがあるとすれば、経済開発と環境保護を一つの連続としてつないでみせたことであろう。これまで互いの関連づけのないまま部門ごとに議論されていた自然資源の利用と保護を、経済開発の対立軸としてではなく、むしろ同じ土壌に育つ木として捉えることで、反転が生じる理由を明確にしたつもりである。経済開発も環境保護も、権力の配分という観点では排除と包摂の両方の力を含んでいる。互いに対立するように見えても、実は、国家を主体とした公共事業であるという点で両者は一つの連続をなしている。

思い起こせば、私にとっての「反転」への関心の原点は二〇年以上前の大学院時代のタイにあった。タイの森林保護を勉強していた私が奥地の現場で見たのは、地域の森林保護が成果をあげるほど森林が国の管理下に移って森が地域の手から離れていくという逆説的な状況であった。敵対的な関係になった地域住民と森林局が団結して森を保護できるはずはない。あれから長い時間が経ち、筆者の関心は水や土地など、他の環境課題へと表面的には拡張していったが、環境の支配が人間の支配にいかに転ずるか、という根底的なテーマへのこだわりは変わっていなかったようだ。

「『端初は全体の半ば以上』であり、所求のことがらはそれによって多分に光を与えられる」と言ったのは、アリストテレスであった（『ニコマコス倫理学』（上）三五頁）。本書は「環境」をテーマにしながらも、環境の窓から権力の働きを読み解くという新たな試みを提起した。そして、目的または手段のどちらかに視野を限定することなく、両者を見渡すために依存関係に光を当てるという方法に、ささやかな「端初」を見出した。願わくば、その端初が筆者を導くだけではなく、これからいっそう大きな課題となってくる環境をめぐる国家と社会の関係を学びたい多くの人のインスピレーションとなって、この先の道を照らし出す光になりますように。

本書の完成までにお世話になった人は数多く、特に校閲やチェックで時間をとってくださった方々の名前が漏れてはいないかと恐れている。もともと新書として出すつもりで草稿を書いたのだったが、筆者の力不足で数年前にその企画はとん挫し、専門書として出直すことになった。初期の草稿の点検をしてくれた下村恭民先生、山田恭稔さん、平位匡さん、大森沙美さんには、この仕事が終わるまでこれほど時間を要したことにお詫びしたい。二〇一五年の秋に非常勤講師として教えたお茶の水女子大学人文社会学部の「地域開発論」の受講者にも草稿を読んでもらい、一般読者の観点からわかりにくい個所を指摘してもらった。研究会のレベルでは、政策研究大学院大学の杉原薫先生のグループで発表の機会をいただき、喜多川進先生が主導する「環境政策史研究会」、一橋大学経済学部の寺西俊一・山下英俊の両先生が主宰されるゼミでも大勢の参加者に拙稿を揉んでもらった。それぞれの場所では特に佐藤圭一さんと高柳友彦さんから詳細なコメントを頂戴した。

新書から専門的な書籍に生まれ変わるにあたって量質ともに内容の大幅な改変と、追加の調査を実施した。特に筆者にとっては新しいテーマであったインドネシアの灌漑については、ハサヌディン大学ドロチア・アグネス・ランピセラ教授に大変お世話になった。原稿をまとめる段階に入ってからは、初出原稿の打ち込みで研究室のゼミ生だった三好友良さんと片岡有紀さんの手を煩わせた。原稿はまず私の日常的な論文道場である「出力検」で揉んでもらった。メンバーの松本悟さん、初鹿野直美さん、西舘崇さん、華井和代さん、麻田玲さんは、本書のさまざまな段階で改善のアイディアを提供してくれた。批判を恐れず、議論の深化に時間を惜しまないこの仲間たちに助けられて、本書は少しずつ整っていった。

最終段階の草稿を磨き上げるうえで欠かせなかったのは、研究室のゼミ生である中尾圭志さんと卒業生の室瀬皆実さんである。このお二人は本書全体に一貫性とリズムを与える大きな力になってくれた。中尾さんは、二〇一八年八月から一一月にかけて集中的に文章、図表、参考文献のチェックなど面倒な作業を引き受けてくれた。論理の矛盾をズバリと指摘し、図表を整えるにあたって発揮された彼の美的感覚は秀逸であった。室瀬さんは一一月以降、草稿がある程度まで形になってから本づくりの「整体師」のごとく文章のツボを押してくれて、ストーリーに自然な流れをつくり、素材の内なる力を引き出した。彼女の豊かな読書量を背景に、ひとつひとつの言葉はそれぞれにふさわしい場所を見つけていった。「縄」のモチーフも室瀬さんの提案によるものである。二人の才能に「依存」させてもらえたことを深く感謝している。

以下の方々は、草稿の一部、もしくは全体に有益なインプットをくださった方々で、お名前を挙げてお礼をしたい。藤倉良先生、名村隆行さん、及川敬貴さん、寺尾忠能さん、喜多川進さん、武田淳さん、林裕さん、川上桃子さん、伊藤亜聖さん、遠藤環さん、青山和佳さん、汪牧耘さん、久留島啓さん、小坂井真季さん、西澤紫乃さん。

本書の仕上げは米国プリンストン大学で行った。出典確認のために必要だったものの、ないだろうとあきらめていた『宇井純セレクション』が一式プリンストンの図書館に所蔵されているのを知ったときは感激した。ほとんど読まれないであろう外国語の図書でも、その重要性を見極めて図書館に入れておくのは、この大学の懐の深さである。

必要な参考資料のコピーを米国に送ってくれるなど、誰もやりたがらない雑用を人知れず前向きにこなし、私が本書に取り組む時間を陰で確保してくれたのは紺野奈央さんである。紺野さんはその瑞々しい感性をもって、いつも私のアイディアの最初の聞き手になってくれた。ありがとう。

本書が父の故郷である名古屋に拠点をおく名古屋大学出版会から上梓されることには特別の感慨を感じている。出版を快く引き受けてくれただけでなく、記述のバランスと論理に踏み込んでコメントをくださった編集者の三木信吾さん、山口真幸さん、本当にありがとうございました。なお、本書は平成三一年度科学研究費補助金研究成果公開促進費（学術図書）の助成を受けることで、専門書にしては手の届きやすい価格に落ちつかせることができた。日本学術振興会と日本の納税者に深く感謝する。

本書を構成する各章の初出は、左記のとおりである。当然のことながら、これらの初出論文は本書のテーマに即して大幅に加筆修正・補強されているので、もはや原型をとどめていないものが大部分である。

序　章　書き下ろし

第1章　「〝問題〟を切り取る視点――環境問題とフレーミングの政治学」石弘之編『環境学の技法』（東京大学出版会、二〇〇二年）、四一―七五頁

第2章　「自然の支配はいかに人間の支配へと転ずるか――コモンズの政治学序説」秋道智彌編『日本のコモンズ思想』（岩波書店、二〇一四年）、一七六―一九四頁

第3章　「近代化と統治の文化――明治日本とシャムの天然資源管理」平野健一郎・土田哲夫・川村陶子・古田和子編『国際文化関係史研究』（東京大学出版会、二〇一三年）、一七一―一九二頁

第4章　書き下ろし

第5章　「タイ津波被災地のモラル・エコノミー」竹中千春・高橋伸夫・山本信人編　現代アジア研究　第二巻『市民社会』（慶應義塾大学出版会、二〇〇八年）、三六一―三七八頁

第6章　「カンボジア・トンレサップ湖における漁業と政治――二〇一二年漁区システム完全撤廃の社会科学的評価」寺尾忠能編『「後発性」のポリティクス――資源・環境政策の形成過程』（アジア経済研究所、二〇一五年）、九九―一二〇頁

第7章　「「くくり」と「出入り」の脱国家論――京都学派とゾミア論の越境対話」井上真編『東南アジア地域研究入門一　環境』（慶應義塾大学出版会、二〇一七年）、一五五―一七五頁

第8章　「環境問題と知のガバナンス――経験の無力化と暗黙知の回復」『環境社会学研究』第一五号（二〇〇九年）、三九―五三頁

第9章　「危機と分業――E・アッカーマンに学ぶ国土資源への総合的接近」『政策・経営研究』第一巻（二〇一四年）、一―一五頁

終　章　書き下ろし

なお、第6章については東京大学大学院新領域創成科学研究科国際協力学専攻博士課程トル・ディナ氏（当時）との共同研究の成果である。第9章で用いた英文の資料の一部は文中でも触れたワイオミング大学アメリカン・ヘリテージセンター所蔵のアッカーマン文書、および米国メイン州在住のアッカーマン氏のご子息に提供していただいたものである。また資源調査会に関する和文の貴重な資料は故・石井素介先生がご寄贈くださった。図版の複製は東洋文化研究所の野久保雅嗣さんの手を煩わせた。いつものことながら、私の職場である東洋文化研究所は自由な伝統を今に維持し、執筆の時間を与えてくれた。さまざまなありがたい出逢いによって、本書はなった。感謝以外に言葉がない。

二〇一九年五月　新緑のまぶしいプリンストンにて

佐藤　仁

《著者略歴》

佐《さ》藤《とう》　仁《じん》

1968年　東京都に生まれる
1992年　東京大学教養学部教養学科（文化人類学分科）卒業
1994年　ハーバード大学ケネディ行政学大学院修士課程（公共政策学）修了
1998年　東京大学大学院総合文化研究科博士課程（国際関係論）修了
東京大学大学院新領域創成科学研究科准教授などを経て
現　在　東京大学東洋文化研究所新世代アジア研究部門教授，プリンストン大学ウッドロー・ウィルソンスクール客員教授，博士（学術）
著　書　『「持たざる国」の資源論——持続可能な国土をめぐるもう一つの知』（東京大学出版会，2011年）
『野蛮から生存の開発論——越境する援助のデザイン』（ミネルヴァ書房，2016年，国際開発研究大来賞）
『開発協力のつくられ方——自立と依存の生態史』（東京大学出版会，2021年）

反転する環境国家

2019年6月30日　初版第1刷発行
2021年7月30日　初版第2刷発行

定価はカバーに
表示しています

著　者　佐　藤　　仁

発行者　西　澤　泰　彦

発行所　一般財団法人　名古屋大学出版会
〒464-0814　名古屋市千種区不老町1名古屋大学構内
電話(052)781-5027 / FAX(052)781-0697

印刷・製本　亜細亜印刷㈱　ISBN978-4-8158-0949-2

索　引

ア　行

カ　行

サ　行

タ　行

ナ　行

ハ　行

マ・ヤ行

ラ・ワ行

欧　文

図表一覧

参考文献

①英語文献

Abernethy, C. (2011). "Historical Developments in Irrigation Governance," *Proceedings of the Institutions of Civil Engineers* 164 (2), pp. 87–98.

Acemoglu, Daron, and James A. Robinson (2013). *Why Nations Fail : The Origins of Power, Prosperity and Poverty*. London : Profile Books.

Ackerman, E. (1949a). *Japanese Natural Resources : A Comprehensive Survey*. Natural Resources Section, General Headquarters for the Allied Powers.

Ackerman, E. (1949b). "A Balance Sheet for Japan," *The University of Chicago Magazine* 42 (3), pp. 5–8, 20.

Ackerman, E. (1953). *Japan's Natural Resources and Their Relation to Japan's Economic Future*. Chicago : The University of Chicago Press.

Ackerman, E. (1948). "Japanese Resources and United States Policy," in Japan Resources Association ed. *A Key to Japan's Recovery*. Tokyo : Japan Resources Association, 1986.

Agrawal, A. (2005). *Environmentality : Technologies of Government and the Making of Subjects*. Durham : Duke University Press.

Alatout, S. (2006). "Towards a Bio-Territorial Conception of Power : Territory, Population, and Environmental Narratives in Palestine and Israel, " *Political Geography* 25 (6), pp. 601–621.

Andam, K. (2010). "Protected Areas Reduced Poverty in Costa Rica and Thailand," *Proceedings of the National Academy of Sciences of the United States of America* 107 (22), pp. 9996–10001.

Attwood, D. (1987). "Irrigation and Imperialism : The Causes and Consequences of a Shift from Subsistence to Cash Cropping," *Journal of Development Studies* 23 (3), pp. 341–366.

Aung-Thwin, Michale, and Maitrii Aung-Thwin (2012). *A History of Myanmar since Ancient Times*. London : Reaktion Books.

Baeza, A. et al. (2011). "Climate Forcing and Desert Malaria : The Effect of Irrigation," *Malaria Journal* 10 (1), p. 190.

Baker, C. (2000). "Thailand's Assembly of the Poor : Background, Drama, Reaction," *South East Asia Research* 8 (1), pp. 5–29.

Bansok, R., M. Phirum, and C. Chhun (2012). "Trends in Cambodia's Agro-ecological Zones and Climate Change," *Annual Development Review 2011-2012* [CDRI]. Phnom Penh, Cambodia.

Baran, E., P. Starr, and Y. Kura (2007). "Influence of Built Structure on Tonle Sap Fisheries : Cambodia National Mekong Committee and the World Fish Center," Phnom Penh, Cambodia.

Barker, R., and F. Molle (2004). "Evolution of Irrigation in South and Southeast Asia," Comprehensive Assessment Research Report No. 5, IWMI.

Barney, K. (2008). "China and the Production of Forestlands in Lao PDR : A Political Ecology of Transnational Enclosure," in A. Nevins and N. Peluso eds. *Taking Southeast Asia to Market : Commodities, Nature and People in the Neoliberal Age*. Ithaca : Cornell University Press.

Baromey, N. (2011). "Ecotourism as a Tool for Sustainable Rural Community Development and Natural Resources Management in the Tonle Sap Biosphere Reserve," Ph. D. Thesis, the Faculty of Organic Agricultural Sciences of the University of Kassel.

Barton, G., and B. Bennett (2010). "Forestry as Foreign Policy : Angle-Siamese Relations and the Origins of Britain's Informal Empire in the Teak Forests of Northern Siam," *Itinerario* 34 (2), pp. 65-86.

Bates, R. (2010). *Prosperity and Violence*. Cambridge : Harvard University Press.

Beeson, M. (2010). "The Coming of Environmental Authoritarianism," *Environmental Politics* 19 (2), pp. 276-294.

Béné, C. (2003). "When Fishery Rhymes with Poverty : A First Step beyond the Old Paradigm on Poverty in Small-scale Fisheries," *World Development* 31, pp. 949-975.

Blaikie, P. (1985). *Political Economy of Soil Erosion in Developing Countries*. London : Longman Sc & Tech.

Bodin, O. (2017). "Collaborative Environmental Governance : Achieving Collective Action in Social-ecological Systems," *Science* 357 (6352), p. 659.

Bonheur, N., Lane D. B. (2002). "Natural Resources Management for Human Security in Cambodia's Tonle Sap Biosphere Reserve," *Environmental Science and Policy* 5 (1), pp. 33-41.

Boomgaard, P. (2003). "Upliftment Down the Drain? Effects of Welfare Measures in Late Colonial Indonesia," in Jan-Paul Dirkse, Frans Husken and Mario Rutten eds. *Development and Social Welfare : Indonesia's Experiences under the New Order*. Leiden : KITLV Press, pp. 247-253.

Booth, A. (2007). *Colonial Legacies : Economic and Social Development in East and*

Southeast Asia. Honolulu : University of Hawaii Press.

Booth, A. (2013). "Colonial Revenue Policies and the Impact of the Transition to Independence in South East Asia," *Bijdragen tot de Taal-, Land- en Volkenkunde* 169, pp. 37–67.

Bridge, G. (2014). "Resource Geographies II : The Resource-state Nexus," *Progress in Human Geography* 38 (1), pp. 118–130.

Brockington, D., and J. Igoe (2006). "Eviction for Conservation : A Global Overview," *Conservation and Society* 4 (3), pp. 424–470.

Bromley, D. (1991). *Environment and Economy : Property Regime and Public Policy*. Oxford : Blackwell.

Brosius, P. (1997). "Endangered Forest, Endangered People : Environmentalist Representations of Indigenous Knowledge," *Human Ecology* 5 (1), pp. 47–69.

Brummelhuis, Han ten (2005). *Kings of the Waters : Homan van der Heide and the Origin of Modern Irrigation in Siam*. Chiang Mai : Silkworm Books.

Bryant, R. L. (1997). *The Political Ecology of Forestry in Burma*. London : Hurst & Company.

Bunnag, T. (1977). *Provincial Administration of Siam, 1892–1915 : The Ministry of the Interior under Prince Damrong Rajanubhab*. Kuala Lumpur : Oxford University Press.

Burger, J., and M. Gochfeld (1998). "The Tragedy of the Commons : 30 Years Later," *Environment* 40 (10), pp. 4–13, 26–27.

Busby, J. (2018). "Warming World : Why Climate Change Matters More than Anything Else," *Foreign Affairs* 97 (4), pp. 49–55.

Castree, N. (2008a). "Neoliberalising Nature : The Logics of Deregulation and Reregulation," *Environment and Planning A* 40 (1), pp. 131–152.

Castree, N. (2008b). "Neoliberalising Nature : Processes, Effects, and Evaluations," *Environment and Planning A* 40 (1), pp. 153–173.

Cave, S. (2016). "There's No Such Thing as Free Will," *The Atlantic* (June 2016 Issue).

Chandler, D. (1992). *A History of Cambodia* (Second Edition). Chiang Mai : Silkworm.

Chhin, B. (2012). *Activities of the Inspection Committee on the Management and Development of Fishing Lot in Tonle Sap*. Phnom Penh, Cambodia : National Authority for Land Dispute Resolution.

Choi, V. (2016). "Anticipatory States : Tsunami, War, and Insecurity in Sri Lanka," *Cultural Anthropology* 30 (2), pp. 286–309.

Chu, J. (2014). "When Infrastructures Attack : The Workings of Disrepair in China,"

American Ethnologist 41 (2), pp. 351–367.

Cock, A. (2010). "Anticipating an Oil Boom : The 'Resource Curse' Thesis in the Play of Cambodian politics," *Pacific Affairs* 83 (3), pp. 525–546.

Cock, A. (2011). "The Rise of Provincial's Business in Cambodia," in Caroline Hughes and Kheang Un eds. *Cambodia's Economic Transformation* [Nordic Institute of Asian Studies].

Cock, A. (2013). "People and Business in the Appropriation of Cambodia's Forests," in Sato, J. ed. *Governance of Natural Resources : Uncovering the Social Purpose of Material in Nature*. Tokyo : United Nations University Press, pp. 98–119.

Collier, P (2010). "The Political Economy of Natural Resources," *Social Research : An International Quarterly* 77 (4), pp. 1105–1132.

Cooke, N. (2011). "Tonle Sap Processed Fish," in Eric Tagliacozzo et al., eds. *Chinese Circulations : Capital, Communities, and Networks in Southeast Asia*. Duke University Press.

Coward, E. W. (1980). "Irrigation Development : Institutional and Organizational Issues," in E.W. Coward, ed. *Irrigation and Agricultural Development in Asia : Perspectives from the Social Sciences*. Ithaca : Cornell University Press, pp. 15–27.

Cox, M., G. Arnold and S. Villamayor Tomás (2010). "A Review of Design Principles for Community-based Natural Resource Management," *Ecology and Society* 15 (4), 38 (http://www.ecologyandsociety.org/vol15/iss4/art38/ [accessed September 11, 2015]).

Cushman, J. (1991). *Family and State : The Formation of a Sino-That Tin-Mining Dynasty : 1797-1932*. Oxford : Oxford University Press.

Dahlman, C. (2012). *The World under Pressure*. Stanford : Stanford Finance.

De Soto, H. (2000). *The Mystery of Capital : Why Capitalism Triumphs in the West and Fails Everywhere Else*. New York : Basic Books.

Degen, P., F. V. Acker, N. V. Zalinge, N. Thuok, and L. Vuthy (2000). "Taken for Grant : Conflict over Cambodia's Freshwater Fish Resources". Paper Presented at IASCP, Bloomington, Indiana, June.

Delaney, D. (2005). *Territory : A Short Introduction*. Malden : Blackwell.

Dina, T., and J. Sato (2014). "Is Greater Fishery Access Better for the Poor? Explaining De-Territorialisation of the Tonle Sap, Cambodia," *The Journal of Development Studies* 50 (7), pp. 962–976.

Dove, M. 1993. "A Revisionist View of Tropical Deforestation and Development," *Environmental Conservation* 20 (1), pp. 17–24, 56.

Dove, M., and M. H. Khan (1995). "Competing Constructions of Calamity : The April

1991 Bangladesh Cyclone," *Population and Environment* 16 (5), pp. 445–471.

Downs, A. (1972). "Up and Down with Ecology : The 'Issue Attention Cycle.'" *The Public Interest* 28, pp. 38–50.

Dreyfus, H. and P. Rabinow. (1983). *Michel Foucault : Beyond Structuralism and Hermeneutics*. Chicago : The University of Chicago Press.

Duit, A. et al. (2016). "Greening Leviathan : The Rise of the Environmental State?" *Environmental Politics* 25 (1), pp. 1–23.

Edelman, M. (1991). *Constructing the Political Spectacle*. Chicago : University of Chicago Press.

Embree, John. (1950). "Thailand : A Loosely Structured Social System," *American Anthropologist* 52 (2), pp. 181–193.

Enomoto, K. et al. (2011). "Data Mining and Stock Assessment of Fisheries Resources in Tonle Sap Lake, Cambodia," *Fishery Science* 77, pp. 713–722.

Fairhead, J., M. Leach, and I. Scoones (2012). "Green Grabbing : A New Appropriation of Nature?" *Journal of Peasant Studies* 39 (2), pp. 237–261.

Falcus, M. (1989). "Early British Business in Thailand," in R. P. T. Devenport Fines and G. Jones eds. *British Business in Asia since 1860*. Cambridge : Cambridge University Press. pp. 117–156.

FAO (1993). "The State of Food and Agriculture," FAO Agriculture Series No. 26, Rome : Food and Agriculture Organization of the United Nations (FAO).

FAO (2018). Country Fact Sheet on Food and Agriculture Policy Trends : Thailand. Food and Agriculture Organization of the United Nations (http://www.fao.org/3/I8683EN/i8683en.pdf〔accessed March 28, 2019〕).

Feeny, D. (1989). "Decline of Property Rights in Man in Thailand, 1800–1913," *Journal of Economic History* 49 (2), pp. 285–296.

Ferguson, J. (2015). *Give a Man a Fish : Reflection on the New Politics of Distribution*. Duke University Press.

FiA (2012). "The Deep Reform of Fisheries Sector, the Community Fisheries Based Management and Conservation." Fisheries Administration, Government of Cambodia, Received on 10 September 2012.

FiA (2018) "Fisheries Administration Data (Column No. 7)." Fisheries Administration, Government of Cambodia, Received on 24 October, 2018.

Flyvbjerg, B. (2001). *Making Social Science Matter : Why Social Inquiry Fails and How it Can Succeed Again*. New York : Cambridge University Press.

Foucault, M. (1975). *Discipline and Punish : The Birth of a Prison*. New York : Random House. (= 1977, 田村俶訳『監獄の誕生』新潮社)

Foucault, M. (1991). *The Foucault Effect : Studies in Governmentality*. University of

Chicago Press.

Foucault, M. (2009). *Security, Territory, Population : Lectures at the College De France, 1977-1978*. New York : Picador.

Fukuyama, F. (2014). *Political Order and Political Decay : From the Industrial Revolution to the Globalisation of Democracy*. London : Profile Books.

Furnivall, J. S. (1956). *Colonial Policy and Practice : A Comparative Study of Burma and Netherlands India*, New York : New York University Press.

Garon, S. (1987). *The State and Labor in Modern Japan*. Berkeley : University of California Press.

Geertz, C. (1963). *Agricultural Involution : The Process of Ecological Change in Indonesia*. Berkeley and Los Angeles : University of California Press.

Gilley, B. (2012). "Authoritarian Environmentalism and China's Response to Climate Change," *Environmental Politics* 21 (2), pp. 287-307.

Global Witness (2007). *Cambodia's Family Tree : Illegal Logging and the Stripping of Public Assets by Cambodia's Elites*. London : Global Witness.

Global Witness (2009). *Country for Sale : How Cambodia's Elite has Captured the Country's Extractive Industries*. Phnom Penh : Global Witness.

Gordon, S. H. (1954). "The Economic Theory of a Common-Property Resource : The Fishery," *Journal of Political Economy* 62 (2), pp. 124-142.

Hall, D. et al. (2011). *The Power of Exclusion : Land Dilemmas in Southeast Asia*. University of Hawaii Press.

Hap, N., S. Leang, and R. Chuenpagdee (2006). *Socioeconomics and Livelihood Values of Tonle Sap Lake Fisheries*, Phnom Penh : Inland Fisheries Research and Development Institute [IFReDI], p. 24.

Harari, Y. N. (2018). *21 Lessons for the 21st Century*. New York : Spiegel & Grau.

Hardin, G. (1968). "The Tragedy of Commons," *Science* 162, pp. 1243-1248.

Harwell, E. (2000). "Remote Sensibilities : Discources of Technology and the Making of Indonesia's Natural Disaster," *Development & Change* 31 (1), pp. 307-340.

Hayek, F. A. (1945). "The Use of Knowledge in Society," *The American Economic Review* 35 (4), pp. 519-530.

Heller, M. A. (1998). "The Tragedy of the Anticommons : Property in the Transition from Marx to Markets," *Harvard Law Review* 111, pp. 621-688.

Hernández, C. (2010). "Global Warming and Climate Change : Prospects for Forced Migration in Southeast Asia," in Antonio Marquina ed. *Global Warming and Climate Change : Prospects and Policies in Asia and Europe*. London : Palgrave Macmillan, pp. 208-223.

Hirschman, A. (1958). *Strategies of Economic Development*. New Haven, CT : Yale

University Press.

Hirschman, A. (1967). *Development Projects Observed.* Washington, D.C.: Brookings.

Hughes, C. (2003). *The Political Economy of Cambodia's Transition, 1992–2001.* London, New York: Routledge Curzon.

Ingram, J. (1971). *Economic Change in Thailand, 1850-1970.* Stanford: Stanford University Press.

Ingram, J. C. (1955). *Economic Change in Thailand since 1850.* Stanford, CA: Stanford University Press.

Institut Analisa Sosial (Malaysia) (1989). *Logging against the Natives of Sarawak.* Petaling Jaya, Selangor, Malaysia: INSAN.

IPCC (2014). *Climate Change 2014: Impacts, Adaptatim and Vulnerability.* New York: Cambridge University Press.

Ishii, Yoneo (1978). "History and rice-growing," in Y. Ishii ed. *Thailand: A Rice Growing Society*, Monographs of the Center for Southeast Asian Studies, Kyoto University, no. 12, Honolulu: University of Hawaii Press, pp. 15–39.

Jasanoff, S. (1987). "Contested Boundaries in Policy Relevant Science," *Social Studies of Science* 17, pp. 195–230.

Johnston, R. (1995). "The Business of British Geography." in A. D. Cliff, P. R. Gould, A. G. Hoar and N. J. Thrift eds. *Difusing Geography: Essay for Peter Haggett.* Oxford: Blackwell.

Jones, Sam (2015). "Net Loss: Fish Stocks Dwindle in Cambodia's Tonlé Sap Lake," *Guardian*, December 1 (https://www.theguardian.com/global-development/2015/dec/01/cambodia-tonle-sap-lake-fish-stocks-dwindle-conservation 〔accessed December 10, 2018〕).

Keohane, R. (2014). "The Global Politics of Climate Change: Challenge for Political Science," *PS: Political Sciona and Politics* 48 (1), pp. 19–26.

Keohane, R., and E. Ostrom eds. (1995). *Local Commons and Global Interdependence.* London: Sage.

Keohane, R., and J. Nye. (2000). *Power and Interdependence.* New York: Cambridge University Press.

Keskinen, M. (2003). "Socio-Economic Survey of the Tonle Sap Lake, Cambodia," Master's Thesis, Helsinki University of Technology.

Keskinen, M., and M. Sithirith (2010). "Tonle Sap Lake and Its Management: The Diversity of Perspectives and Institution," Working Paper for Improving Mekong Water Allocation Projects (PN–67). Chiang Mai: M-Power.

Khambanonda, C. (1972). "Thailand's Public Law and Policy on Conservation and

Protection of Land : With Special Attention to Forests and Natural Areas," Ph.D. diss., Indiana University.

Khin Maung Kyi, U., and D. Tin Tin (1973). *Administrative Patterns in Historical Burma*, Singapore : Institute for Southeast Asian Studies.

Kinzley, J. (2018). *Natural Resources and the New Frontier : Constructing Modern China's Borderlands*. University of Chicago Press.

Koerth-Baker, M. (2019). "Why Good Politics and Good Climate Science Don't Mix," *Five Thirty Eight*, March 4 (https: //fivethirtyeight. com/features/good-clima te-science-is-all-about-nuance-good-politics-is-not/ [accessed March 24, 2019]).

Korhonen, J. (2008). "Reconsidering the Economics Logic of Ecological Modernization," *Environment and Planning A* 40, pp. 1331-1346.

Kurauchi, Y. et al. (2006). *Decentralization of Natural Resources Management : Lessons from Southeast Asia, Synthesis of Decentralization Case Studies under the Resources Policy Support Initiative (REPSI)*. Washington, D. C. World Resources Institute.

Land Institute Foundation (2003). *Project for Analyzing and Organizing Brain Storming Meetings for Setting Direction in Land and Land Resources in Thailand*. Bangkok : Land Institute Foundation.

Lansing, S. (2007). *Priests and Programmers : Technologies of Power in the Engineered Landscape of Bali*. Princeton : Princeton University Press.

Larsson, T. (2008). *Land and Loyalty : Security and the Development of Property Rights in Thailand*. Cornell University Press.

Le Billon, P. L. (2002). "Logging in Muddy Waters : The Politics of Forest Exploitation in Cambodia," *Critical Asian Studies* 34 (4), pp. 563-586.

Lekakul, B. (1969). "A Campaign To Save Our National Forests from Forest Bugs," *Conservation News S.E. Asia* 8, p. 9.

Levi, M. (1988). *Of Rule and Revenue*. Berkeley : University of California Press.

Li, T. (1999). "Introduction ; Marginality, Power and Production : Analyzing Upland Transformation," in T. Li ed. *Transforming the Indonesiam Uplands : Marginality, Power and Production*. Amsterdam : Harwood, pp. 1-44.

Lomborg, B. (2001) *The Skeptical Environmentalist*. Cambridge : Cambridge University Press. (＝2003，山形浩生訳『環境危機をあおってはいけない——地球環境のホントの実態』文藝春秋)

Loos, T. (1994). "Introduction to Five Years in Siam," in H. Warington Smyth, *Five Years in Siam, From 1891-1896*. Bangkok : White Lotus.

Lorenzen, S., and R. Lorenzen (2008). "Institutionalizing the Informal : Irrigation and government intervention in Bali," *Development* 51, pp. 77-82.

Lyon, T., and Maxwell, J. (2011). "Greenwash : Corporate Environmental Disclosure under Threat of Audit," *Journal of Economics and Management Strategy* 20 (1), pp. 3–41.

Mabry, B. D. (1979). *The Development of Labor Institutions in Thailand*, Data Paper No. 112, Southeast Asia Program, Cornell University.

Macaulay, R. H. (1934). *History of the Bombay Burmah Trading Corporation, Ltd. 1864-1910*. London : Spottiswoode, Ballantyne & Co.

MAFF (Ministry of Agriculture, Forestry and Fisheries) (2015). *Agricultural Sector Strategic Development Plan 2014-2018*. Phnom Penh : MAFF.

Magtolis, C., and J. Indab (2008). "A Policy Study on Environmental Protection in the Philippines," *Philippine Journal of Public Administration* 52 (2–4), pp. 364–379.

Malloch, D. E. (1852). *Siam : Song General Remarks on Its Productions and Particularly on Its Imports and Exports, and the Mode of Transacting Business with People*. Calcutta : J. Thomas at the Baptist Mission Press.

Malseed, K. (2008). "Where There is No Movement : Local Resistance and the Potential for Solidarity," *Journal of Agrarian Change* 8 (2–3), pp. 489–514.

Mann, M. (1984). "The Autonomous Power of the State : Its Origins, Mechanisms and Results," *European Journal of Sociology* 25 (2), pp. 185–213.

Mansfield, C., and K. MacLeod (2004). *Commune Councils and Civil Society : Promoting Decentralization through Partnerships*. Phnom Penh : Pact Cambodia.

Mekvichai, B. (1988). "The Teak Industry in Northern Thailand : The Role of Natural Resource-Based Regional Economy," Ph.D. diss., Cornell University.

Melissa, M. (2012). *Life, Fish, and Mangroves : Resource Governance in Coastal Cambodia*. Ottawa : University of Ottawa Press.

Meyer, J. et al. (1997). "The Structuring of a World Environmental Regime, 1870–1990," *International Organization* 51 (4), pp. 623–651.

Mitchell, T. (2011). *Carbon Democracy : Political Power in the Age of Oil*. Verso.

Mol, A. (2016). "The Environmental Nation State in Decline," *Environmental Politics* 25 (1), pp. 48–68.

Molle, F. et al. (2011). "Hydraulic Bureaucracies and the Hydraulic Mission : Flows of Water, Flows of Power," *Water Alternatives* 2 (3), pp. 328–349.

Montgomery, J. (1983). "When Local Participation Helps," *Journal of Policy Analysis and Management* 3 (1), pp. 90–105.

Musiake, K. (2002). "Hydrology and Water Resources in Monsoon Asia," *Journal of Japanese Society of Hydrology and Water Resources* 15 (4), pp. 428–434.

Navy, H., S. Leang, and R. Chuenpagdee (2006). "Socio-economic and Livelihood

Value of Tonle Sap Lake Fisheries," World Fish Center, DoF, ADB TA 4553-CAM.

Nem Singh, J., and J. S. Ovadia eds. (2019). *Developmental States beyond East Asia*. London : Routledge.

Nevins, J., and Peluso, N. eds. (2008). *Taking Southeast Asia to Market : Commodities, Nature, and People in the Neoliberal Age*. Cornell University Press.

Öjendal, J., and M. Lilja. (2009). *Beyond Democracy in Cambodia : Political Reconstruction in a Post-Conflict Society*. Denmark : NIAS Press.

Öjendal, J., and K. Sedara (2011). *Post-conflict Reconstruction in Cambodia? An Empirical Review of the Potential of a Decentralisation Reform*. Sweden : Swedish International Center for Local Democracy (ICLD).

Ostrom, E. (1990). *Governing the Commons : The Evolution of Institutions for Collective Action*. New York : Cambridge University Press.

Paavola, J. (2007). "Institutions and Environmental Governance : A Reconceptualization," *Ecological Economics* 63, pp. 93-103.

Peluso, N. (1993). "Coercing Conservation : The Politics of State Resource Control," *Global Environmental Change* 3 (2), pp. 199-217.

Peluso, N., and P. Vandergeest (2001). "Genealogies of the Political Forest and Customary Rights in Indonesia, Malaysia, and Thailand," *The Journal of Asian Studies* 60 (3), pp. 761-812.

Peou, S. (2007). *The Limits of Democracy Assistance : Toward Complex Realist Institutionalism*. Tokyo : Sophia University Press.

Polanyi, K. (1944). *The Great Transformation*, Rinehart & Company, Inc. (=2009, 野口建彦・栖原学訳『(新訳) 大転換』東洋経済新報社)

Polanyi, M. (1966). *The Tacit Dimension*. Chicago : University of Chicago Press. (=2003, 高橋勇夫訳『暗黙知の次元』ちくま学芸文庫)

Post, A., V. Bronsoler, and L. Salman (2017). "Hybrid Regimes for Local Public Goods Provision : A Framework for Analysis," *Perspectives on Politics* 15 (4), pp. 952-966.

Promphakping, Ninlawadee, Maniemai Thongyou, and Viyouth Chamruspanth (2017). "The Extension of State Power and Negotiations of the Villagers in Northeast Thailand," *Southeast Asian Studies* 6 (3), pp. 405-422.

Quadir et al. (2010). "The Challenges of Wastewater Irrigation in Developing Countries," *Agricultural Water Management* 97 (4), pp. 561-568.

Rab, M. A., H. Navy, M. Ahmed, K. Seng, and K. Viner (2005). *Socioeconomics and Values of Resources in Great Lake Tonle Sap and Mekong-Bassac Area : Results from a Sample Survey in Kampong Chnang, Siem Reap and Kandal Provinces*.

Penang, Malaysia : Worldfish Center.

Raiffa, H. (1968). *Decision Analysis : Introductory Lectures on Choices under Uncertainty*. Reading, Mass. : Addison-Wesley.

Ramsay, A. (1979). "Modernization and Reactionary Rebellions in Northern Siam," *Journal of Asian Studies* 38 (2), pp. 283–297.

Ratanaporn S. (1989). "Political, Social, and Economic Changes in the Northern States of Thailand Resulting from the Chiang Mai Treaties of 1874 and 1883," Ph.D. diss., Department of History, Northern Illinois University.

Ratner, D. B. (2006). "Community Management by Decree? Lessons from Cambodia's Fisheries Reform," *Society and Natural Resources* 19 (1), pp. 79–86.

Ratner, D. B. et al. (2017). "Conflict and Collective Action in Tonle Sap Fisheries : Adapting Governance to Support Livelihoods," *Natural Resources Forum* 41, pp. 71–82.

Ratner, D. B., G. Halpern, and M. Kosal (2011). "Catalyzing Collective Action to Address Natural Resource Conflict," CAPRi Working Paper No. 103.

Repetto, R., and M. Gillis eds. (1988). *Public Policies and the Misuse of Forest Resources*. A World Resources Institute Book, Cambridge University Press.

Ribot, J. C. (2011). "Choice, Recognition and Democracy Effects of Decentralisation," Sweden : Swedish International Centre for Local Democracy (ICLD), Working paper 5.

Ricks, J. I. (2015). "Pockets of Participation : Bureaucratic Incentives and Participatory Irrigation Management in Thailand," *Water Alternatives* 8 (2), pp. 193–214.

Ricks, J. I. (2017). "Street-Level Bureaucrats and Irrigation Policy Reform in Southeast Asia," *Asian Politics and Policy* 9 (2), pp. 310–319.

Ross, C. (2014). "The Tin Frontier : Mining, Empire, and Environment in Southeast Asia, 1870s–1930s," *Environmental History* 19, pp. 454–479.

Sachs, J., and P. Malaney (2002). "The Economic and Social Burden of Malaria," *Nature* 410, pp. 680–685.

Sack, R. (1983). "Human Territoriality : A Theory," *Annals of the Association of American Geographers* 73 (1), pp. 55–74.

Sack, R. (1986). *Human Territoriality : Its Theory and History*. Cambridge : Cambridge University Press.

Sagardoy, J. A., A. Bottrall, and G. O. Uittenbogaard (1986). "Organization, Operation and Maintenance of Irrigation Schemes," FAO irrigation and drainage paper 40, Rome : Food and Agriculture Organization.

Sampath, R. (1992). "Issues in Irrigation Pricing in Developing Countries," *World Development* 20 (7), pp. 967–977.

Sato, J. (2003). "Public Land for the People : The Institutional Basis of Community Forestry in Thailand," *Journal of Southeast Asian Studies* 34 (2), pp. 329–346.

Sato, J. (2013), "State Inaction in Resource Governance : Natural Resource Control and Bureaucratic Oversight in Thailand," in J. Sato ed. *Governance of Natural Resources : Uncovering the Social Purpose of Materials in Nature*. Tokyo : United Nations University Press, pp. 15–41.

Sato, J. (2014). "Resource Politics and State-society Relations : Why are Certain States More Inclusive than Others?" *Comparative Studies in Society and History* 56 (3), pp. 746–777.

Saunier, E. R., and A. R. Meganck (2007). *Dictionary & Introduction to Global Environmental Governance*. Earthscan.

Save Andaman Network (2005). *Rebuilding Lives, Reviving Communities After the Tsunami : 9 Month Progress Report* (January-September, 2005). Trang : Save Andaman Network.

Schönweger, O., A. Heinimann, M. Epprecht, J. Lu, and P. Thalongsengchanh (2012). *Concessions and Leases in the Lao PDR : Taking Stock of Land Investments*. Vientiane : CDE and MONRE, 20.

Scott, J. (1976). *The Moral Economy of the Peasant*. New Haven : Yale University Press. (＝1999, 高橋彰訳『モーラル・エコノミー――東南アジアの農民叛乱と生存維持』勁草書房)

Scott, J. (1985). *Weapons of the Weak : Everyday Forms of Peasant Resistance*. New Haven : Yale University Press.

Scott, J. (1998). *Seeing Like a State : How Certain Schemes to Improve the Human Conditions Have Failed*. New Haven : Yale University Press.

Scott, J. (2009). *The Art of Not Being Governed : An Anarchist History of Upland Southeast Asia*. New Haven : Yale University Press. (＝2013, 佐藤仁監訳『ゾミア――脱国家の世界史』みすず書房)

Seiff, A. (2017). "When There are No More Fish," *Eater* (https://eater.com/2017/12/29/16823664/tonle-sap-drought-cambodia〔accessed August 15, 2018〕).

Sen, A. (2010). *The Idea of Justice*. Belknap Press. (＝2011, 池本幸生訳『正義のアイデア』明石書店)

Sethakul, R. (1989). "*Political, Social, and Economic Changes in the Northern States of Thailand Resulting from the Chiang Mai Treaties of 1874 and 1883*," Ph.D. Diss., Department of History, Northern Illinoi University.

Shiva, V. (2015). *Earth Democracy : Justice, Sustainability, and Peace*. Berkeley : North Atlantic Books.

Siebert, S. et al. (2013). "Update of the Digital Global Map of Irrigation Areas to

Version 5," Institute of Crop Science and Resource Conservation, Rheinische Friedrich-Wilhelms-Universität Bonn, Germany.

Sithirith, M. (2011). "Political Geography of Tonle Sap : Power, Space, and Resources," Ph. D. diss., Faculty of Arts and Social Science, The National University of Singapore.

Sithirith, M. (2014). "The Patron-Client System and Its Effect on Resources Management in Cambodia : A Case in the Tonle Sap lake," *Asian Politics & Policy* 6 (4), pp. 595-609.

Sithirith, M. (2017). "Water Governance in Cambodia : From Centralized Water Governance to Farmer Water User Community," *Resources* 6 (3), pp. 44

Skinner, W. (1957). *Chinese Society in Thailand : An Analytical History*. Ithaca : Cornell University Press.

Slade, H. (1901). Report of the Royal Forestry Department for 119 (M5 16/3), Chotmaihet Rachakan Thi 5, Krasuang Mahathai. (ラーマ 5 世期内務省分類文書)

Slocomb, M. (2004). "Commune Elections in Cambodia : 1981 Foundations and 2002 Reformulations," *Modern Asian Studies* 38 (2), pp. 447-467.

Smith, A. (1904). *An Inquiry into the Causes of the Wealth of Nations*. University of Chicago Press.

Smyth, H.W. (1898). *Five Years in Siam, from 1891-95 : The Malay and Cambodian Peninsulars, with Descriptions of Ruby Mines*. Bangkok : White Lotus Press.

Sokhem, P., and K. Sunada (2006). "The Governance of the Tonle Sap Lake, Cambodia : Integration of Local, National and International Level," *Water Resources Development* 22 (3), pp. 399-416.

Spencer, H. (1972). *On Social Evolution : Selected Writings*. Chicago : University of Chicago Press.

Stargardt, J. (1968). "Government and Irrigation in Burma : A Comparative Survey," *Asian Studies* 6 (3), pp. 358-371.

Stone, D. (2002). *Policy Paradox : The Art of Political Decision-Making* (revised edition). New York : W. W. Norton & Company, Inc.

Stott, P. (1992). "Angkor : Shifting the Hydraulic Paradigm," in Jonathan Rigg ed. *The Gift of Water : Water Management, Cosmology and the State in South East Asia*. London : School of Oriental and African Studies, University of London, pp. 47-58.

Suhardiman, D. (2015). *Bureaucracy and Development : Reflections from the Indonesian Water Sector*. Singapore : Institute for Southeast Asian Studies.

Suhardiman, D. (2018). "Linking Irrigation Development with the Wider Agrarian

Context : Everyday Class Politics in Water Distribution Practices in Rural Java," *The Journal of Development Studies* 54 (3), pp. 413–425.

Tana, T. S., and B. H. Todd (2002). *The Inland and Marine Fisheries Trade of Cambodia*. Phnom Penh, Cambodia : Oxfam America.

Tanabe, S. (1981). "Peasant Farming Systems in Thailand," Ph.D. Diss. School of Oriental and African Studies, University of London.

Taylor, R. (2009). *The State in Myanmar*. London : Hurst & Co.

Thompson, M., and M. Warburton (1985). "Uncertainty on a Himalayan Scale," *Mountain Research and Development* 5 (2), pp. 115–135.

Thompson, V. (1947). *Labor problems in Southeast Asia*. New Haven : Yale University Press.

Tongchai, W. (1994). *Siam Mapped : A History of the Geo-Body of a Nation*. Honolulu : University of Hawaii Press.

Un, K. (2004). "Democratisation without Consolidation : The Case of Cambodia, 1993–2004," Ph.D. Thesis, Dekalb : Northern Illinois University.

Un, K., and S. Sokbunthoeun (2009). "Politics of Natural Resource Use in Cambodia," *Asian Affairs : An American Review* 36, pp. 123–138.

van der Meer, C. (1988). "Dependent Irrigation Systems in Southeast Asia : Complications for Irrigation Performance Improvements," *Agricultural Administration and Extension* 30, pp. 281–291.

van Schendel, W. (2002). "Geographies of Knowing, Geographies of Ignorance : Jumping Scales in Southeast Asia," *Environment and Planning D : Society and Space* 20, pp. 647–668.

Vandergeest, P. (1996). "Mapping Nature : Territorialisation of Forest Rights in Thailand," *Society and Natural Resource* 9, pp. 159–175.

Vandergeest, P., and N. Peluso (1995). "Territorialization and State Power in Thailand," *Theory and Society* 24 (3), pp. 385–426.

Vikrom, M., and M. Sithirith (2008). "Entitlements and the Community Fishery in the Tonle Sap : Is the Fishing Lot System Still an Option for Inland Fisheries Management?" Fisheries Action Coalition Team's Paper.

Wade, R. (2018). "Developmental States : Dead or Alive," *Development and Change* 49 (2), pp. 518–546.

Wales, H. G. Q. (1934). *Ancient Siamese Government and Administration*. London : Bernard Quaritch.

Walzer, M. (1983). *Spheres of Justice : A Defense of Pluralism and Equality*. New York : Basic Books.

Warken, P. (1979). *A History of the National Resources Planning Board, 1933-1943*.

New York : Garland Publishing.

White, B. S. Borras, and R. Hall, et al. (2012). "The New Enclosures : Critical Perspectives on Corporate Land Deals," *The Journal of Peasant Studies* 39 (3-4), pp. 619-647.

Winner, L. (1986). *The Whale and the Reactor : A Search for Limits in and Age of High Technology*. Chicago : University of Chicago Press. (= 2000, 吉岡斉・若松征男訳『鯨と原子炉——技術の限界を求めて』紀伊国屋書店)

Wittayapak, C. (2018). "Communal Land Titling Dilemmas in Northern Thailand : From Community Forestry to Deneficial yet Risky and Uncertain Options," *Land Use Policy* 71, pp. 320-328.

Wittfogel, K. (1957). *Oriental Despotism : A Comparative Study of Total Power*. Yale University Press. (=1995, 湯浅赳男訳『オリエンタル・デスポティズム——専制官僚国家の生成と崩壊』新評論)

Wolters, W. (2007). "Geographical Explanations for the Distribution of Irrigation Institutions : Cases from Southeast Asia," in Peter Boomgaard ed. *A World of Water : Rain, Rivers and Seas in Southeast Asia*. Leiden : KITLV Press, pp. 209-234.

Woolcock, Michael, Siman Szreter, and Vijayendra Rao (2011). "How and Why Does History Matter for Development Policy?" *Journal of Development Studies* 47 (1), pp. 70-96.

Yoshida, H. et al. (2013). "A Long-term Evaluation of Families Affected by the Bili-Bili Dam Development Resettlement Project in South Sulawesi, Indonesia," *International Journal of Water Resources and Development* 29 (1), pp. 50-58.

Yoshiki, F. (1980). *How Japan's Metal Mining Industries Modernized*. Tokyo : United Nations University.

Zagline, N., and N. Thouk (2002). "Summary of Project Findings : Present Status of Cambodia and Management Implication," in *Present Status of Cambodia Capture Fisheries and Management Implication*. Phnom Penh. Nine Presentation Given at the Annual Meeting of the Department of Fisheries, Ministry of Agriculture, Forestry, and Fishery, 19-21 January.

Zhou, D. (2007). *A Record of Cambodia : The Land and its People*. Chiang Mai : Silkworm.

②日本語文献

秋道智彌（2014）「日本のコモンズ思想——新しい時代に向けて」秋道智彌編『日本のコモンズ思想』岩波書店，1-10 頁。

朝日新聞社編（1999）『明治・大正期日本経済統計総観』並木書房。

アッシャー，ウィリアム（2006）『発展途上国の資源政治学――政府はなぜ資源を無駄にするのか』佐藤仁訳，東京大学出版会。

アリストテレス（1959）『形而上学（上）（下）』出隆訳，岩波文庫。

アリストテレス（1971）『ニコマコス倫理学（上）（下）』高田三郎訳，岩波文庫。

飯島伸子・渡辺伸一・藤川賢（2007）『公害被害放置の社会学――イタイイタイ病・カドミウム問題の歴史と現在』東信堂。

井口治夫（2012）『鮎川義介と経済的国際主義――満洲問題から戦後日米関係へ』名古屋大学出版会。

石井知章（2008）『K. A. ウィットフォーゲルと東洋的社会論』社会評論社。

石井素介（2007）『国土保全の思想』古今書院。

石井素介（2008）「序　新しい資源論への期待」佐藤仁編『人々の資源論――開発と環境の統合に向けて』明石書店，3-8 頁。

石井素介（2010）「第二次大戦後の占領下日本政府部内における「資源」政策の軌跡――経済安定本部資源調査会における〈資源保全論〉確立への模索体験」『駿台史学』138，1-25 頁。

石光亨（1986）「アッカーマン博士と日本の資源政策」『国民経済雑誌』153(1)，1-18 頁。

井上真編（2017）『東南アジア地域研究入門 1 環境』慶應義塾大学出版会。

今西錦司（1952）『村と人間』新評論。

今西錦司（1993）『今西錦司全集 12 巻（増補版）』講談社。

今村都南（2006）『官庁セクショナリズム』東京大学出版会。

宇井純（1971）『公害原論』亜紀書房。

宇井純（1996）『日本の水はよみがえる』NHK 出版。

宇井純（2000）「公害における知の効用」栗原彬ほか編『言説：切り裂く』東京大学出版会，49-72 頁。

宇井純（2014）『宇井純セレクション 1　原点としての水俣病』新泉社。

ウィナー，ラングドン（2000）『鯨と原子炉――技術の限界を求めて』吉岡斉・若松征男訳，紀伊国屋書店。

内城本美（1950）『再び拓く』瑞穂社。

内田芳明（1999）「和辻哲郎『風土』についての批判的考察」『思想』903，118-131 頁。

生方史数（2012）「熱帯アジアの森林管理制度と技術」杉原薫ほか編『歴史のなかの熱帯生存圏――温帯パラダイムを超えて』京都大学学術出版会，333-358 頁。

生方史数（2017）「「緑」と「茶色」のエコロジー的近代化論――資源産業における争点とプロセス」井上真編『東南アジア地域研究入門 1 環境』慶應

義塾大学出版会，215–236 頁。

生方史数（2018）「環境問題に向き合うアジア――後発性と多様性のなかで」遠藤環・伊藤亜聖・大泉啓一郎・後藤健太編『現代アジア経済論――「アジアの世紀を学ぶ」』有斐閣，254–272 頁。

梅棹忠夫（1974）『文明の生態史観』中央公論社。

梅棹忠夫（1976）『狩猟と遊牧の世界』講談社。

梅棹忠夫（2002）『文明の生態史観ほか』中公クラッシクス。

梅棹忠夫ほか監修（1967）『未来学の提唱』日本生産性本部。

梅原弘光（1996）「フィリピン――非灌漑地域における灌漑稲作」堀井健三ほか編『アジアの灌漑制度』新評論，83–105 頁。

榎本憲泰・石川智士（2008）「トンレサープ湖の水産資源と管理――水産資源管理の目的と課題について」秋道智彌・黒倉寿編『人と魚の自然誌――母なるメコン河に生きる』世界思想社，201–219 頁。

大来佐武郎（1949）「アッカーマン博士と日本の資源問題」『世界』43，49–59 頁。

太田猛彦（2012）『森林飽和――国土の変貌を考える』NHK ブックス。

荻野敏雄（1960）『日本近代林政の発達過程』林業調査会。

小國和子（2016）「水管理をめぐる人々の価値の行方――南スラウェシ州ビリビリ灌漑受益地区における協働的実践に向けて」窪田順平編『水を分かつ――地域の未来可能性の共創』勉誠出版，35–58 頁。

外務省（1946）『戦後日本経済の基本問題』外務省調査局。

科学技術庁（1978）『資源調査会三十年史』科学技術庁資源調査会三十年史編集委員会。

鏡味治也（2016）「水と生きるインドネシア・バリの人びと」窪田順平編『水を分かつ――地域の未来可能性の共創』勉誠出版，295–316 頁。

笠井利之（2003）「カンボジア・トンレサップ湖地域の環境保全についての予備的考察」『立命館国際地域研究』21，41–64 頁。

カーソン，レイチェル（2004）『沈黙の春』青樹簗一訳，新潮社。

嘉田由紀子（1994）「水汚染をめぐる科学知と生活知」掛谷誠編『講座地球に生きる 2　環境の社会化――生存の自然認識』雄山閣，213–235 頁。

加藤邦興（2010）『公害と技術の近代史』（未公刊遺稿）https://home.hiroshima-u.ac.jp/ichikawa/katou.pdf（最終アクセス日 2019 年 5 月 7 日）

加藤剛（2014）「「開発」概念の生成をめぐって――初源から植民地主義の時代まで」『アジア・アフリカ地域研究』13（2），112–147 頁。

金沢謙太郎（1999）「第三世界のポリティカル・エコロジー論と社会学的視点」『環境社会学研究』5，224–231 頁。

川勝平太（1997）『文明の海洋史観』中央公論社。

環境と開発に関する世界委員会編（1987）『地球の未来を守るために』大来佐武郎訳，福武書店。

菊池道樹（1981）「保護領支配確立期のカンボジアの内水面漁業」『一橋論叢』86（4），497-524 頁。

菊間満（1980）「国有林野の地元利用と育林労働組織の展開構造——委託林制度の史的分析」『北海道大学農学部演習林研究報告』37（2），479-608 頁。

喜多川進（2015）『環境政策史論——ドイツ容器包装廃棄物政策の展開』勁草書房。

北原淳（2010）「森林の保全と利用の矛盾と紛争」ポーリン・ケント／北原淳編『紛争解決——グローバル化・地域・文化』ミネルヴァ書房，63-84 頁。

北原淳（2012）『タイ近代土地・森林政策史研究』晃洋書房。

倉島孝行（2010）「タイ・コミュニティ林法をめぐる迷走を読む——森林の高価値化と 3 つの民主主義の交錯」『アジア・アフリカ地域研究』9（2），223-251 頁。

黒田洋一（1989）『熱帯林破壊と日本の木材貿易』築地書館。

経済安定本部資源委員会事務局（1948a）「資源委員会設立と経過概要」資源調査会事務局。

経済安定本部資源委員会事務局（1948b）「アッカーマン博士との會談要旨」資源調査会事務局。

小泉順子（1995）「タイにおける国家改革と民衆」歴史学研究会編『民族と国家——自覚と抵抗』東京大学出版会，327-352 頁。

国際協力機構（2016）『ビリビリ灌漑事業　評価報告書』国際協力機構。

小林三衛（1968）『国有地入会権の研究』東京大学出版会。

小堀聡（2017a）「臨海開発，公害対策，自然保護——高度成長期横浜の環境史」庄司俊作編『戦後日本の開発と民主主義——地域にみる相剋』昭和堂，71-104 頁。

小堀聡（2017b）「エネルギーと経済成長」中西聡編『経済社会の歴史』名古屋大学出版会，89-114 頁。

斎藤修（2014）『環境の経済史——森林，市場，国家』岩波書店。

笹岡正俊（2017）「「隠れた物語」を掘り起こすポリティカル・エコロジーの視角」井上真編『東南アジア地域研究入門 1 環境』慶應義塾大学出版会，195-214 頁。

笹岡正俊（2019）「環境ガバナンスの「進展」による民俗知の無力化——インドネシア共和国マルク州とジャンビ州の二つの事例から」『北海道大学文学研究科紀要』156，75-119 頁。

佐々木高明（2006）「照葉樹林文化論——中尾佐助の未完の大仮説」中尾佐助

『中尾佐助著作集 第6巻 照葉樹林文化論』北海道大学出版会，763-792頁。

佐々木享（1971）「わが国の初期鉱業労働保護立法について――鉱業条例の鉱夫保護規定に関する覚書」『社会科学年報』5，229-262頁。

佐藤仁（1994）「「開発」と「環境」の二者択一パラダイムを超えて――タイにおける森林管理の事例から」『国際協力研究』10（2），35-46頁。

佐藤仁（2002）『稀少資源のポリティクス――タイ農村にみる開発と環境のはざま』東京大学出版会。

佐藤仁（2004）「貧困と“資源の呪い”」井村秀文ほか編『環境と開発』日本評論社，27-50頁。

佐藤仁（2005）「スマトラ沖地震による津波災害の教訓と生活復興への方策――タイの事例」『地域安全学会論文集』7，433-442頁。

佐藤仁（2008）「タイ津波被災地のモラル・エコノミー」竹中千春・高橋伸夫・山本信人編『現代アジア研究2 市民社会』慶應義塾大学出版会，361-378頁。

佐藤仁（2009）「資源環境問題と地域研究の貢献」『アジア研究』55（2），107-121頁。

佐藤仁（2011）『「持たざる国」の資源論――持続可能な国土をめぐるもうひとつの知』東京大学出版会。

佐藤仁（2013）「近代化と統治の文化――明治日本とシャムの天然資源管理」平野健一郎・土田哲夫・川村陶子・吉田和子編『国際文化関係史研究』東京大学出版会，171-192頁。

佐藤仁（2016）「緊急支援はなぜ届かなかったのか」『野蛮から生存の開発論』ミネルヴァ書房，153-177頁。

佐藤仁（2017）「競争史観と依存史観」『東洋文化』97，197-218頁。

佐藤仁（2018）「動きとしての開発――競争から依存へのパラダイムシフト」『経済志林』85（4），647-668頁。

佐藤仁（2019）「深い統治――東南アジアの灌漑と国家権力の浸透」寺尾忠能編『資源環境政策の形成過程――「初期」の制度と組織を中心に』アジア経済研究所，147-171頁。

重冨真一（1996）『タイ農村の開発と住民組織』アジア経済研究所。

重冨真一（1997）「タイ農村の“共有地”に関する土地制度」水野広祐・重冨真一編『東南アジアの経済開発と土地制度』アジア経済研究所，263-302頁。

資源協会編（1986）『日本の復興と天然資源政策』資源協会。

資源調査会（1951）『資源調査会の方針及運営について』（昭和26年6月15日，総務22）。

資源調査会（1952a）『資源調査会について――昭和 22 年 12 月の創立から現在までの 3 年半の活動記録』経済安定本部資源調査会事務局。

資源調査会（1952b）『資源調査会設置法案に関する答弁資料（一般の部）』経済安定本部資源調査会。

資源調査会（1952c）『地域計画部会設置の経緯とその調査活動（未定稿）』資源調査会事務局地域計画班。

資源調査会（1960）「水質汚濁防止対策に対する調査報告」（科学技術庁資源調査会報告第 15 号）。

市報いしのまき（2017）「平成 28 年 11 月 22 日の津波避難行動に関する調査結果」（2017 年 3 月 15 日号）。

シューマッハー，E. F.（1986）『スモール・イズ・ビューティフル』講談社学術文庫。

シュラーズ，ミランダ（2007）『地球環境問題の比較政治学――日本・ドイツ・アメリカ』岩波書店。

末廣昭（1998）「発展途上国の開発主義」東京大学社会科学研究所編『開発主義』（20 世紀システム 4）東京大学出版会，13-46 頁。

末廣昭（2000）『キャッチアップ型工業化論――アジア経済の軌跡と展望』名古屋大学出版会。

杉浦未希子（2008）「灌漑用水の慣行に習う――「稀少化」した資源の分配メカニズム」佐藤仁編『資源を見る眼――現場からの分配論』東信堂，148-164 頁。

椙本歩美（2013）「地図をめぐる知の交流――フィリピンの参加型森林政策を事例として」『環境社会学研究』19，96-111 頁。

スコット，ジェームズ（1999）『モーラル・エコノミー――東南アジアの農民叛乱と生存維持』高橋彰訳，勁草書房。

スコット，ジェームズ（2013）『ゾミア――脱国家の世界史』佐藤仁監訳，みすず書房。

鈴木佑記（2016）『現代の〈漂海民〉――津波後を生きる海民モーケンの民族誌』めこん。

諏訪勝（1996）『破壊――ニッポン ODA40 年のツメ跡』青木書店。

瀬尾佳美（2005）『リスク理論入門――どれだけ安全なら充分なのか』中央経済社。

セン，アマルティア（2011）『アイデンティティと暴力』大門毅・東郷えりか訳，勁草書房。

高橋昭雄（1996）「ビルマ――チャウセー地方の河川灌漑と農業」堀井健三・篠田隆・多田博一編『アジアの灌漑制度――水利用の効率化に向けて』新評論，169-214 頁。

高谷好一（1997）『多文明世界の構図――超近代の基本的論理を考える』中央公論社。

高谷好一（2010）『世界単位論』京都大学学術出版会。

高柳友彦（2017）「森林資源と土地所有」中西聡編『経済社会の歴史』名古屋大学出版会，66–85 頁。

タットマン，コンラッド（1998）『日本人はどのように森をつくってきたのか』熊崎実訳，筑紫書館。

通商産業省編（1966）『商工政策史 第 22 巻』通商産業省。

塚本明子（2008）『動く知フロネーシス――経験にひらかれた実践知』ゆみる出版。

鶴見和子（1998）「漂白と定住と」『鶴見和子曼荼羅Ⅳ』藤原書店，240–274 頁。

寺尾忠能（2009）「資源利用の利害調整としての水質保全政策――水俣病事件と水質二法を中心に」寺尾忠能編『経済発展過程における環境資源保全政策の形成』アジア経済研究所。https://www.ide.go.jp/library/Japanese/Publish/Download/Report/pdf/2008_428_ch3.pdf（最終アクセス日 2019 年 5 月 7 日）

寺尾忠能編（2011）『途上国の環境政策形成過程』アジア経済研究所。

寺尾忠能編（2015）『後発性のポリティクス』アジア経済研究所。

寺田良一（2001）「地球環境意識と環境運動――地域環境主義と地球環境主義」飯島伸子編『講座環境社会学 第 5 巻 アジアと世界――地域社会からの視点』有斐閣，233–258 頁。

土井徹平（2010）「近代の鉱業における労働市場と雇用――足尾銅山及び尾去沢鉱山の「友子」史料を用いて」『社会経済史学』76（1），3–20 頁。

友杉孝（1976a）「タイの灌漑農業」福田清一編『アジアの灌漑農業』アジア経済研究所，117–152 頁。

友杉孝（1976b）「タイにおける土地所有の展開過程」斎藤仁編『アジア土地政策序説』アジア経済研究所，213–248 頁。

鳥越皓之（1989）「経験と生活環境主義」鳥越皓之編『環境問題の社会理論』御茶の水書房，14–53 頁。

中尾佐助（2006）『中尾佐助著作集 第 6 巻 照葉樹林文化論』北海道大学出版会。

中島正博（2003）「水資源――開発と保全のあいだ」『水の文化』13，10–13 頁。

中村雄二郎（1992）『臨床の知とは何か』岩波新書。

南原真（2000）「1930 年代のタイにおける外国人アドバイザーとタイ人の確執――経済政策論争と経済ナショナリズム」『アジア経済』41（12），28–61

頁。

西尾隆（1988）『日本森林行政史の研究』東京大学出版会。

丹羽邦夫（1989）『土地問題の起源』平凡社。

丹羽文夫（1993）『日本的自然観の方法——今西生態学の意味するもの』農村漁村文化協会。

バイオッキ育子（2008）「国家に見捨てられた資源——日本石炭産業に見る「資源」と「地域」の特徴性」佐藤仁編『人々の資源論——開発と環境の統合に向けて』明石書店，152–174 頁。

服部希信（1967）『林業経済研究』地球出版。

早坂啓造（2013）「鉱工業の進出岩手と漁業入会の衝突——水利権をめぐる田中鉱山製鉄所対大渡川鮭留漁業の訴訟事例」*Artes Liberales* 91，13–35 頁。

平岡義和（2013）「組織的無責任としての原発事故——水俣病事件との対比を通じて」『環境社会学研究』19，4–19 頁。

平野孝（2003）「戦後日本環境政治史（序）——昭和 24 年の水質汚濁規制勧告をめぐる諸勢力の構想と対抗」『龍谷法学』36（1），1–71 頁。

平山奈央子（2016）「水路下流の水不足と水管理に係わるコミュニケーションの実態」窪田順平編『水を分かつ——地域の未来可能性の共創』勉誠出版，87–103 頁。

福島原発事故独立検証委員会（2012）『福島原発事故独立検証委員会 調査・検証報告書』ディスカヴァー・トゥエンティワン。

福島正夫（1970）『地租改正の研究』有斐閣。

福本勝清（2012）「水の理論の系譜（一）」『明治大学教養論集』476，49–96 頁。

フーコー，ミシェル（2007）『ミシェル・フーコー講義集成 7 安全・領土・人口』高桑和巳訳，筑摩書房。

藤垣裕子（2004）「科学技術社会論（STS）と環境社会学の接点」『環境社会学研究』10，25–41 頁。

藤倉良（2011）『エコ論争の真贋』新潮新書。

藤田渡（2008）「タイ「コミュニティ林法」の 17 年——論争の展開にみる政治的・社会的構図」『東南アジア研究』46（3），442–467 頁。

船橋晴俊（2007）「宇井純の仕事の社会学への示唆と距離」『環境社会学研究』13，233–238 頁。

フリーマン，デビット／マックス・ローダーミルク（1998）「大規模灌漑システムにおける中間レベルの農民組織」マイケル・チェルニア編『開発は誰のために——援助の社会学・人類学』佐藤寛監訳，日本林業技術協会，79–100 頁。

フレイレ，パウロ（2018）『被抑圧者の教育学——50 周年記念版』亜紀書房。

ベック，ウルリヒ（1998）『危険社会――新しい近代への道』東廉・伊藤美登里訳，法政大学出版局。

ポラニー，カール（2009）『(新訳) 大転換』野口建彦・栖原学訳，東洋経済新報社。

堀美菜（2008）「湖の人と漁業――カンボジアのトンレサープの事例から」秋道智彌・黒倉寿編『人と魚の自然誌――母なるメコン河に生きる』世界思想社，33-50 頁。

真勢徹（1984）『水がつくったアジア――風土と農業水利』家の光協会。

松下和夫編（2007）『環境ガバナンス論』京都大学学術出版会。

松下和夫・大野智彦（2007）「環境ガバナンス論の新展開」松下和夫編『環境ガバナンス論』京都大学学術出版会，3-31 頁。

松島静雄（1978）『友子の社会学的考察――鉱山労働者の営む共同生活体分析』御茶の水書房。

松田素二（1989）「必然から便宜へ」鳥越皓之編『環境問題の社会理論』御茶の水書房，93-132 頁。

松波秀実（1920）『明治林業史要』大日本山林会。

水谷正一（2001）「大規模灌漑施設の分権的管理」藤田和子編『モンスーン・アジアの水と社会環境』世界思想社，233-257 頁。

水野浩一（1981）『タイ農村の社会組織』創文社。

水野祥子（2009）「イギリス帝国における保全思想」池谷和信編『地球環境史からの問い』岩波書店，320-333 頁。

見田宗介ほか編（1995）『環境と生態系の社会学』岩波書店。

源了圓（1999）「熊澤蕃山における生態学的思想」『アジア文化研究』25，214-190 頁。

村井吉敬（1989）『無責任 ODA 大国ニッポン』宝島社。

村串仁三郎（1999）『日本の伝統的労使関係』世界書院。

メドウズ，ドネラ（1972）『成長の限界』大来佐武郎監訳，ダイヤモンド社。

家島彦一（1994）『海が創る文明』朝日新聞社。

山本七平（1983）『空気の研究』中公文庫。

山本吉宣（1989）『国際的相互依存』東京大学出版会。

湯浅赳男（2007）『「東洋的専制主義」論の今日性――還ってきたウィットフォーゲル』新評論。

油井正昭・古谷勝則（1997）「世界の国立公園と自然保護地域の指定状況に関する研究」『千葉大学園芸学部学術報告』51，87-101 頁。

ラートカウ，ヨアヒム（2012）『自然と権力――環境の世界史』海老根剛・森田直子訳，みすず書房。

リリエンソール，デイビッド（1979）『TVA――民主主義は前進する』和田昭

六訳，岩波書店。
林業発達史調査会（1960）『日本林業発達史』林野庁。
ロンボルグ，ビヨン（2003）『環境危機をあおってはいけない』文藝春秋。
鷲田清一（2019）『濃霧の中の方向感覚』晶文社。
鷲見一夫（1988）『ODA 援助の現実』岩波書店。
和辻哲郎（1935）『風土——人間学的考察』岩波書店。

③タイ語文献

Krom Sapayakon Taranii (1992). *100 pi krom sapayakon tarani* (100 รมทรัพยากรธรณี) ［鉱物資源局百年史］(タイ語). Bangkok : Chalongratrana Publishing.

④クメール語文献

Bar Association of Kingdom of Cambodia (2010). http://www.bakc.org.kh/km/2010-10-02-04-03-32（最終アクセス日 2019 年 5 月 8 日）
Hun S. (2012). "Addressing the Deep Fishery Reform" ［video］. Retrieved from http://www. khmerlive. tv/ archive/ 20120308_ TVK_ PM_ Hun_ Sen_ Address_ to_ the_ Nation.php（最終アクセス日 2013 年 9 月 10 日）

⑤一次資料（カンボジア国立公文書館）

National Archive File No. 24111, 24110, 24109, 24108, 24107, 24106, 24105, 24103, 24102, 24101, 24100, 24083, 24084, 24085